信息技术人才培养系列规划教材

虚拟现实开发实战系列

Unity 虚拟现实开发实战

慕课版

◎ 千锋教育高教产品研发部 编著

人民邮电出版社
北京

图书在版编目（C I P）数据

Unity 虚拟现实开发实战 ： 慕课版 / 千锋教育高教产品研发部编著. -- 北京 ： 人民邮电出版社, 2021.8（2024.1重印）
信息技术人才培养系列规划教材
ISBN 978-7-115-51662-6

Ⅰ. ①U… Ⅱ. ①千… Ⅲ. ①游戏程序－程序设计－教材 Ⅳ. ①TP317.6

中国版本图书馆CIP数据核字(2020)第179354号

内 容 提 要

本书以 Unity 为平台，以案例的形式介绍虚拟现实（VR）项目开发。本书第 1～4 章讲述 Unity VR 入门、Unity 开发环境搭建、Unity C#编程基础、Unity C#面向对象程序设计等内容；第 5～11 章讲述 Unity 的各大系统模块，包括场景及资源、3D 地形系统、UI 系统、物理系统、动画系统、音频系统等，并通过完整的游戏实战项目将各大系统模块的知识点贯穿起来；第 12～13 章讲述了 Unity VR 子系统，并带领读者使用 Unity HTC Vive 完成一个 VR 实战项目。

本书可作为高等院校计算机及相关专业的教材，还可作为游戏、虚拟现实开发人员的参考书。

◆ 编　　著　千锋教育高教产品研发部
　责任编辑　李　召
　责任印制　王　郁　马振武
◆ 人民邮电出版社出版发行　　北京市丰台区成寿寺路 11 号
　邮编　100164　　电子邮件　315@ptpress.com.cn
　网址　https://www.ptpress.com.cn
　固安县铭成印刷有限公司印刷
◆ 开本：787×1092　1/16
　印张：17.25　　2021 年 8 月第 1 版
　字数：456 千字　　2024 年 1 月河北第 6 次印刷

定价：59.80 元

读者服务热线：(010)81055256　印装质量热线：(010)81055316
反盗版热线：(010)81055315
广告经营许可证：京东市监广登字 20170147 号

编　委　会

主　编：王蓝浠　潘松彪　易威环　唐庆年

副主编：闫树航　高　燕　周玉杰　莫新宇　谭晓昱　粟光好

编　委：李雪梅　尹少平　张红艳　白妙青　赵　强　耿海军　李素清

前言 FOREWORD

当今世界是知识爆炸的世界，科学技术与信息技术快速发展，新型技术层出不穷，教科书也要紧随时代的发展，纳入新知识、新内容。目前很多教科书注重算法讲解，但是，如果在初学者还不会编写一行代码的情况下，教科书就开始讲解算法，会打击初学者学习的积极性，让其难以入门。

IT 行业需要的不是只有理论知识的人才，而是技术过硬、综合能力强的实用型人才。高校毕业生求职面临的第一道门槛就是技能与经验。学校往往注重学生理论知识的学习，忽略了对学生实践能力的培养，导致学生无法将理论知识应用到实际工作中。

为了杜绝这一现象，本书倡导快乐学习、实战就业，在语言描述上力求准确、通俗易懂，在章节编排上循序渐进，在语法阐述中尽量避免术语和公式，从项目开发的实际需求入手，将理论知识与实际应用相结合，目标就是让初学者能够快速成长为初级程序员，积累一定的项目开发经验，从而在职场中拥有一个高起点。

千锋教育

本书特点

本书讲解 Unity 进阶内容，旨在令读者循序渐进地提高 Unity 实战的能力。书中每个需要讲解的知识点都配有丰富的插图与完整的案例，方便读者学习与参考。综合项目的实际操练更能帮助读者熟练掌握 Unity 实战开发的重点技能。

通过本书你将学习到以下内容。

第 1 章：对 Unity 与 VR 的定义和发展状况进行了介绍。

第 2 章：介绍了 Unity 项目开发的基础知识。

第 3 章：介绍了 Unity C#编程基础。

第 4 章：介绍了 Unity C#面向对象程序设计的基本方法。

第 5 章：介绍了 Unity 场景及资源的使用方法。

第 6 章：介绍了 Unity 3D 地形系统的使用方法。

第 7 章：介绍了 Unity UI 系统的使用方法。

第 8 章：介绍了 Unity 物理系统的使用方法。

第 9 章：介绍了 Unity 动画系统的使用方法。

第 10 章：介绍了 Unity 音频系统的使用方法。

第 11 章：介绍了 Unity 的基本特效及添加方法。

第 12 章：对 Unity VR 子系统进行了介绍，并带领读者搭建 Unity HTC Vive 开发环境。

第 13 章：使用 Unity HTC Vive 完成一个游戏项目的开发。

针对高校教师的服务

千锋教育基于多年的教育培训经验，精心设计了“教材+授课资源+考试系统+测试题+辅助案例”教学资源包。教师使用教学资源包可节约备课时间，缓解教学压力，显著提高教学质量。

本书配有千锋教育优秀讲师录制的教学视频，按知识结构体系已部署到教学辅助平台“扣丁学堂”，可以作为教学资源使用，也可以作为备课参考资料。本书配套教学视频，可登录“扣丁学堂”官方网站下载。

高校教师如需配套教学资源包，也可扫描下方二维码，关注“扣丁学堂”师资服务微信公众号获取。

扣丁学堂

针对高校学生的服务

学 IT 有疑问，就找“千问千知”，这是一个有问必答的 IT 社区，平台上的专业答疑辅导老师承诺在工作时间 3 小时内答复您学习 IT 时遇到的专业问题。读者也可以通过扫描下方的二维码，关注“千问千知”微信公众号，浏览其他学习者在学习中分享的问题和收获。

学习太枯燥，想了解其他学校的伙伴都是怎样学习的？你可以加入“扣丁俱乐部”。“扣丁俱乐部”是千锋教育联合各大校园发起的公益计划，专门面向对 IT 有兴趣的大学生，提供免费的学习资源和问答服务，已有超过 30 万名学习者获益。

千问千知

资源获取方式

本书配套资源的获取方法：读者可登录人邮教育社区 www.ryjiaoyu.com 进行下载。

致谢

本书由千锋教育虚拟现实教学团队整合多年积累的教学实战案例，通过反复修改最终撰写完成。多名院校老师参与了教材的部分编写与指导工作。除此之外，千锋教育的 500 多名学员参与了教材的试读工作，他们站在初学者的角度对教材提出了许多宝贵的修改意见，在此一并表示衷心的感谢。

意见反馈

虽然我们在本书的编写过程中力求完美，但书中难免有不足之处，欢迎读者给予宝贵意见。

千锋教育高教产品研发部

2021 年 8月于北京

目录 CONTENTS

01

第1章　Unity VR入门

本章学习目标

- 认识VR
- 掌握Unity的下载和安装方法

2014年7月，Oculus以20亿美元的价格被收购，掀起了第一股VR创业热潮。2015年，VR经过一年的发展，产业链得到升级和完善，在国内引起了资本圈的频频瞩目。2016年，VR产业迎来了全面爆发阶段，一夜之间仿佛全世界都在讨论VR，以至于人们公认2016年为“VR元年”。本章主要介绍VR的概念和VR开发环境的搭建。

1.1　VR简介

1.1.1　VR的定义

虚拟现实（Virtual Reality，VR）是一种可以创建和体验虚拟世界的计算机仿真系统。该仿真系统提供一种多源信息融合的、交互式的三维动态视景。

VR通过计算机和其他硬件设备生成三维动态视景来模拟现实或者想象的场景，可以实现人机实时交互，在一定范围内人体能感知并沉浸在该场景之中。

1.1.2　VR的特性

VR的特性如下。

（1）沉浸感：在娱乐及其他方面使用户拥有身临其境的感受。

（2）自然交互：交互越接近自然，沉浸感越强。

（3）超现实：模拟现实，解决现实中解决不了的问题。

1.1.3　VR的行业格局

2016年以来VR游戏呈爆发式增长，已经有数量庞大的VR游戏发布在VIVEPORT、Steam、Oculus Store等平台上，越来越多的开发者加入VR游戏开发的行列。虽然 VR 在游戏方面的应用居多，但是也不乏非游戏方面的 VR 应用开发，医疗、工程、教育以及协同设计等行业也在为加入 VR 开发的行列积极筹备，其目的都是提升生产的效率，提高生活的品质。

随着技术的发展，VR 必将渗透各行各业。一方面 VR 设备更新迭代快；另一方面不同内容的 VR 产品增多，越来越多的用户将体会到 VR 技术给生活带来的美好和便利，人们的生活质量也将变得与 VR 技术的发展息息相关。

1.2 Unity 简介及安装

1.2.1 Unity 概述

Unity 是由 Unity Technologies 公司推出的一款多平台的综合型开发工具，用户使用 Unity 能轻松创建三维视频游戏、建筑可视化、实时三维动画等类型的互动内容。它不但是专业的游戏引擎，而且是很好的 VR 开发工具，同时也在持续地对 VR 技术提供更多的支持。

1.2.2 Unity 发展简史及代表作

1. 发展简史

2015 年 1 月，Unity 公司发布了 Unity 引擎的正式版本 Unity 1.0，该版本是不支持 VR 开发的；直到 2016 年 6 月 Unity 5.4 发布，Unity 开始支持原生 VR 游戏和应用开发。

2. 代表作

Unity 不仅在游戏领域大放异彩，还在教育培训、医疗模拟、军事仿真、航空航天等领域被广泛应用，下面介绍一些大家耳熟能详的 Unity 代表作。

2017 年 4 月腾讯互动娱乐年度发布会上，腾讯集团高级副总裁马晓轶宣布《王者荣耀》累计注册用户数超过 2 亿，距离 2015 年 11 月公测短短不到两年的时间就已经成为全球用户数最多的 MOBA（Multiplayer Online Battle Arena，多人在线战术竞技）手游，如图 1.1 所示。腾讯公司的《天天飞车》手游同样是使用 Unity 打造的一款赛车类极速闪避游戏，如图 1.2 所示。

图 1.1 《王者荣耀》

图 1.2 《天天飞车》

2013 年全球知名游戏公司暴雪推出了《炉石传说：魔兽英雄传》，它是一款集换式卡牌游戏，同样也使用 Unity 引擎开发，如图 1.3 所示。

《暗影之枪》是来自 MADFINGER Games 公司的第三人称射击新作，这款游戏也是使用 Unity 引擎制作的，凭着令人惊异的画面表现力得到了众多玩家的青睐，如图 1.4 所示。

图 1.3 《炉石传说：魔兽英雄传》

图 1.4 《暗影之枪》

《神庙逃亡 2》是由 Imangi Studios 有限责任公司研发的一款角色扮演游戏，曾让全球 1.7 亿玩家都沉浸于跑酷的乐趣，也是使用 Unity 引擎开发的，如图 1.5 所示。《神庙逃亡 2》荣登 2016 中国泛娱乐指数盛典“中国 IP 价值榜—游戏榜 TOP10”。

图 1.5 《神庙逃亡 2》

1.2.3 Unity 下载和安装

1. 下载

（1）使用浏览器打开 Unity 官方网站，可以看到 Unity 官方发布的最新信息，包括 Unity 最新版本、最新功能介绍等。单击页面右上方 “获取 Unity” 按钮，进入 Unity 个人版（Personal）、个人加强版（Plus）、专业版（Pro）选择界面，如图 1.6 所示。

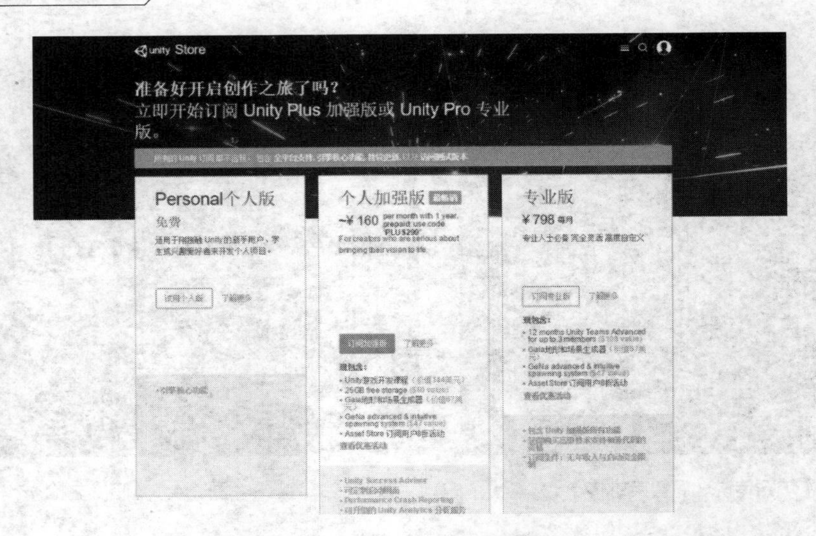

图 1.6　Unity 版本选择界面

（2）单击“试用个人版”按钮进入 Unity 个人版下载界面，勾选接受 Unity 条款，如图 1.7 所示。

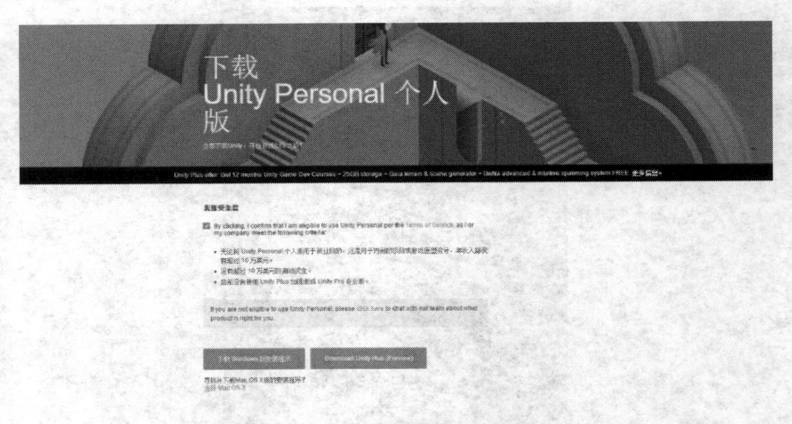

图 1.7　Unity 个人版下载界面

（3）单击“下载 Windows 版安装程序”（用户可根据本机操作系统类型选择 Unity 安装程序，单击“选择 Mac OS X”可以下载 Mac OS 版安装程序），浏览器会弹出对话框，可以选择把安装程序下载到自定义目录，也可以直接下载到浏览器默认下载文件存放目录并直接运行安装，建议用户另存到计算机非 C 盘目录下，如图 1.8 所示。

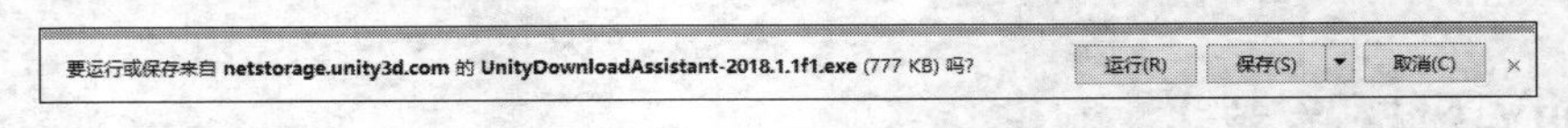

图 1.8　下载对话框（IE 浏览器）

2. 安装

（1）打开 Unity 安装程序下载目录，如图 1.9 所示。

（2）双击 Unity 安装程序，弹出窗口，提示用户保持网络连接，如图 1.10 所示。

（3）单击“Next”按钮，弹出安装 Unity 服务条款详情窗口，勾选复选框接受协议，如图 1.11 所示。

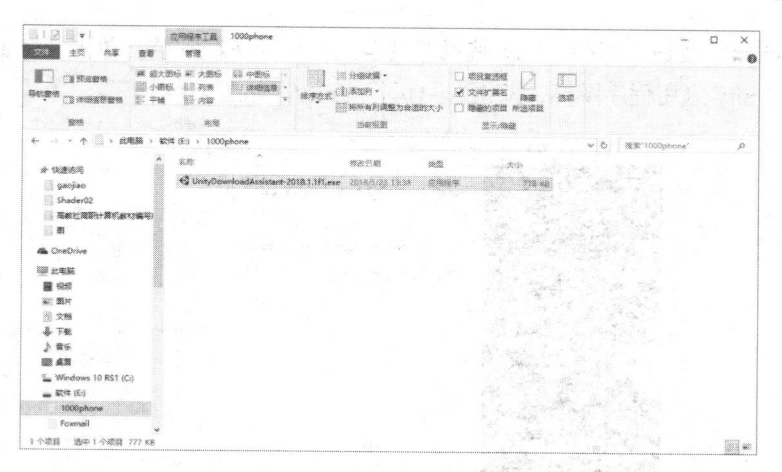

图 1.9　Unity 安装程序下载目录

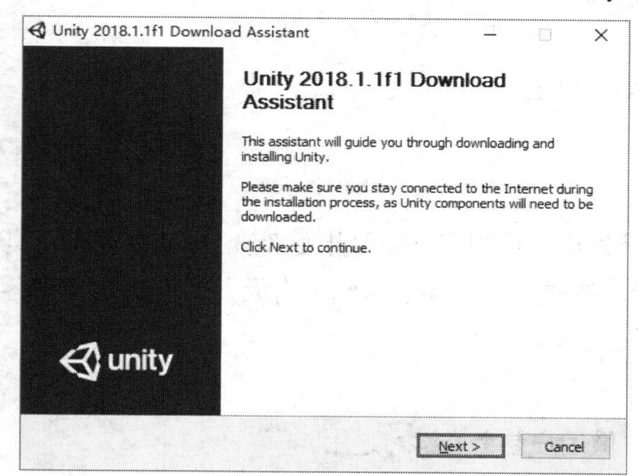

图 1.10　Unity 安装提示用户保持网络连接

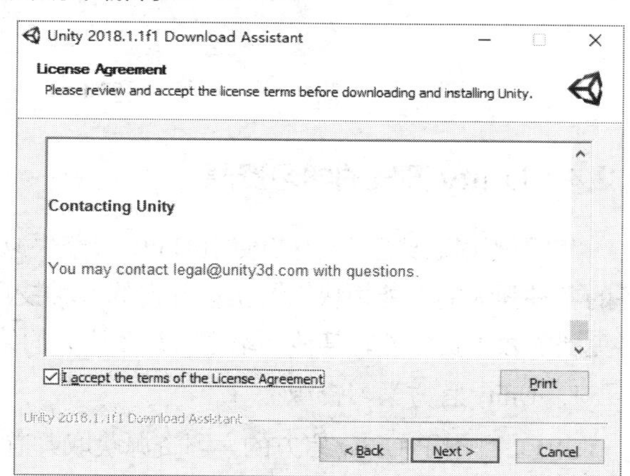

图 1.11　安装 Unity 服务条款详情窗口

（4）单击“Next”按钮，弹出 Unity 安装组件选项窗口，将需要下载使用的组件勾选即可，如图 1.12 所示。值得注意的是，如果本机尚未安装 Visual Studio 2017 开发工具，可以勾选“Microsoft Visual Studio Community 2017”。

（5）单击“Next”按钮，弹出 Unity 下载和安装路径窗口，建议放到非 C 盘目录下，如图 1.13 所示。

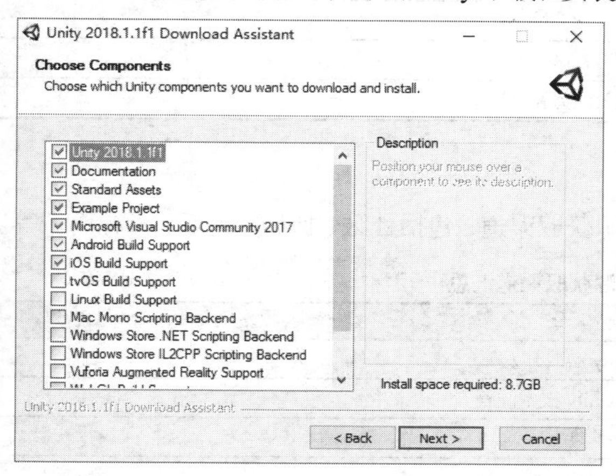

图 1.12　Unity 安装组件选项窗口

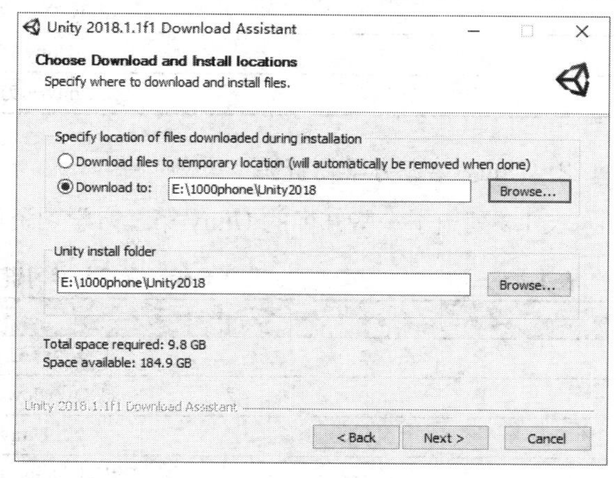

图 1.13　Unity 下载和安装路径窗口

（6）单击“Next”按钮，等待 Unity 编辑器及各组件自动下载安装；单击“Finish”按钮完成安装，桌面会生成 Unity 应用程序图标，双击它可运行 Unity，如图 1.14 所示。

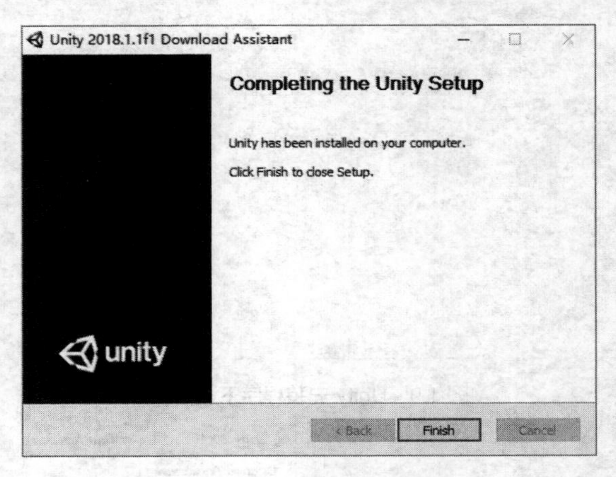

图 1.14　安装完成界面

1.2.4　Unity 开发的学习资源

“磨刀不误砍柴工”，要想使用 Unity 引擎快速开发出应用程序，需要开发者熟悉 Unity 引擎所具备的各种强大的功能模块以及快速开发的各种技巧。在这方面，除了官网上有大量的培训视频和各种免费的教学资源外，其他网站也有许多优秀的第三方学习资源。

1. Unity 官方学习资源

表 1.1 列出了 Unity 官方的学习资源获取渠道，供用户参考、学习之用。

表 1.1　Unity 官方学习资源获取渠道汇总

名　称
Unity 官方网站
Unity 官方资源商店
Unity 脚本 API 在线参考文档
Unity 开发者论坛
Unity 官方教育学习网站
Unity 官方社区
Unity 官方解决方案

2. Unity 第三方学习资源

表 1.2 列出了一些知名的 Unity 第三方学习资源获取渠道，包括社区、博客、论坛、资源商城等。

表 1.2　Unity 第三方学习资源获取渠道汇总

名　称
千锋教育/Unity 游戏开发
Stack Overflow-Unity 技术问答
Unity 圣典
GitHub/Unity 项目源代码学习

1.3 本章小结

本章介绍了VR的基础知识、Unity引擎开发的应用、Unity的下载和安装以及Unity学习资源汇总。本章是VR开发的入门篇，对于VR开发的初学者来说必不可少。

1.4 习题

1. 填空题

（1）英文Virtual Reality的缩写是________。

（2）________年被公认为“VR元年”。

（3）本章安装的Unity是________版。

（4）Unity引擎的最初版本Unity 1.0是________VR开发的。

2. 选择题

（1）Unity引擎是（　　）公司开发的工具。

A. Microsoft　　B. Unity Technologies　　C. EPIC Games　　D. QianFeng

（2）（　　）的Unity安装程序属于免费版。

A. 个人版　　B. 加强版　　C. 专业版　　D. 企业版

（3）Unity在（　　）年发布了Unity 5.4，从此开始支持原生VR游戏和应用开发。

A. 2014　　B. 2015　　C. 2016　　D. 2017

（4）（　　）是Unity引擎开发的作品。

A.《王者荣耀》　　B.《神庙逃亡2》

C.《炉石传说：魔兽英雄传》　　D. 前3项都是

（5）获取Unity开发方面的学习资源渠道有（　　）。

A. Unity官方网站　　B. Unity官方社区

C. 千锋教育/Unity游戏开发　　D. 前3项都是

3. 思考题

（1）简述Unity开发的其他应用。

（2）VR还可以做什么?

4. 实战题

下载并安装Unity 2018个人版。

第2章 进入 Unity 世界

本章学习目标

- 熟练掌握 Unity 创建新项目的方法
- 熟练使用 Unity 编辑器
- 掌握 Unity C#脚本的创建和编辑方法

本章帮助读者快速地熟练使用 Unity，掌握 Unity 编辑器开发基本功能模块和编辑菜单，以及使用 Unity 创建 C#脚本和编写简单程序。

2.1 Unity 项目从 0 到 1

2.1.1 注册 Unity ID 并登录

Unity 安装成功后，双击 Unity 的图标会弹出登录界面，如图 2.1 所示。

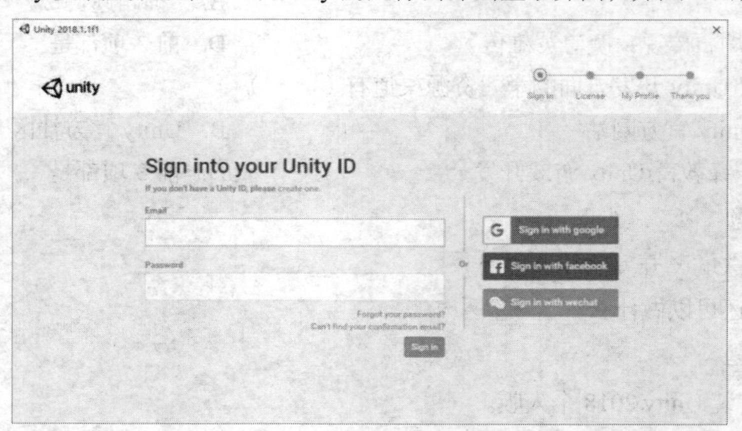

图 2.1 Unity 登录界面

登录界面显示 Unity 有四种登录方式。方式一：使用 Unity ID 登录（因为是第一次使用 Unity，所以需要注册 Unity 账号。单击“create one”，进入 Unity ID 注册界面，注册需要一个邮箱账号，如图 2.2 所示）。方式二：使用 Google 账号登录。方式三：使用 Facebook 账号登录。方式四：使用微信登录。

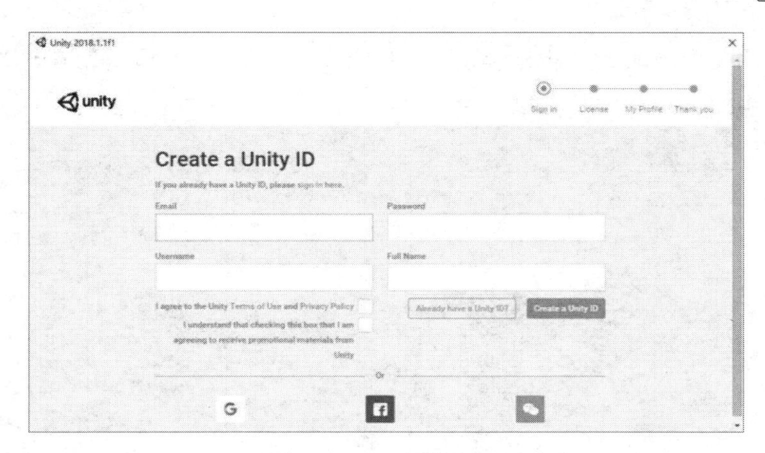

图 2.2　Unity ID 注册界面

2.1.2　首次登录 Unity

第一次登录 Unity 会有一次许可认定，选择“Unity Personal”，如图 2.3 所示。

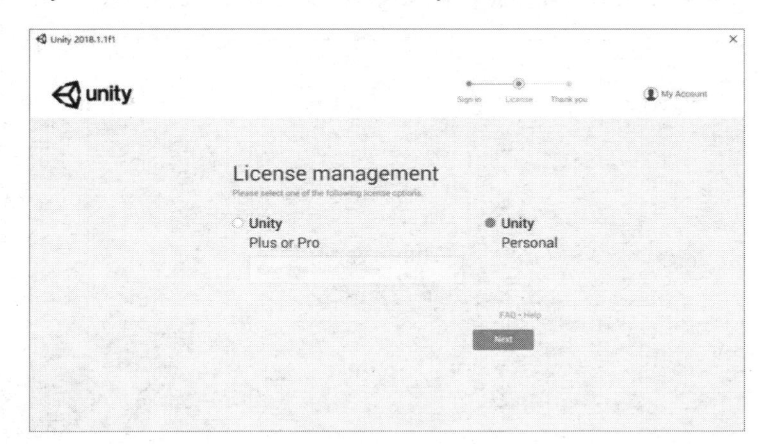

图 2.3　选择个人版

单击“Next”按钮，接下来对话框会显示 3 个不同选择，选择第 3 项，如图 2.4 所示。

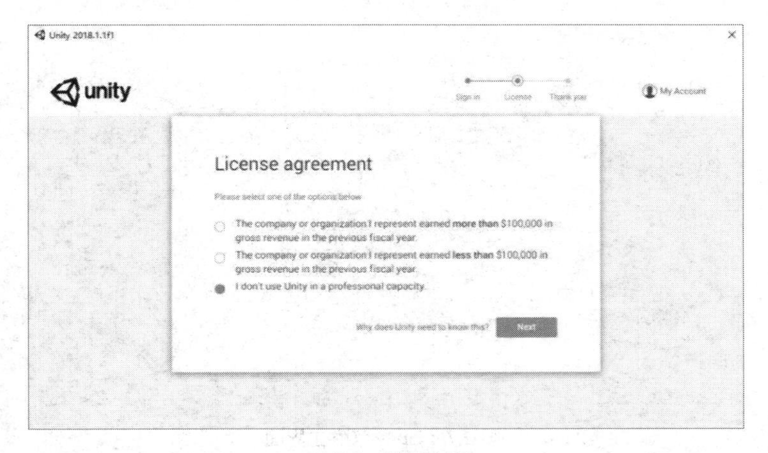

图 2.4　授权协议

单击“Next”按钮，出现了一份问卷调查，它是 Unity 公司用来对用户信息进行统计的，如图 2.5 所示。

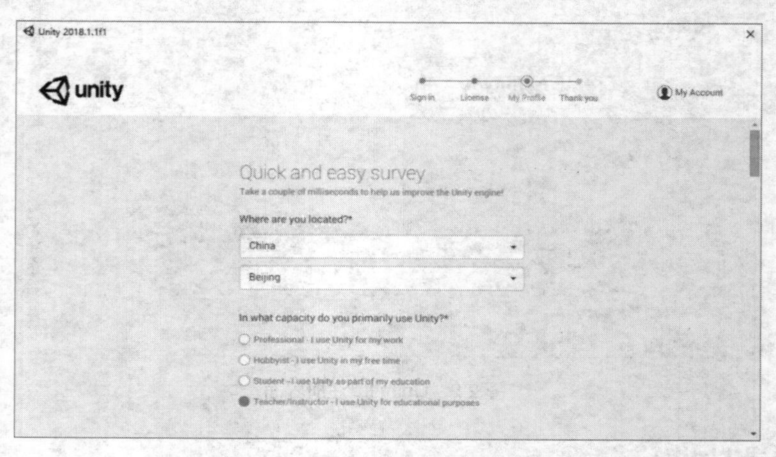

图 2.5　问卷调查

完成问卷调查（可随意选择），然后单击“OK”按钮，弹出完成界面，如图 2.6 所示。

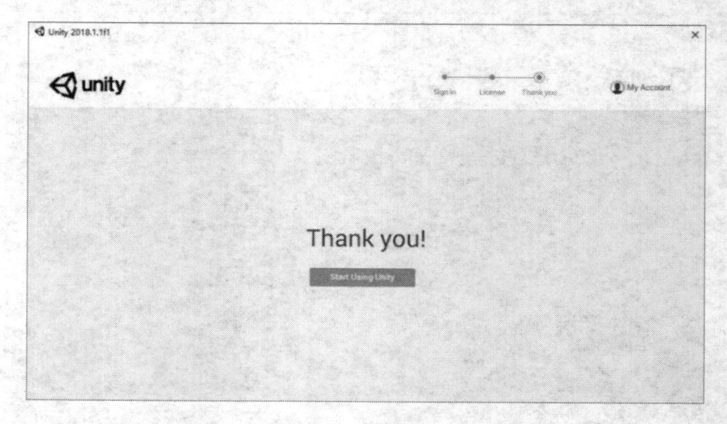

图 2.6　安装完成

单击“Start Using Unity”按钮，可直接进入 Unity 软件主界面，开始项目的创建，如图 2.7 所示。

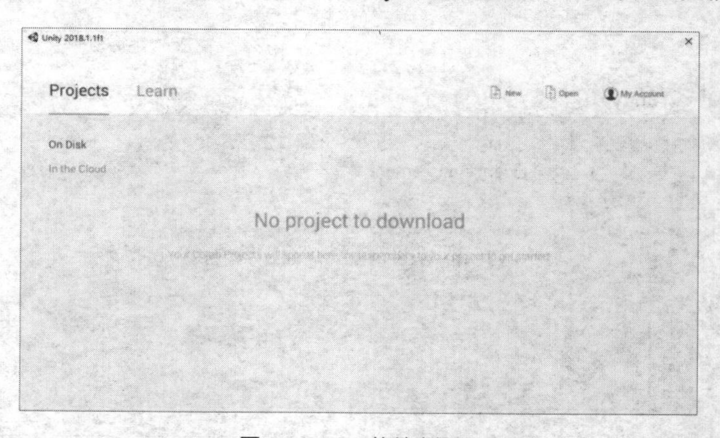

图 2.7　Unity 软件主界面

2.1.3　创建第一个项目

进入 Unity 软件主页面，单击“New”按钮，弹出新建项目设置界面，如图 2.8 所示。

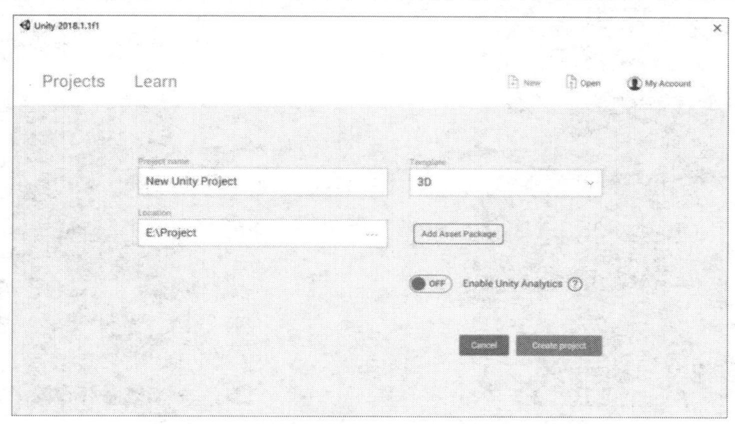

图 2.8　新建项目设置界面

将项目类型、名称等设置完成后，单击“Create project”按钮，创建项目成功。

2.2　Unity 编辑器

2.2.1　Unity 界面布局

创建完 Unity 项目，进入 Unity 编辑器，可以看到 Unity 默认界面布局，如图 2.9 所示。

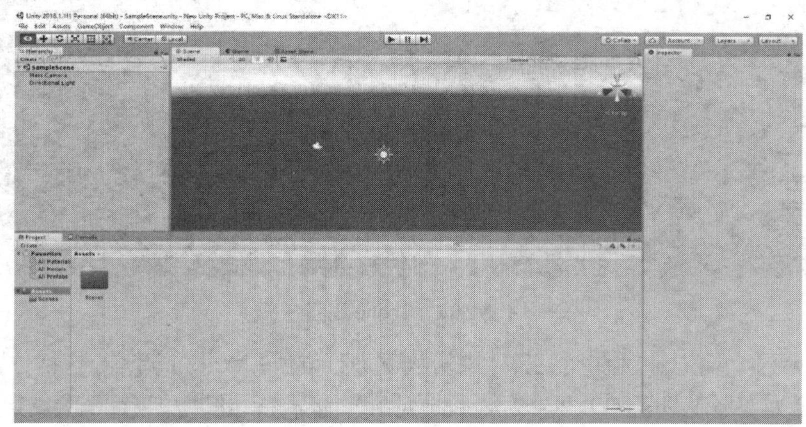

图 2.9　Unity 默认界面布局

Unity 界面也可以根据自己的需要进行布局，除了编辑器右上角“Layout”下拉菜单中有几种界面布局格式可以选择，还可以通过用鼠标拖曳窗口自定义布局并保存。

2.2.2　Unity Hierarchy 视图

Unity Hierarchy 视图，也称层级视图，这个视图用来创建和展示 3D 或 2D 项目场景中的各个物体对象及其层级关系，如摄像机、灯光、地形、2D/3D 物体等。单击“Create”下拉菜单按钮即可创建所需要的物体对象，如图 2.10 和图 2.11 所示。

图 2.10　Hierarchy 视图

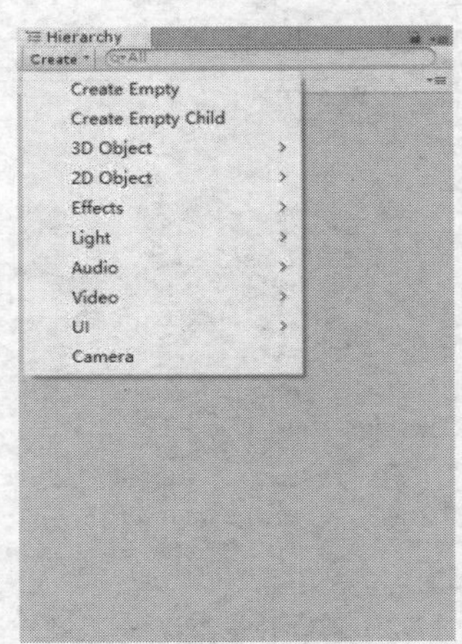

图 2.11　创建物体对象

2.2.3　Unity Scene 视图

Unity Scene 视图，也称场景视图，如图 2.12 所示。在 Hierarchy 视图内创建的物体对象都会在 Scene 视图内出现。

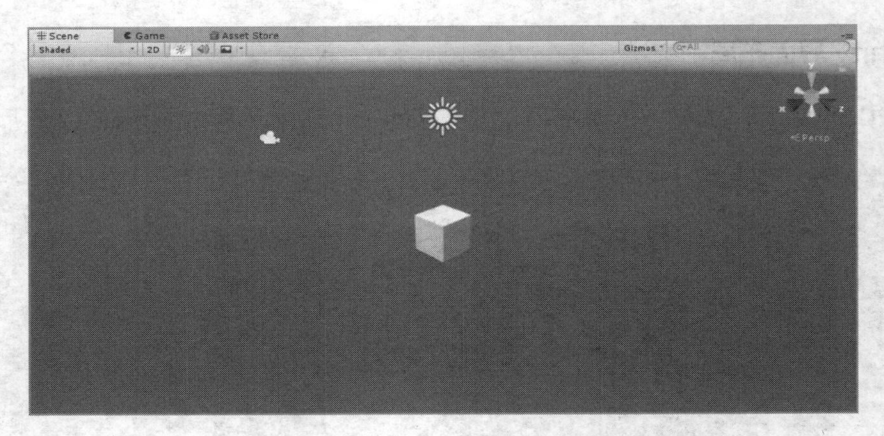

图 2.12　Scene 视图

在 Scene 视图中，可以通过变换工具栏来对物体进行方位和大小的调整，包括位置、旋转、缩放等，图 2.13 所示为变换工具栏（主要针对 Scene 视图）。还有一点需要注意，变换工具栏的按钮可以用快捷键代替，按钮从左到右对应的快捷键依次是“Q-W-E-R-T-Y”。

图 2.13　变换工具栏

2.2.4　Unity Game 视图

Unity Game 视图，也称游戏视图，如图 2.14 所示。它是 Scene 视图中摄像机进行渲染后呈现的画面，也是用户最终看到的内容。

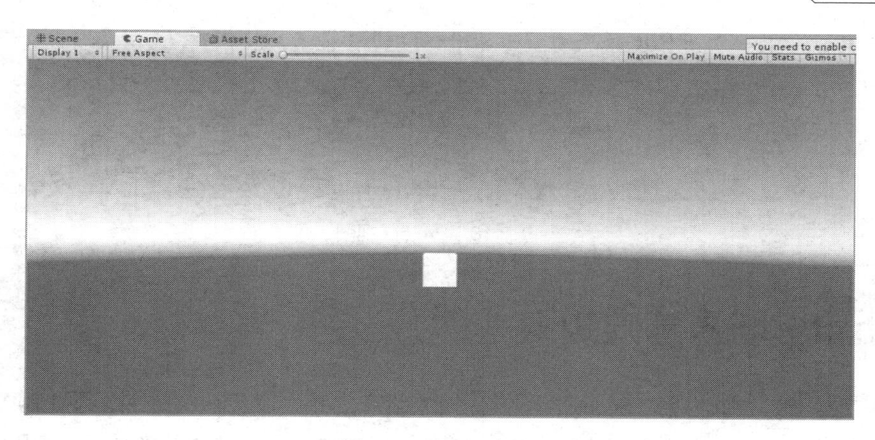

图 2.14　Game 视图

Unity Game 视图需要被激活，激活后整个程序才会运行，Game 视图会动态展示所有想要展示给用户的内容，这项工作通过播放控制栏来完成，如图 2.15 所示，最左边是播放按钮，单击会激活 Game 视图，中间是暂停按钮，单击暂停 Game 视图播放，最右边是控制 Game 视图播放进度按钮（一般用于对游戏的调试检查）。

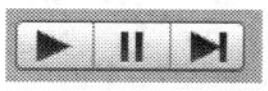

图 2.15　播放控制栏

2.2.5　Unity Inspector 视图

Unity Inspector 视图，也称检视视图，如图 2.16 所示，用来具体描述场景中物体对象的信息，如物体位置（Transform Position）、物体大小（Transform Scale）等。图 2.17 所示是一个立方体（Cube）对象的信息显示。在 Inspector 视图中可以直接修改一个物体的位置、大小属性。

图 2.16　Inspector 视图

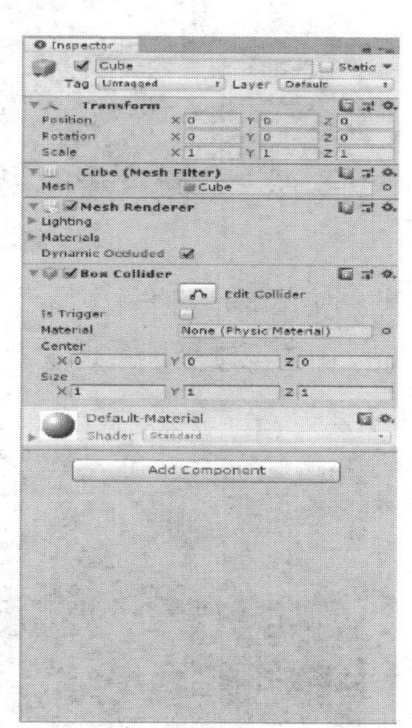

图 2.17　物体信息显示

2.2.6　Unity Project 视图

Unity Project 视图，也称项目视图，用来显示整个项目中用到的所有资源和脚本，如图 2.18 所示。

图 2.18　Project 视图

2.3　Unity 场景基础知识

在 Unity 开发当中，开发者对 Scene 视图操作最为频繁，如果想提高开发效率，就必须掌握场景的基础知识和各种操作技巧。下面以场景中的 Cube 对象为例详解 Unity 场景的基础知识和常用的基本操作。

2.3.1　二维/三维坐标系

Unity 场景是三维世界，也可以切换为二维世界。Unity 场景二维/三维坐标系切换只需单击切换按钮即可，如图 2.19 所示。

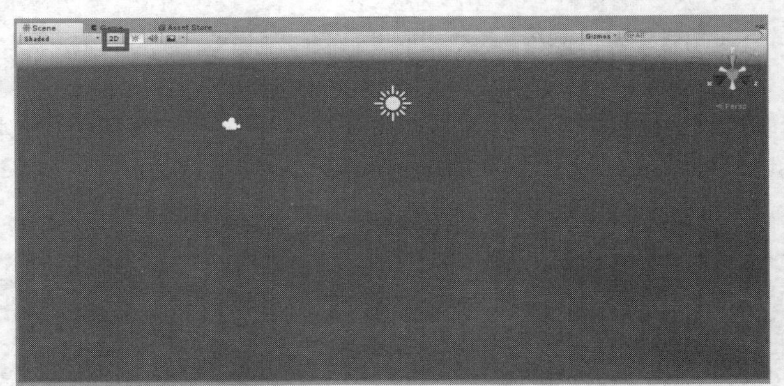

图 2.19　场景坐标系切换

Unity 三维世界使用的是三维坐标系，以便进行 3D 游戏世界的搭建。此三维坐标系与数学坐标系有所不同，Unity 中的三维坐标系是左手坐标系，而数学三维坐标系是右手坐标系。三维坐标系下的立方体如图 2.20 所示。

图 2.20　三维坐标系下的立方体

在 Unity 中，除了开发 3D 游戏，还可以进行 2D 游戏的开发，比如 2D 类的棋牌游戏、消除游戏、跑酷游戏等。搭建 2D 游戏场景时，开发者通常会将 Unity 场景切换为二维世界。在二维坐标系下，即使创建了三维物体，在场景中显示的也是二维图片。二维坐标系下的立方体如图 2.21 所示。

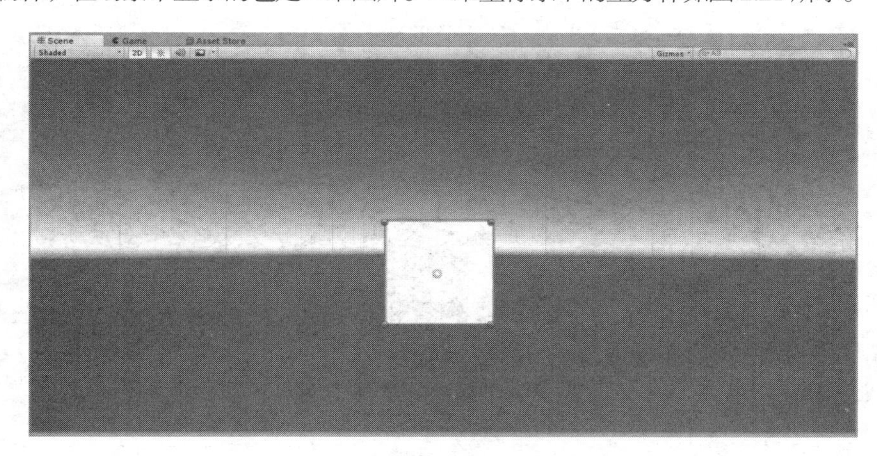

图 2.21　二维坐标系下的立方体

2.3.2　场景常用操作及漫游

为了让读者能够更方便地进行 Unity 场景的搭建，接下来具体介绍 Unity 场景中常用的操作。

1．旋转场景

Unity 旋转场景的方式有两种。方式一：将光标置于 Scene 视图，按住鼠标右键进行拖曳，完成对场景的左右旋转。方式二：将光标置于 Scene 视图，按住“Alt”键不放，并同时按住鼠标左键进行拖曳，完成对场景的左右旋转。

这里需要注意的是，Unity 场景坐标轴右上角有一个锁形按钮，用于锁定场景，使其不可旋转。

2．拖动场景

Unity 拖动场景的方式也有两种。方式一：将光标置于 Scene 视图，按住鼠标中键（即滚轮）不放进行场景的拖动。方式二：首先单击选中变换工具栏最左侧“”形状的按钮，其次将光标置于 Scene 视图，然后按住鼠标左键不放，进行场景的拖动。

3．缩放场景

Unity 缩放场景的操作相对简单，只需将光标置于 Scene 视图，滚动鼠标中键（即滚轮）就可以进行场景的缩放。

4．定位游戏对象

在 Unity 场景中有时候操作频繁，需要快速在场景中找到某一个游戏对象。在这种情况下，Unity 给开发者提供了两种很友好的解决方案。第一种：在 Hierarchy 视图中双击所要查找的物体对象名称即可。第二种：先在 Hierarchy 视图中选中要查找的物体对象，然后将光标置于 Scene 视图，按下“F”键，就可以快速定位到所要查找的物体。

5．移动游戏对象

在 Unity 场景中移动游戏对象的步骤：首先单击变换工具栏左二“”形状的按钮，其次在场景中选中想要移动的物体（此时该物体上会出现 3 个不同颜色的向量箭头，箭头颜色与场景的坐标轴颜色一一对应，分别表示物体沿着指定坐标轴移动，如图 2.22 所示），然后按住鼠标左键拖动某个方向的箭头，进行游戏对象的移动。

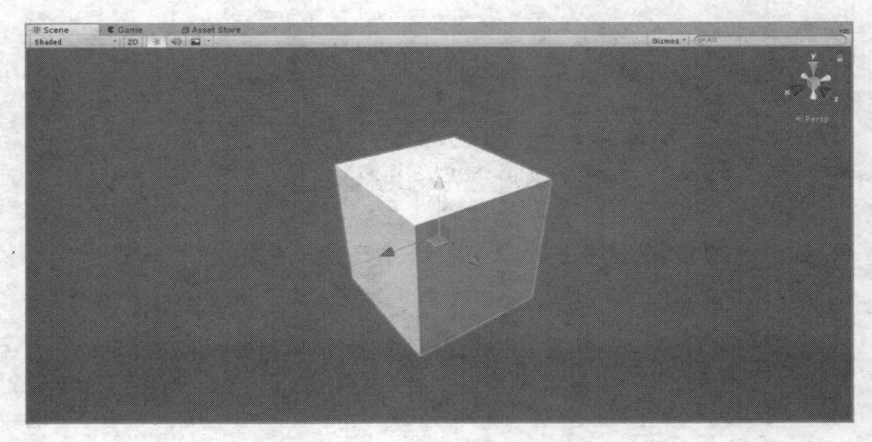

图 2.22 立方体可移动状态

6. 旋转游戏对象

在 Unity 场景中旋转游戏对象的步骤：首先单击选中变换工具栏左三“”形状的按钮，其次在场景中选中想要旋转的物体（此时该物体上会出现 3 个不同颜色的圆环，圆环颜色与场景的坐标轴颜色一一对应，分别表示物体围绕指定坐标轴旋转，如图 2.23 所示），然后按住鼠标左键拖曳代表某个方向的圆环，进行游戏对象的旋转。

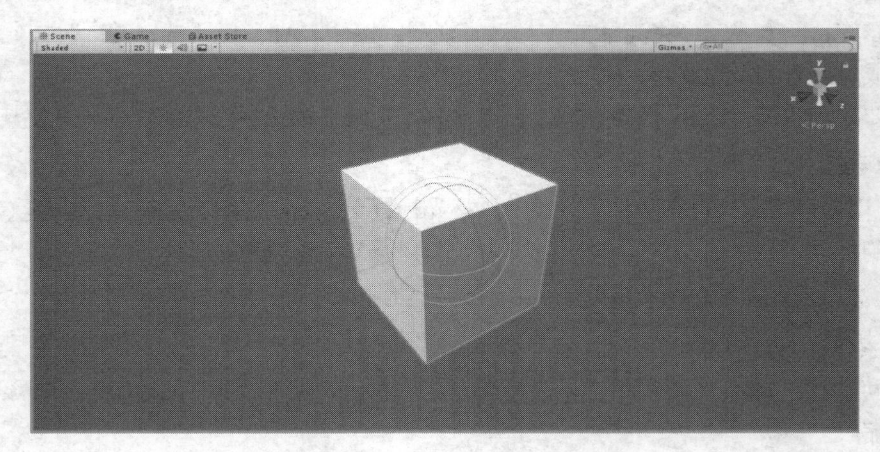

图 2.23 立方体可旋转状态

7. 缩放游戏对象

在 Unity 场景中缩放游戏对象的步骤：首先单击选中变换工具栏右三“”形状的按钮，其次在场景中选中想要缩小或放大的物体（此时该物体上会出现 3 个不同颜色的线段，线段颜色与场景的坐标轴颜色一一对应，分别表示物体沿着指定坐标轴方向放大或缩小，如图 2.24 所示），然后按住鼠标左键拖曳代表某个方向的线段，进行游戏对象的缩放。

这里需要注意的是，在 Unity 场景中要想等比缩放游戏对象，只需要拖曳物体在可缩放状态下的中心点即可。

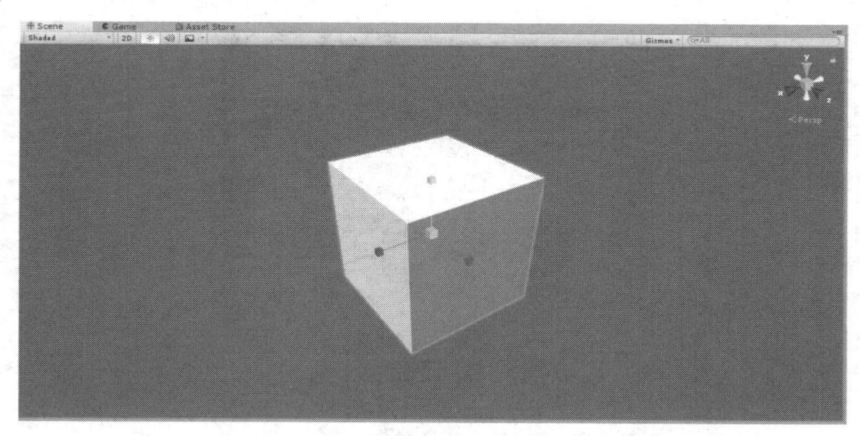

图 2.24　正方体可缩放状态

2.3.3　物体对象及其基本组件

1. 物体对象

Unity 物体对象是一个比较模糊的概念，通常是指在场景中存在的所有物体。例如，场景当中的摄像机、灯光、几何体、空物体等都是 Unity 的物体对象。

2. 物体对象的基本组件

Unity 是一个基于组件的 3D 游戏引擎。“基于组件”通俗来讲是指场景中的物体对象基于一个或多个组件形成，这些组件为所绑定物体对象实现了各自特有的功能，例如，Transform 组件控制物体对象的位置、旋转和缩放，Collider 组件使物体对象具有了物理特性等。在使用 Unity 进行项目开发过程中，实现或扩展某个功能，用到的就是面向组件式的编程概念。

下面将通过实例具体介绍物体对象的 Transform、Mesh Filter、Mesh Renderer、Collider 等基本组件。

一个空物体对象只包含 Transform（变换）组件，该组件是每个物体对象都必带的组件，也是不可移除的组件，它控制场景中每个对象的位置、旋转和缩放，如图 2.25 所示。

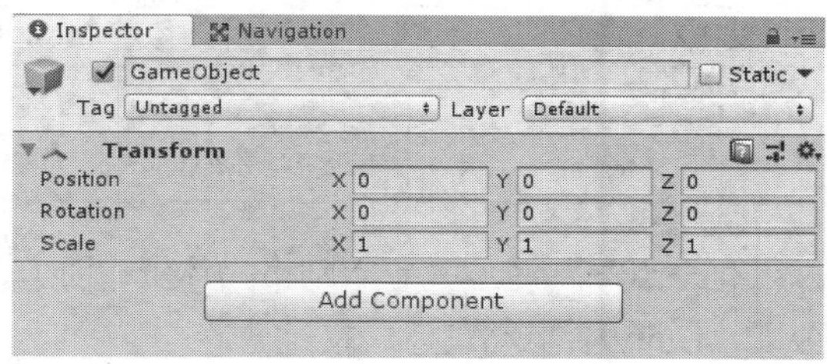

图 2.25　空物体所含组件

下面具体介绍 Transform 组件包含的属性信息，如表 2.1 所示。

表 2.1　Transform 组件

属　性	功　能
Position	物体对象的 x 轴、y 轴和 z 轴坐标
Font	物体对象围绕 x 轴、y 轴和 z 轴旋转，以度为单位
Scale	物体对象沿 x 轴、y 轴和 z 轴的缩放比例，值“1”是原始大小（导入对象的大小）

一个立方体对象通常包含的组件有 Transform、Mesh Filter、Mesh Renderer 和 Box Collider，如

图 2.26 所示。

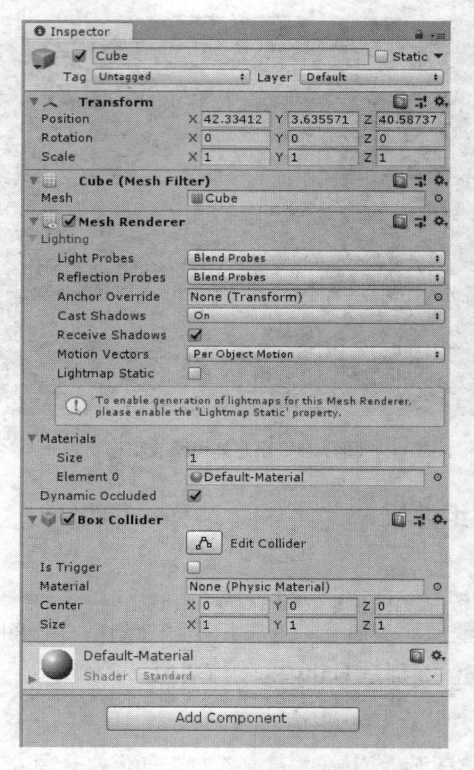

图 2.26　立方体所含组件

（1）Mesh Filter（网格过滤器）组件：作用是从资源模型中获取网格，并将其传递给 Mesh Renderer（网格渲染器）组件，最终渲染到屏幕上。

下面具体介绍 Mesh Filter 组件包含的属性信息，如表 2.2 所示。

表 2.2　　Mesh Filter 组件

属　性	功　能
Mesh	引用将要渲染的网格，网格存储在 Assets 资源的文件夹中

有一点需要注意，导入网格物体资源时，如果网格被蒙皮，Unity 会自动创建蒙皮网格渲染器；否则，Unity 会自动创建网格过滤器。

（2）Mesh Renderer（网格渲染器）组件：作用就是从网格过滤器中获取几何体，并将其渲染到对象的 Transform 组件定义的位置，从而使物体显示在屏幕上。

下面具体介绍 Mesh Renderer 组件包含的属性信息，如表 2.3 所示。

表 2.3　　Mesh Renderer 组件

属　性	功　能
Lighting	光照系统下的渲染
Light Probes	基于探头的光照插值
_Off	渲染器不使用任何插值光探测器

续表

属　性	功　能
_Light Probes	渲染器使用一个插值光探测器，这是默认选项
_Use Proxy Volume	渲染器使用内插光探测器的 3D 网格
Reflection Probes	指定对象如何受场景中的反射影响，开发者无法在延迟呈现模式下禁用此属性
_Off	禁用反射探头，天空盒将用于反射
_Blend Probes	反射探头已启用。仅在探头之间发生混合，在室内环境中有用。如果附近没有反射探头，渲染器将使用默认反射，但不会发生默认反射和探头之间的混合
_Blend Probes and Skybox	反射探头已启用。探头或探头与默认反射之间发生混合，适用于室外环境
_Simple	启用反射探头，但当存在两个重叠的体积时，探头之间不会发生混合
Anchor Override	用于确定使用光探测器或反射探头系统时的插值位置的变换
Cast Shadows	投射阴影
_On	当阴影投射光照在该物体上面时，网格会投下阴影
_Off	网格不会投下阴影
_Two Sided	从网格的两侧投射双面阴影
_Shadows Only	网格中的阴影将是可见的，但不是网格本身，而是其他物体阴影投射
Receive Shadows	勾选此复选框可使网格显示任何投射在其上的阴影。仅在使用 Progressive Lightmapper 时才支持启用
Motion Vectors	如果启用，则该物体具有渲染到摄像机中的运动矢量
Lightmap Static	勾选此复选框可向 Unity 指示对象的位置是固定的，并且它将参与全局照明计算。如果对象未标记为“Lightmap”静态物体，它仍然可以使用 Light Probes 点亮
Materials	用于渲染模型的材质列表
Dynamic Occluded	勾选此复选框可向 Unity 指示阻塞剔除该对象，即使它未标记为静态

（3）Box Collider（方体碰撞器）组件：作用是给一种基本的立方体添加碰撞的物理特性。下面具体介绍 Box Collider 组件包含的属性信息，如表 2.4 所示。

表 2.4　　Box Collider 组件

属　性	功　能
Is Trigger	启用后，该碰撞器用于触发事件，并被物理引擎忽略
Material	参考物理材质，确定此碰撞器如何与其他物体交互
Center	碰撞器在物体的局部空间中的位置
Size	碰撞器在 x 轴、y 轴、z 轴方向上的尺寸

Box Collider 组件不仅可用于任何大致为箱形的东西，如板条箱等，而且可用于地板、墙壁、坡道等。

3. 添加和移除组件

不同的组件为游戏对象实现了不同的功能，除了 Transform 组件之外，其他的组件都是可以任意移除或添加的。给一个物体对象添加一个新组件，只需要单击 Inspector 视图的“Add Component”按钮即可。给一个物体对象移除某个组件也很简单，只要将光标置于想要移除的组件位置，单击鼠标右键弹出菜单，选择“Remove Component”即可，如图 2.27 所示。

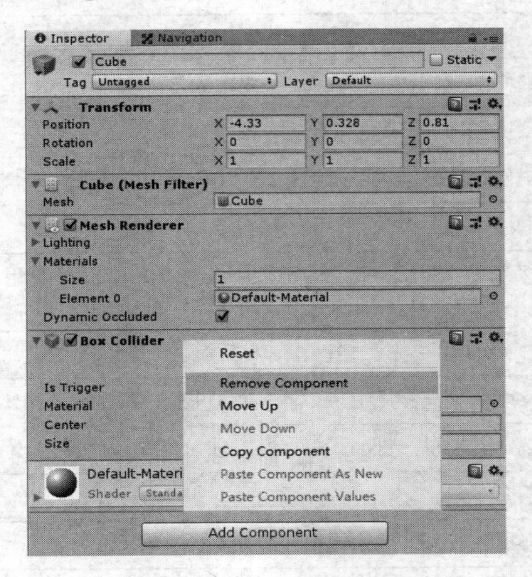

图 2.27　立方体组件移除

2.4　Unity 之 C#脚本编辑

2.4.1　创建 C#脚本

Unity 支持两种脚本编程，一种是 C#脚本，另一种是 JavaScript 脚本。本书以 C#脚本编程为例。创建一个 C#脚本：在 Project 视图内单击鼠标右键弹出一级菜单，如图 2.28 所示；选择“Create”弹出二级菜单，选择“C# Script”，如图 2.29 所示。

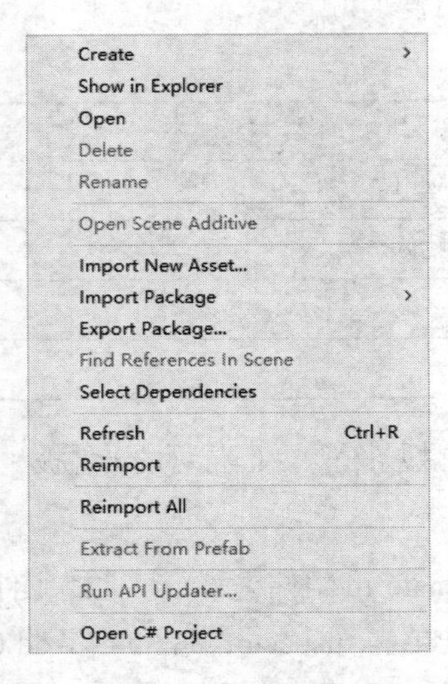

图 2.28　一级菜单

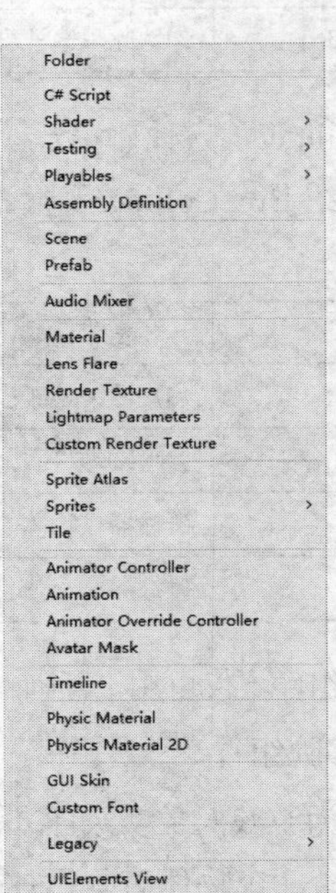

图 2.29　二级菜单

C#脚本创建成功后会在 Project 视图生成 C#脚本文件，如图 2.30 所示。

图 2.30　C#脚本创建完成

2.4.2　C#脚本编辑器设置

Unity 要想打开脚本进行编程需要有脚本编辑器，以前的 Unity 版本内置 Mono Develop 脚本编辑器，在安装 Unity 之后双击脚本就可以打开脚本进行编程；现在，在 Unity 2018 安装过程中，原有的 Mono Develop 编辑器已经被移除，官方推荐在 Windows 平台上仍使用 Visual Studio 2017 Community 工具，在 Mac OS 平台上下载并安装 Visual Studio for Mac 使用。因此，Unity 需要设置脚本编辑器（前提是已经安装了上述的脚本编辑器）。以 Windows 平台为例，单击 Unity 界面顶部菜单栏的“Edit”按钮，弹出下拉菜单后，单击“Preferences”选项，然后弹出 Unity Preferences 窗口，单击左侧“External Tools”选项，可以看到窗口右侧“External Script Editor”后面的按钮，单击弹出下拉菜单，选择“Visual Studio 2017 Community”完成脚本编辑器设置，如图 2.31 所示。

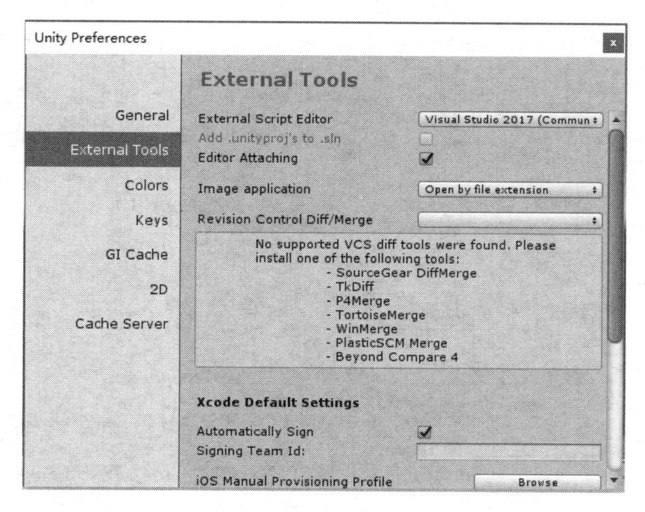

图 2.31　设置脚本编辑器

2.4.3　MonoBehaviour 类

设置好脚本编辑器后，单击打开新建的 C#脚本，如图 2.32 所示。

该 C#脚本会默认继承 MonoBehaviour 类，MonoBehaviour 类是每个 Unity 脚本派生的基类，只有继承 MonoBehaviour 类的脚本才能使用 Unity 提供的 API，脚本中的 Start、Update 方法都是 Unity 脚本生命周期的一部分，其中 Start 方法在脚本初始化时调用，Update 方法则是每帧调用一次。

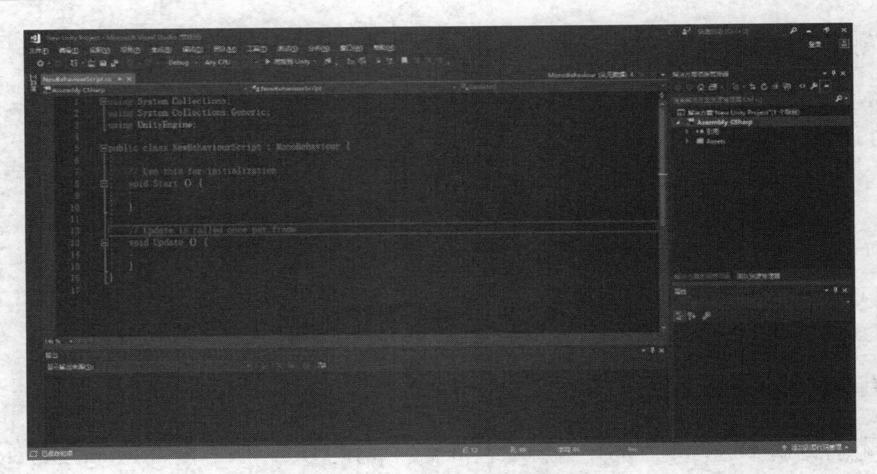

图 2.32　Unity 脚本编辑器界面

2.4.4　Unity 脚本生命周期

Unity 脚本从唤醒到销毁有一个比较完整的生命周期。Unity 脚本程序通过逐级或事件触发方式执行 Unity 引擎事先声明好的方法，这些方法被称为事件方法，调用这些事件方法的顺序和代码的书写顺序无关。Unity 脚本生命周期中重要事件方法的详细介绍如图 2.33 所示。

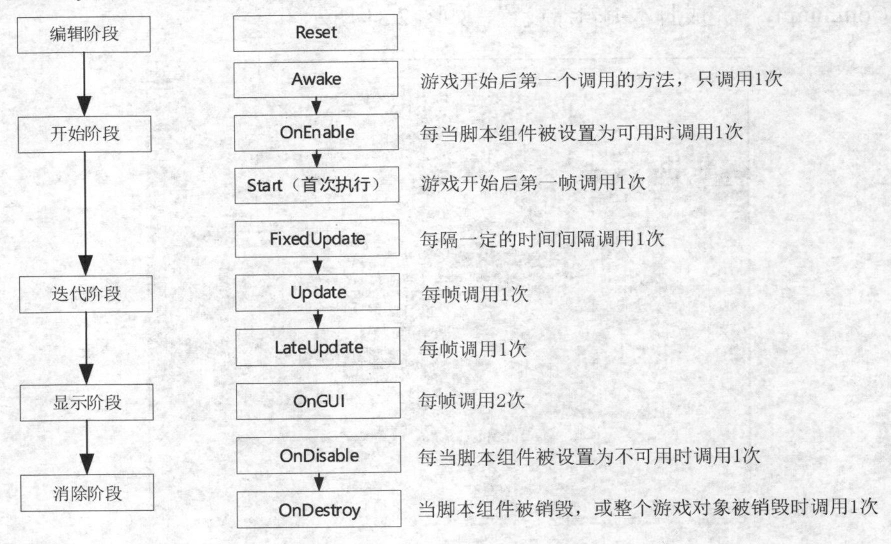

图 2.33　Unity 脚本生命周期

2.4.5　简单 C#程序

下面编写一个简单的 C#程序，这个程序的最终执行效果是让场景中的 Cube 对象旋转。下面演示 Cube 旋转的完整程序代码，如例 2-1 所示。

【例 2-1】

```
1  using System.Collections;
2  using System.Collections.Generic;
```

```
 3 using UnityEngine;
 4 public class NewBehaviourScript : MonoBehaviour {
 5     void Start () {
 6     }
 7     void Update () {
 8       transform.Rotate(0,1, 0);     //使当前物体沿着 y 轴旋转
 9     }
10 }
```

然后将脚本拖曳到 Cube 的 Inspector 视图上，脚本绑定物体完成后以组件形式存在，如图 2.34 所示。

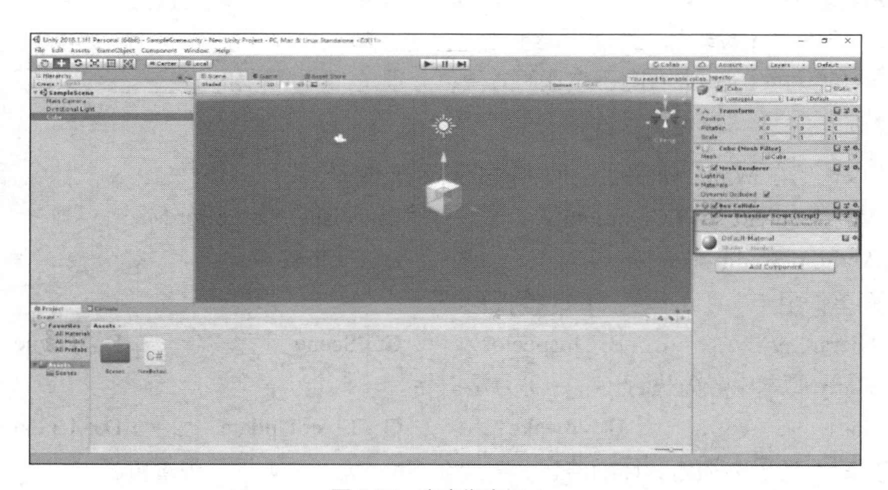

图 2.34　脚本绑定 Cube

单击播放控制菜单中的播放按钮，Game 视图显示旋转的 Cube，如图 2.35 所示。

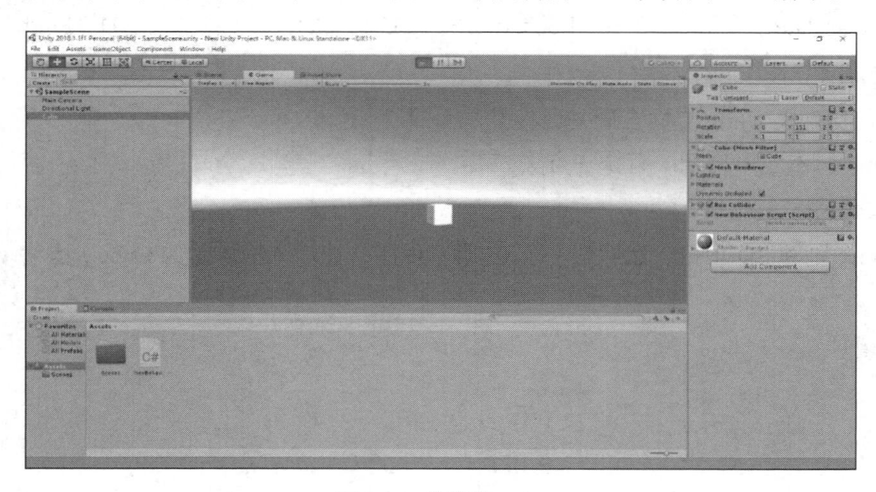

图 2.35　旋转的 Cube

2.5　本章小结

本章介绍了 Unity 的界面布局、Unity 场景常用的基本操作、脚本程序的编写以及如何运行 Unity

项目。学习完本章后，读者应能够熟练使用 Unity 创建项目和编写程序，正式进入 Unity 开发的世界。

2.6 习题

1. 填空题

（1）Unity 既可以创建 3D 项目，也可以创建________项目。

（2）Unity________视图是用来显示项目中包含的资源和脚本文件的。

（3）Unity 支持两种脚本编程，一种是 JavaScript 脚本，另一种是________脚本。

（4）Unity 创建的 C#脚本，都会默认继承________类。

（5）Unity 创建的 C#脚本有两个默认的方法，分别是________和________。

2. 选择题

（1）（　　）是在 Windows 平台上使用的 Unity 脚本编辑器。

A. Visual Studio 2017 Community　　B. Visual Studio for Mac

C. Android Studio　　D. Eclipse

（2）下面单词中（　　）代表 Unity 检视视图。

A. Hierarchy　　B. Inspector　　C. Scene　　D. Game

（3）在 Unity 脚本中最先执行（　　）方法。

A. Start　　B. Awake　　C. FixedUpdate　　D. Update

（4）若要查看场景中物体的详细信息，需要在 Unity（　　）视图中查看。

A. Scene　　B. Game　　C. Project　　D. Inspector

（5）（　　）方法是使物体旋转的方法。

A. Translate　　B. LookAt　　C. Rotate　　D. Find

3. 思考题

（1）如何自定义 Unity 界面布局并保存？

（2）Unity 脚本生命周期中有哪些方法？

4. 实战题

使用 Unity 创建 3D 项目，然后写一个 C#脚本程序，让一个物体（如 Cube）围绕 *x* 坐标轴不停旋转。

03

第3章　Unity C#编程基础

本章学习目标

- 掌握 C#基础语法
- 理解 C#的常量与变量
- 熟练掌握 C#的基本数据类型及类型转换方法
- 掌握 C#的运算符用法
- 理解 C#程序的流程控制

想要做出一桌美味佳肴，不可或缺的就是各种食材，其次是食材的搭配。同样，要使用 C#编写出完整的程序，就必须充分了解 C#语言的基础知识。

3.1　Visual Studio 开发工具的使用

在讲解 C#编程知识之前，先介绍一个 C#编程开发工具——Visual Studio 2017。

3.1.1　Visual Studio 2017

Visual Studio 是美国微软公司开发的一款开发工具，也是目前最流行的 Windows 平台应用程序的集成开发环境。本书在 C#编程讲解中，将会使用这款强大的编程工具，通过在 C#控制台项目中编写具体程序代码，来为读者讲解 C#语法和面向对象的知识。关于 Visual Studio 2017 开发工具的下载与安装，这里不再赘述，读者可以从官网或者其他途径了解具体的下载和安装步骤，以及 Visual Studio 2017 工具的界面布局等。

3.1.2　创建 C#控制台项目——Hello World

Visual Studio 2017 安装完成后，接下来介绍创建 C#控制台项目的具体步骤。

第 1 步，打开 Visual Studio 2017 工具，通过单击顶部菜单“文件”按钮，依次选择“新建”“项目”选项，弹出“新建项目”窗口。

第 2 步，在“新建项目”窗口中，选择“控制台应用”，可自定义设置控制台项目名称、位置等信息，如图 3.1 所示。

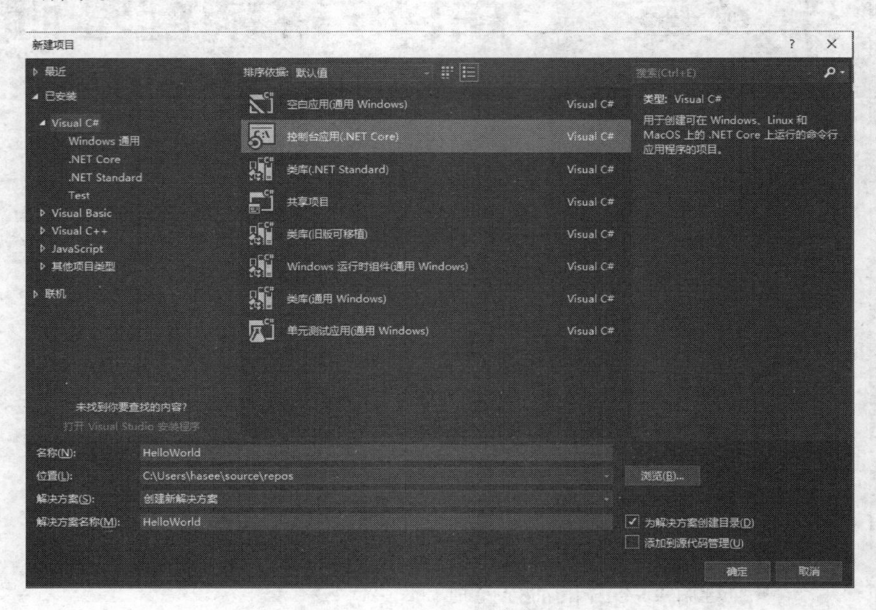

图 3.1　新建 C#控制台项目

第 3 步，单击“新建项目”窗口右下角的“确定”按钮，C#控制台项目创建完成，如图 3.2 所示。

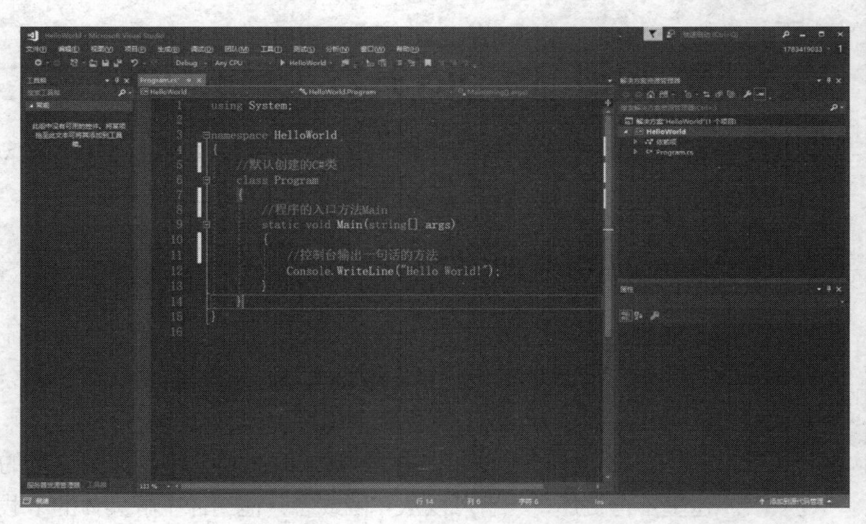

图 3.2　C#控制台项目界面

3.1.3　运行控制台，输出“Hello World”

如图 3.2 所示，Hello World 项目的 Program 类中已经有了一行程序代码，它用来在控制台输出一句话。这里需要注意的是，如果想查看控制台的输出信息，就需要保持控制台窗口，因此，默认程序加了一行等待用户输入代码的方法，以保证窗口不会关闭。那么，接下来运行程序验证效果，运行程序的方法很简单，单击项目运行按钮即可，如图 3.3 所示。

```
1   using System;
2
3   namespace HelloWorld
4   {
5       //默认创建的C#类
6       class Program
7       {
8           //程序的入口方法Main
9           static void Main(string[] args)
10          {
11              //控制台输出一句话的方法
12              Console.WriteLine("Hello World!");
13              //控制台等待输入一行命令的方法
14              Console.ReadLine();
15          }
16      }
17  }
18
```

HelloWorld　Debug　Any CPU　HelloWorld　Program.cs

解决方案"HelloWorld"(1 个项目)
HelloWorld
依赖项
Program.cs

"dotnet.exe" (CoreCLR: DefaultDomain): 已加载"C:\Program Files\dotnet\shared\Microsoft.NETCore.App\2.1.6\System.Private.CoreLib.dll"
"dotnet.exe" (CoreCLR: clrhost): 已加载"C:\Program Files\dotnet\shared\Microsoft.NETCore.App\2.1.6\System.Runtime.dll"。已跳过加载
"dotnet.exe" (CoreCLR: clrhost): 已加载"C:\Program Files\dotnet\shared\Microsoft.NETCore.App\2.1.6\System.Console.dll"。已跳过加载
"dotnet.exe" (CoreCLR: clrhost): 已加载"C:\Program Files\dotnet\shared\Microsoft.NETCore.App\2.1.6\System.Threading.dll"。已跳过加
"dotnet.exe" (CoreCLR: clrhost): 已加载"C:\Program Files\dotnet\shared\Microsoft.NETCore.App\2.1.6\System.Runtime.Extensions.dll"
程序"[10452] dotnet.exe"已退出，返回值为 -1073741510 (0xc000013a)。

行 18　列 1　字符 1　Ins

图 3.3　运行程序

3.2　C#的基本语法

3.2.1　基本程序结构

这里还是以输出“HelloWorld”为例说明在开发中 C#脚本的基本程序结构，如例 3-1 所示。

【例 3-1】

```
1  using System;                //引入命名空间
2  namespace HelloWorld         //自定义命名空间
3  {
4      //默认创建的 C#类
5      class Program
6      {
7          //程序的入口方法 Main
8          static void Main(string[] args)
9          {
10             //控制台输出一句话的方法
11             Console.WriteLine("Hello World!");
12             //控制台等待输入一行命令的方法
13             Console.ReadLine();
14         }
15     }
16 }
```

运行 Visual Studio 的控制台项目，在控制台窗口中查看运行结果，如图 3.4 所示。

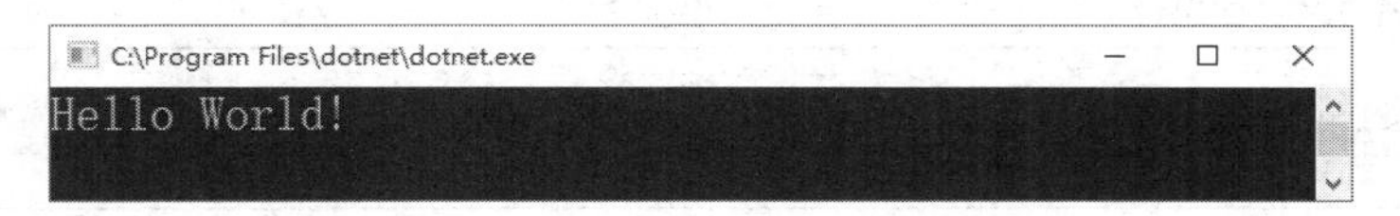

图 3.4　运行结果

在例 3-1 中，第 1 行 using 语句引入 System 命名空间，第 2 行自定义命名空间“HelloWorld”，第 5 行声明了一个自定义类“Program”，第 8 行是 C#程序的入口方法，第 11 行是 Visual Studio C#项目控制台输出语句的方法，第 13 行是 Visual Studio C#项目控制台等待输入语句的方法。除此之外，还有“{}”“//”和“;”符号穿插于脚本之中。其中，“{}”是用于包含语句的程序块；“//”是注释，它不会被编译，只是用来说明程序；“;”表示一行 C#语句的结束。

3.2.2 注释

1. **单行注释**

单行注释以“//”开始，到该行末尾结束，具体示例如下。

```
// 输出千锋教育
Console.WriteLine("千锋教育");
```

2. **多行注释**

多行注释以“/*”开始，以“*/”结束，具体示例如下。

```
/*
多行注释
输出千锋教育
*/
Console.WriteLine("千锋教育");
```

3. **文档注释**

文档注释以“///”开始，以“///”结束，在 Visual Studio 编辑器中输入“///”并按回车键即可进行文档注释。文档注释可以用来注释方法，也可以用来注释类。具体示例如下。

```
///<summary>
///千锋教育
///<summary>
Console.WriteLine("千锋教育");
```

3.2.3 变量与常量

变量和常量用来存储特定类型的数据，它们根据声明的 C#数据类型被分配对应大小的内存空间并存储数据。

（1）变量，就是在程序的运行过程中其值可以被改变的量，变量的类型可以是任何一种 C#的数据类型。声明变量的语法格式如下。

```
数据类型 变量名（又称标识符）;
```

如需声明多个相同类型变量，可使用如下语法格式。

```
数据类型 变量名 1, 变量名 2, ⋯ ,变量名 n;
```

具体示例如下。

```
int a;          //声明了1个int类型的变量a
int b,c,d;    //同时声明了3个int类型的变量b，c，d
```

（2）常量，就是在程序的运行过程中其值不可以被改变的量，这种固定的值又叫作字面量。常量的类型也可以是任何一种C#的数据类型，const关键字表示声明一个常量。

声明常量的语法格式如下。

```
const 数据类型 常量名（又称标识符）;
```

如需声明多个相同类型变量，可使用如下语法格式。

```
const 数据类型 常量名1, 常量名2, ···,常量名n;
```

具体示例如下。

```
const int a;          //声明了1个int类型的常量a
const int b,c,d;    //同时声明了3个int类型的常量b，c，d
```

3.2.4　标识符

标识符是用来标识类、变量、方法或其他用户自定义对象的一般术语。在C#中，标识符命名必须遵循如下基本规则。

（1）标识符只能由英文字母、数字（0～9）、@和下画线（_）组成。

（2）标识符中第一个字符不能是数字。

（3）标识符中的英文字母区分大小写。

（4）标识符不能包含空格或特殊字符（如? -+!#%等）。

（5）标识符不能是C#关键字，如using、if等。

（6）标识符不能与类库的名称相同。

3.2.5　关键字

关键字是对编译器具有特殊意义的预定义保留标识符，又称保留字。它们不能在程序中用作标识符，除非加一个@前缀。例如，@if是一个合法的标识符，而if不是合法的标识符，因为它是关键字。下面将C#中的关键字一一列出，如表3.1所示。

表3.1　C#关键字

abstract	as	base	bool	break	byte
case	catch	char	checked	class	const
continue	decimal	default	delegate	do	double
else	enum	event	explicit	extern	false
finally	fixed	float	for	foreach	goto
if	implicit	in	int	interface	internal
Is	lock	long	namespace	new	null

续表

Object	operator	out	override	params	private
protected	public	readonly	ref	return	sbyte
sealed	short	sizeof	stackalloc	static	string
struct	switch	this	throw	true	try
typeof	uint	ulong	unchecked	unsafe	ushort
using	virtual	volatile	void	while	get
partial	set	value	where	yield	

常用关键字用法说明如下。

（1）class 关键字是用来声明类的。

（2）enum 关键字是用来声明枚举的。

（3）interface 关键字是用来声明接口的。

（4）delegate 关键字是用来声明委托的。

（5）abstract 修饰符关键字可以和类、方法、属性、索引器及事件一起使用。在类声明中使用 abstract 修饰符表示这个类只能是其他类的基类（父类），这个类也被称为抽象类。在方法或属性声明中使用 abstract 修饰符，表示方法或属性在该类中不包含实现，只在该类的派生类有具体实现。

（6）public、private、protected、internal 等访问修饰符关键字，用于对类、属性或方法进行访问权限限制。

（7）return 语句可终止所在的方法的执行，并将控制权返回给调用方法。如果方法需要返回值，那么就用 return 语句返回；如果方法是 void 类型，则 return 语句可以省略。

3.3 数据类型和类型转换

数据类型的作用就是定义变量以何种方式存储数据。C#中的数据类型可以分为两大类：值类型和引用类型。

3.3.1 值类型

1. 整数类型

在 C#中，整数类型可分为 9 种，此 9 种也可以分为 3 类。

（1）无符号整数类型：byte、ushort、uint、ulong。

（2）有符号整数类型：sbyte、short、int、long。

（3）字符型：char。

下面详细描述这 9 种类型，如表 3.2 所示。

表 3.2 整数类型

类型	描述	占用空间	取值范围
byte	8 位无符号整数	1 字节	0 到 255
ushort	16 位无符号整数	2 字节	0 到 65 535

续表

类　型	描　述	占用空间	取值范围
Uint	32 位无符号整数	4 字节	0 到 4 294 967 295
ulong	64 位无符号整数	8 字节	0 到 18 446 744 073 709 551 615
sbyte	8 位有符号整数	1 字节	−128 到 127
short	16 位有符号整数	2 字节	−32 768 到 32 767
int	32 位有符号整数	4 字节	−2 147 483 648 到 2 147 483 647
long	64 位有符号整数	8 字节	−9 223 372 036 854 775 808 到 9 223 372 036 854 775 807
char	16 位 Unicode 字符	2 字节	U+0000 到 U+ffff

在 C#中，使用整数类型数值时，默认的类型是 int，数值后面不需要加后缀。整数类型数值后面加上 l 或 L，表明它是 long 类型。具体示例如下。

```
int  a=10;                //数值没有后缀，默认为 int 类型
long b=10L;              //在数值后添加 L 后缀，给 long 类型变量正确赋值
```

2. 浮点数类型

在 C#中，浮点数类型有两种，分别是 float 和 double，如表 3.3 所示。

表 3.3　　浮点数类型

类　型	描　述	占用空间	取值范围
float	32 位单精度浮点数	4 字节	-3.4×10^{38} 到 $+3.4 \times 10^{38}$
double	64 位双精度浮点数	8 字节	$\pm5.0 \times 10^{-324}$ 到 $\pm1.7 \times 10^{308}$

在 C#中，使用浮点数类型数值时，默认的类型是 double，数值后面不需要加后缀。浮点数类型数值后面加上 f 或 F，表明它是 float 类型。具体示例如下。

```
double  a=10.0;           //数值没有后缀，默认为 double 类型
float b=10.0F;            //在数值后添加 F 后缀，给 float 类型变量正确赋值
```

3. decimal 类型

decimal 类型是 128 位的数据类型，用关键字 decimal 声明。同浮点数类型相比，decimal 类型具有更高的精度和更小的范围，这使它适用于财务和货币计算。decimal 类型的大致范围和精度，如表 3.4 所示。

表 3.4　　decimal 类型

类型	描述	占用空间	取值范围
decimal	128 位高精度类型	16 字节	$\pm1.0 \times 10^{-28}$ 到 $\pm7.9 \times 10^{28}$

在 C#中，使用 decimal 类型数值时，数值后面需要加上 m 或 M 后缀，具体示例如下。

```
decimal  a=10.0M;         //在数值后添加 M 后缀，给 decimal 类型变量正确赋值
```

4. 布尔类型

在 C#中，布尔（bool）类型是用来表示“真”和“假”两种概念。布尔类型变量用关键字 bool 声明，占用 1 字节的内存空间。布尔类型变量的值同样只有两种，true 或 false，虽然看起来比较简单，但应用十分广泛。具体示例如下。

```
bool  a=true;         //声明 bool 类型变量 a，并赋值 true
```

5. 枚举类型

在 C#中，enum 关键字用来声明枚举（enum）类型（又称枚举），为定义一组可以赋值给变量的命名整数常量提供了一种有效方法。例如，假设需要定义一个变量，该变量的值表示一周中的某一天，那么可以定义一个枚举，具体程序代码如例 3-2 所示。

【例 3-2】

```
 1  using System;
 2  enum Days {             //定义枚举
 3     Sat, Sun,Mon,Tue,Wed,Thu,Fri
 4  }
 5  public class Example3_2 {   //class 声明 Example3_2 类
 6     //程序的入口方法 Main
 7     static void Main(string[] args)
 8     {
 9        Days today = Days.Mon;   //声明枚举类型变量并赋值
10        Console.WriteLine("今天的日期是："+today); //输出枚举类型变量 today 的值
11        Console.ReadLine();
12     }
13  }
```

运行该程序，运行结果如图 3.5 所示。

图 3.5 运行结果

在例 3-2 中，第 2～3 行定义了枚举，第 9 行定义了一个 Days 枚举类型的变量 today，第 10 行是输出语句。

6. 结构体类型

在 C#中，结构体（struct）类型是一个单一变量存储各种数据类型的数据结构，结构体类型和类类型很相似，主要的区别是：类类型是引用类型，结构体类型是值类型。对于一个类，当包含数据极少时，使用类类型会造成内存管理上不必要的开销，这时候最适合使用结构体类型来提高性能，这也是读者需要注意的性能优化技巧。下面演示创建和使用结构体类型，如例 3-3 所示。

【例 3-3】

```
 1  using System;
 2  public struct Book                   //定义 struct 类型
```

```
3  {
4      public decimal price;
5      public string title;
6      public string author;
7  }
8  class Example3_3 {
9      static void Main(string[] args)
10     {
11         Book book;                    //声明 struct 类型变量 book
12         book.price = 69.0M;           //给 Book 结构体的 book 变量 price 属性赋值
13         book.title = "《Unity 虚拟现实趣味入门》";
14         book.author = "千锋高教部";
15         Console.WriteLine(book.title+"书籍，"      //打印一本书籍的详细信息
16             + book.author+"出品，"+"售价:"
17             + book.price);
18         Console.ReadLine();
19     }
20 }
```

运行该程序，运行结果如图 3.6 所示。

图 3.6　运行结果

在例 3-3 中，第 2～7 行定义了结构体类型 Book，第 11 行声明了一个 Book 结构体类型的变量 book，第 12～14 行是给结构体变量赋值，第 15～17 行是输出语句。

3.3.2　引用类型

1. 类类型

在 C#中，用关键字 class 声明的类型都是类（class）类型。类是 C#面向对象编程的基本单位，是对某一类事物属性和行为的封装。类具有单继承多接口的特性，一般定义类的通用格式如下所示。

```
1  class PeopleExample{          //class 定义类 ，PeopleExample 为类名
2      string name;             //name 名称属性
3      string age;              //age 年龄属性
4      public void Speak(){     //声明 Speak 方法，方法中定义说的内容
5      }
6  }
```

在 Unity 的 C#脚本开发中，值得注意的是，C#脚本的名称也是类的名称，两者要保持一致，否则就会报错。

2. 字符串类型

在 C#中，字符串是字符串（string）类型的对象，C#字符串实际上存储的是只读的多个 char 字

符型对象。string 类型的对象是不可变的，当连接两个字符串内容时，不是修改了原始的字符串，而是创建了一个新的字符串。字符串类型变量声明赋值示例如下。

```
string a="Hello";        //声明 string 类型变量 a，并赋值“Hello”字符串
```

3. 数组类型

数组（array）是一种包含同一类型的多个元素的数据结构，声明了数组之后，就必须为数组分配内存，以保存数组的所有元素。下面的示例展示如何声明和初始化一维和二维数组。

一维数组示例如下。

```
int[] arr1=new int[5];         //声明 int 类型的一维数组 arr1，元素个数为 5
arr1[0] = 1;                   //给数组第一个元素，索引为 0，赋值为 1
Console.WriteLine(arr1[0]);//Unity 控制台打印数组元素，结果为 1
```

二维数组示例如下。

```
int[,] arr2=new int[3,2];    //声明 int 类型的二维数组 arr2，并赋值
arr2[1,0]=23;
Console.WriteLine(arr2[1,0]); //Unity 控制台打印数组元素，结果为 23
```

4. 接口类型

在 C#中，接口（interface）用于描述一组类的公共方法或公共属性，接口不实现任何方法或属性，只是规定实现接口的类至少要实现哪些功能，实现接口的类可以增加自己的方法。接口用 interface 关键字定义，如例 3-4 所示。

【例 3-4】

```
1    using System;
2    interface ISay {                                  //定义接口 ISay
3      string MyName(string name);                     //定义方法
4    }
5    public class Example3_4: ISay{                    //实现 ISay 接口
6      public string MyName(string name)               //实现接口中的方法
7      {
8      string temp = "Hi,My name is " + name + ".";          //拼接字符串
9      return temp;                                    //return 结束方法，返回字符串
10     }
11      static void Main(string[] args)
12     {
13        Example3_4 interfaceTest = new Example3_4();
14        //控制台输出一句话，介绍自己
15        Console.WriteLine(interfaceTest.MyName("张三"));
16        Console.ReadLine();
17     }
18 }
```

运行该程序，运行结果如图 3.7 所示。

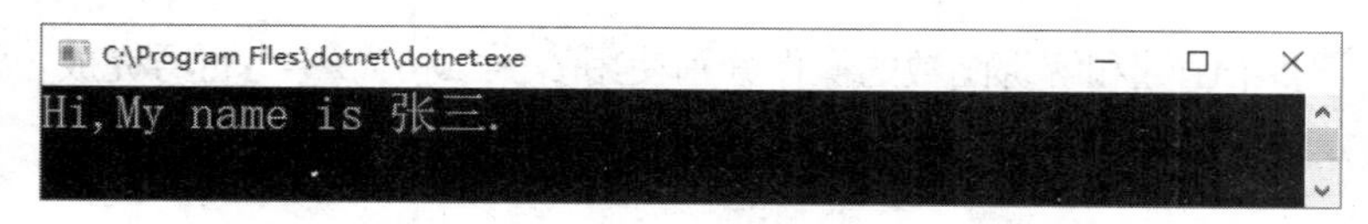

图 3.7　运行结果

在例 3-4 中，第 2～4 行定义了接口 ISay 和方法 MyName，第 5 行实现了 ISay 的接口，第 6～10 行实现了 ISay 接口内的方法，第 13 行是定义了一个实现 ISay 接口的 Example3_4 类的实例对象，第 15 行是输出语句。

5. 委托类型

C#中的委托（delegate）是一种引用方法（具有特定参数列表和返回类型的方法）的类型，不但能够安全地封装方法，而且具有与其所引用的方法相同的行为。委托可以很方便地将方法作为参数去传递，通俗地说，委托就是第三方，调用者告诉第三方要做什么，然后调用者就不用管了，这个委托（第三方）就会去调用方法完成任务。委托类型的演示程序如例 3-5 所示。

【例 3-5】

```
1  using System;
2  public class Example3_5{
3     // 自定义委托（定义一个方法的原型：返回值+参数类型和个数）
4     public delegate void MyDelegate(string str);
5     public void Hello(string name)    // 定义带有一个 string 类型参数的方法
6     {
7       Console.WriteLine("Hi,"+name);
8     }
9     static void Main(string[] args) {
10       Example3_5 delegateTest = new Example3_5();
11       MyDelegate somebody = new MyDelegate(delegateTest.Hello); //委托实例
12       somebody("张三");                    //调用委托中注册对象的方法
13       Console.ReadLine();
14    }
15 }
```

运行该程序，运行结果如图 3.8 所示。

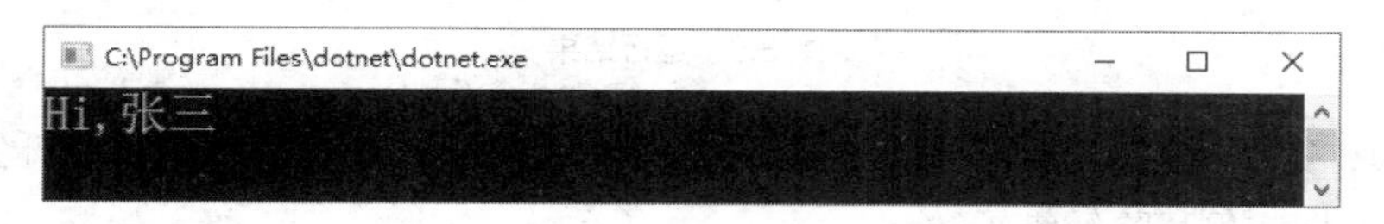

图 3.8　运行结果

在例 3-5 中，第 4 行定义了带有一个 string 类型参数的委托 MyDelegate，第 5～8 行定义了一个带 string 类型参数的方法，第 11 行定义了一个委托类型的实例并且绑定了 Hello 方法，第 12 行执行了委托当中的方法，最终输出了一句话。

例 3-5 实现的是单个委托实例化及调用。实例化委托时必须将一个匹配函数注册到委托上来实例化一个委托对象，但是一个实例化委托不仅可以注册一个函数还可以注册多个函数，注册多个函数后，在执行委托时会根据注册函数的注册先后顺序依次执行每一个注册函数，注册多个函数的委托也可以称为多播委托。

多播委托注册多个函数和解绑函数的操作分别使用“+=”和“－=”符号完成。下面就是一个多播委托的实例，如例 3-6 所示。

【例 3-6】

```
1  using System;
2  delegate void Delegate_Multicast(int x, int y);  //声明委托
3  public class Example3_6      //多播委托测试类
4  {
5      static void Method1(int x, int y) {
6        Console.WriteLine("You r in Method 1");
7      }
8      static void Method2(int x, int y) {
9        Console.WriteLine("You r in Method 2");
10     }
11 public static void Main()
12 {
13    //委托实例
14    Delegate_Multicast func = new Delegate_Multicast(Method1);
15    func += new Delegate_Multicast(Method2);  //添加绑定函数
16       func(1,2);              // Method1 和 Method2 被调用
17        Console.WriteLine();   //输出空行分隔
18       func -= new Delegate_Multicast(Method1);  //移除解绑函数
19       func(2,3);              // 只有 Method2 被调用
20        Console.ReadLine();
21    }
22 }
```

运行该程序，运行结果如图 3.9 所示。

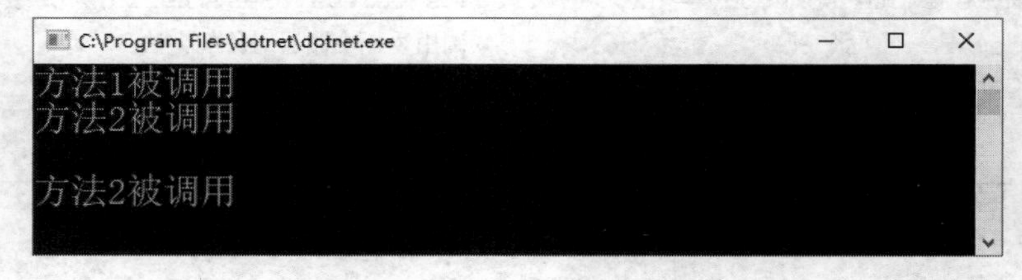

图 3.9　运行结果

在例 3-6 中，第 2 行定义了多个参数的委托 Delegate_Multicast，第 15 行给委托实例添加绑定函数，第 18 行给委托实例移除解绑函数。

3.3.3　类型转换

1. 隐式类型转换

隐式类型转换又称为自动类型转换。隐式类型可以说是系统默认的、不需要加以声明就可以进行的转换。不需要在源代码中使用任何特殊语法，编译器就会自动执行隐式类型转换。int 类型隐式转换为 long 类型如下所示。

```
int a = 10;
```

```
long b = a;      //隐式转换
```

2. 显式类型转换

显式类型转换又称为强制类型转换。和隐式类型转换正好相反，显示类型转换需要用户明确地指定转换的类型。编写者需要在源代码中使用()来实现显式转换，括号中需要写入转换的目标类型，编译器会根据括号内的数据类型执行转换。long 类型隐式转换为 int 类型如下所示。

```
long a = 10;
int b = (int)a;      //显式转换
```

值得注意的是，事实上，显式转换包括所有的隐式转换，也就是说，把系统允许的任何隐式转换写成显式转换的形式都是可行的。

3.4 C#中的运算符

运算符，顾名思义，是用来对操作数进行运算的符号。运算符被包含在表达式中，与操作数一起组成了表达式，示例如下。

```
int number = 10;          //int 类型变量，赋值 10。
int result=number+100; //表达式（操作数：result、number、100。运算符：= 、+。）
```

在 C#中，运算符有很多种，下面详细介绍不同种类的运算符及其使用方法。

3.4.1 算术运算符

算术运算符，主要用于数字类型操作数之间的运算。C#支持 7 种算术运算符，各个符号和具体功能如表 3.5 所示。

表 3.5　　算术运算符

运　算　符	描　　述
+	两操作数相加
-	两操作数相减
*	两操作数相乘
/	两操作数相除
%	取模运算符（取余数）
++	自增运算符
--	自减运算符

C#中算术运算符的使用演示程序，如例 3-7 所示。

【例 3-7】

```
1  using System;
2  public class Example3_7 {
```

```
3     //定义多个 int 类型变量，存储表达式运算的结果
4     int result_1,result_2,result_3,result_4,result_5;
5     static void Main(string[] args){
6         Example3_7 calculateTest = new Example3_7();
7         calculateTest.Calculate(11, 5);    //调用 Calculate 方法，传递两个 int 类型的参数
8         Console.WriteLine("两数相加的结果为：" + calculateTest.result_1);//输出计算结果
9         Console.WriteLine("两数相减的结果为：" + calculateTest.result_2);
10        Console.WriteLine("两数相乘的结果为：" + calculateTest.result_3);
11        Console.WriteLine("两数相除的结果为：" + calculateTest.result_4);
12        Console.WriteLine("两数相除的余数为：" + calculateTest.result_5);
13        Console.ReadLine();
14    }
15    public void Calculate(int a,int b){   //定义 Calculate 有参方法
16        result_1 = a + b;                 //两数相加表达式
17        result_2 = a - b;
18        result_3 = a * b;
19        result_4 = a / b;
20        result_5 = a % b;
21    }
22 }
```

运行该程序，运行结果如图 3.10 所示。

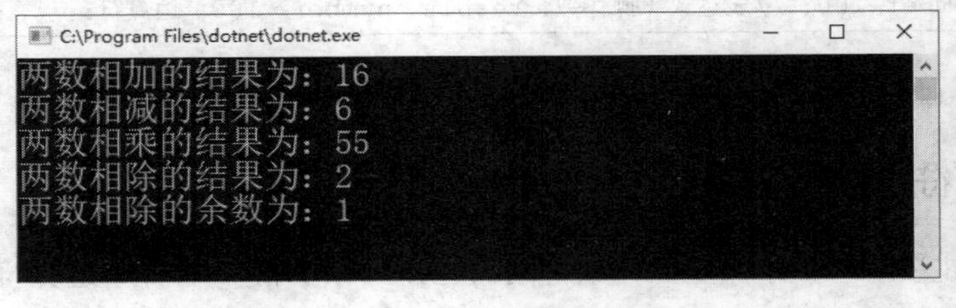

图 3.10　运行结果

在例 3-7 中，通过调用 Calculate 方法传递两个 int 类型的值，最终在控制台输出了这两个值相加、相减、相乘、相除、取余后的结果。

3.4.2　关系运算符

关系运算符主要是用来做比较运算的，又称为比较运算符。C#中有 6 个关系运算符，这些运算符的具体符号表示和描述如表 3.6 所示。

表 3.6　关系运算符

运　算　符	描　　述
>	大于
<	小于
>=	大于等于
<=	小于等于
==	等于
!=	不等于

使用关系运算符的表达式称为关系表达式。关系表达式的结果是 bool 类型的值，运算结果只有 “true” 或 “false”。下面演示关系表达式的使用，如例 3-8 所示。

【例 3-8】

```
1  using System;
2  public class Example3_8 {
3     static void Main(string[] args){
4        int a = 10, b = 5;    //定义变量+赋值
5        int c = 5,  d = 10;
6        bool myBool;           //定义 bool 类型变量
7        myBool = a > b;    //myBool 为 true，a 的值大于 b 的值
8        Console.WriteLine("a 的值大于 b 的值：" + myBool);
9        myBool = a >= b;  //myBool 为 true，a 的值大于或等于 b 的值
10       Console.WriteLine("a 的值大于或等于 b 的值：" + myBool);
11
12       myBool = c < d;    //myBool 为 true，c 的值小于 d 的值
13       Console.WriteLine("c 的值小于 d 的值：" + myBool);
14       myBool = c <= d;  //myBool 为 true，c 的值小于或等于 d 的值
15       Console.WriteLine("c 的值小于或等于 d 的值：" + myBool);
16
17       myBool = a == d;  //myBool 为 true，a 的值等于 d 的值
18       Console.WriteLine("a 的值等于 d 的值：" + myBool);
19       myBool = a != c;  //myBool 为 true，a 的值不等于 c 的值
20       Console.WriteLine("a 的值不等于 c 的值：" + myBool);
21       Console.ReadLine();
22    }
23 }
```

运行该程序，运行结果如图 3.11 所示。

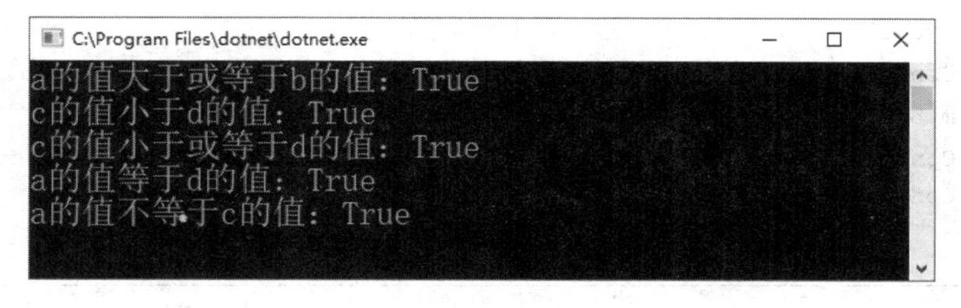

图 3.11　运行结果

在例 3-8 中，我们通过在控制台输出的 bool 类型变量的“真”和“假”，比较了两个数值的大小，熟悉了关系运算符的使用方法。

3.4.3　逻辑运算符

逻辑运算符用于连接两个或多个 bool 类型表达式，实现多个条件的复合判断。C#支持的逻辑运算符的具体符号表示和功能描述如表 3.7 所示。

表 3.7　　逻辑运算符

运算符	描述
&&	逻辑与运算符（两个或多个 bool 型表达式同时为 true，则整个表达式为 true；任意一个表达式为 false，则整个表达式为 false）
||	逻辑或运算符（两个或多个 bool 型表达式同时为 false，则整个表达式为 false；任意一个表达式为 true，则整个表达式为 true）
!	逻辑非运算符（对某个 bool 型表达式取反，true 取反为 false，反之亦然）

使用逻辑运算符的表达式称为逻辑表达式。下面演示逻辑表达式在程序开发中的运用，如例 3-9 所示。

【例 3-9】

```
1  using System;
2  public class Example3_9  {
3      static void Main(string[] args){
4          int a = 10, b = 5;    //定义变量+赋值
5          int c = 5, d = 10;
6          bool myBool;           //定义 bool 型变量
7          myBool = (a == d) && (b == c);     //逻辑与运算
8          Console.WriteLine("a 的值等于 d 的值 && b 的值等于 c 的值："+ myBool);
9          myBool = (a == d) && (b != c);
10         Console.WriteLine("a 的值等于 d 的值 && b 的值不等于 c 的值：" + myBool);
11         myBool = (a != d) && (b != c);
12         Console.WriteLine("a 的值不等于 d 的值 && b 的值不等于 c 的值：" + myBool);
13         myBool = a == d || b == c;         //逻辑或运算
14         Console.WriteLine("a 的值等于 d 的值 || b 的值等于 c 的值：" + myBool);
15         myBool = a == d || b != c;
16         Console.WriteLine("a 的值等于 d 的值 || b 的值不等于 c 的值：" + myBool);
17         myBool = (a != d) || (b != c);
18         Console.WriteLine("a 的值不等于 d 的值 || b 的值不等于 c 的值：" + myBool);
19         myBool = !(a == d);         //逻辑非运算
20         Console.WriteLine("a 的值等于 d 的值,逻辑非运算后的结果为：" + myBool);
21         myBool = !(b != c);         //逻辑非运算
22         Console.WriteLine("b 的值不等于 c 的值,逻辑非运算后的结果为：" + myBool);
23         Console.ReadLine();
24     }
25 }
```

运行该程序，运行结果如图 3.12 所示。

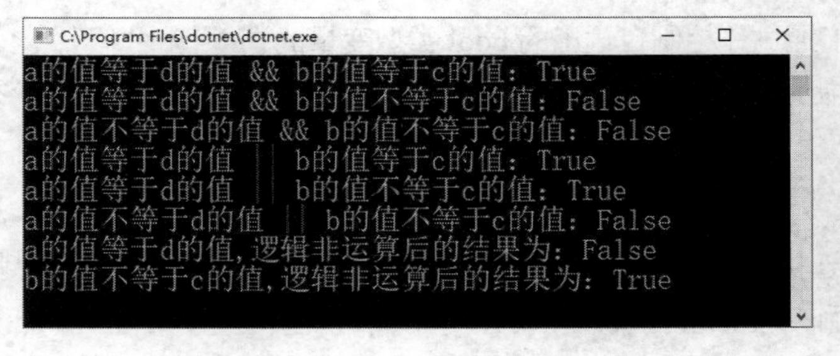

图 3.12　运行结果

在例 3-9 中，我们通过在控制台输出的 bool 类型变量的“真”和“假”，比较了各数值是否相等，熟悉了逻辑运算符的使用方法。

3.4.4　位运算符

位运算是在二进制基础上进行的，所以进制转换是位运算的前提。

1. **进制转换**

进制就是进位计数制，是人为定义的一种计数方法，*X* 进制表示每一位置上的数逢 *X* 进一位。开发中常用的主要是十进制、二进制、十六进制之间的相互转换。下面以十进制与二进制互转为例详解进制转换的规则，聪明的读者大可举一反三，推导一下其他进制之间的转换。

（1）十进制转二进制：十进制数转换为二进制数时，因为整数和小数部分的转换规则不同，所以需要将十进制数的整数部分和小数部分分别转换，再加以合并。

（2）二进制转十进制：二进制数转换为十进制数时，要从右到左用二进制的每个数去乘以 2 的相应次方，小数点后则是从左往右。如将二进制数 110.110 转换为十进制数，具体方法如下。

```
1*2^2+1*2^1+0*2^0+1*2^-1+1*2^-2+0*2^-3=6.75
```

上述表达式可以简写如下。

```
1*2^2+1*2^1+1*2^-1+1*2^-2=6.75
```

2. **位运算**

任何语言编写的代码都要转换成二进制代码供计算机处理，位运算操作就是指进行二进制位的运算。C#中的位运算符符号和使用范例如表 3.8 所示。

表 3.8　位运算符

运算符	描述	范例	结果
&	按位与	0&0 0&1 1&1 1&0	0 0 1 0
|	按位或	0 | 0 0 | 1 1 | 1 1 | 0	0 1 1 1
^	按位异或	0 ^ 0 0 ^ 1 1 ^ 1 1 ^ 0	0 1 0 1
~	取反	~0 ~1	1 0
<<	左移	0000 0001 << 2 1000 0001 << 2	0000 0100 0000 0100
>>	右移	0000 0100 >> 2 1000 0100 >> 2	0000 0001 1110 0001

（1）按位与运算符：按位与运算符将两个操作数按位进行与运算，参照与运算规则，两操作数对应的二进制数同位上的值都为 1，则该位运算结果为 1，否则为 0。示例如下。

```
10010001 & 11110000 = 10010000      //其中操作数都是二进制
```

（2）按位或运算符：按位或运算符将两个操作数按位进行或运算，参照或运算规则，两操作数对应的二进制数同位上的值有一个为 1，则该位运算结果为 1，否则为 0。示例如下。

```
10010001 | 11110000 = 11110001      //其中操作数都是二进制
```

（3）按位异或运算符：按位异或运算符将两个操作数按位进行异或运算，参照异或运算规则，两操作数对应的二进制数同位上的值一样，则该位运算结果为 0，否则为 1。示例如下。

```
10010001 ^ 11110000 = 10010000      //其中操作数都是二进制
```

（4）按位取反运算符：按位取反运算符为单目运算符，只对一个操作数进行按位取反运算，二进制位的值为 1，则取反的值为 0，反之亦然。示例如下。

```
~10010001= 01101110      //其中操作数都是二进制
```

（5）按位左移运算符：按位左移运算符将操作数对应的二进制数位整体左移指定位数。示例如下。

① 正数按位左移运算（以 85 为例，可视作 int、long、uint、ulong 类型之一，此处视为 uint 类型，32 位）。

```
0000 0000 0000 0000 0000 0000 0101 0101        //85 的二进制表示
0000 0000 0000 0000 0000 0010 1010 1000        //85 左移（<<）三位
//移位后的结果十进制表示：680
```

② 负数按位左移运算（以−85 为例，可视作 int、long 类型之一，此处视为 int 类型，32 位）。

```
1111 1111 1111 1111 1111 1111 1010 1011        //-85 的二进制补码表示
1111 1111 1111 1111 1111 1101 0101 1000        //-85 左移（<<）三位
1000 0000 0000 0000 0000 0010 1010 1000        //移位后结果的原码表示
//移位后的结果十进制表示：-680
```

（6）按位右移运算符：按位右移运算符将操作数对应的二进制数位整体右移指定位数。示例如下。

① 正数按位右移运算（以 85 为例，可视作 int、long、uint、ulong 类型之一，此处视为 uint 类型，32 位）。

```
0000 0000 0000 0000 0000 0000 0101 0101        //85 的二进制表示
 0000 0000 0000 0000 0000 0010 0000 1010        //85 右移（>>）三位
 //移位后的结果十进制表示：10
```

② 负数按位右移运算（以−85 为例，可视作 int、long 类型之一，此处视为 int 类型，32 位）。

```
1111 1111 1111 1111 1111 1111 1010 1011        //-85 的二进制补码表示
1111 1111 1111 1111 1111 1111 1111 0101        //-85 右移（>>）三位
```

```
1000 0000 0000 0000 0000 0010 0000 1011      //移位后结果的原码表示
//移位后的结果十进制表示：-11
```

3.4.5 赋值运算符

在 C#语言中，赋值运算符用于将一个数据赋予一个变量、属性或者引用，该数据可以是常量、变量或者表达式。赋值运算符符号、表达式示例及描述，如表 3.9 所示。

表 3.9　　赋值运算符

运算符	表达式示例	描述
=	x=10	将 10 赋给变量 x
+=	x+=y	相当于 x=x+y
-=	x-=y	相当于 x=x-y
*=	x*=y	相当于 x=x*y
/=	x/=y	相当于 x=x/y
%=	x%=y	相当于 x=x%y
>>=	x>>=y	相当于 x=x>>y
<<=	x<<=y	相当于 x=x<<y
&=	x&=y	相当于 x=x & y
|=	x |= y	相当于 x=x | y
^=	x^=y	相当于 x=x ^ y

值得注意的是，如果赋值运算符两边的操作数类型不一致，就要先进行类型转换。

3.4.6 运算符的优先级

C#运算符优先级如表 3.10 所示。

表 3.10　　表运算符优先级

优 先 级	运 算 符	描 述	执 行 顺 序
1	[] () . ;	分隔符	从左到右
2	~ ! +(正) −(负) ++ --	单目运算符	从右到左
3	* / %	算术运算符	从左到右
4	+(加) -(减)	算术运算符	从左到右
5	<< >>	移位运算符	从左到右
6	>>= <<=	关系运算符	从左到右
7	== !=		
8	&	位运算符 位运算符	从左到右 从左到右
9	^		
10	|		

续表

优先级	运算符	描述	执行顺序
11	&&	逻辑与运算符	从左到右
12	||	逻辑或运算符	从左到右
13	?:	条件运算符	从右到左
14	= += -= *= /= %= <<= >>= &= |= ^=	赋值运算符	从右到左

3.5 C#结构化程序设计

一般来说，结构化程序设计的三种基本结构是顺序结构、选择结构和循环结构。

3.5.1 顺序结构

顺序结构表示程序中的各操作是按照编写的先后顺序执行的。顺序结构很容易理解，下面是它的执行流程图，如图 3.13 所示。

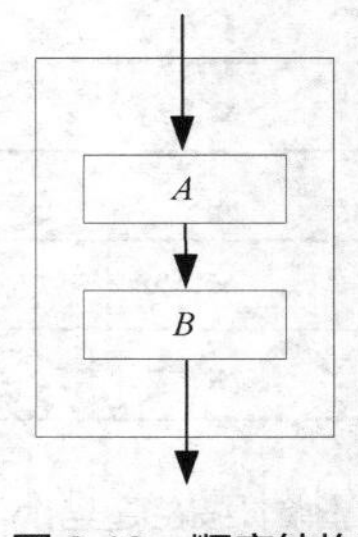

图 3.13 顺序结构

3.5.2 选择结构

选择结构表示程序的处理步骤出现了分支，程序需要根据某一特定的条件选择其中的一个分支执行。选择结构有单选择、双选择和多选择三种形式。

C#提供了两种选择结构的语句：if 语句和 switch 语句。其中，if 语句使用布尔表达式或布尔值作为选择条件来进行分支控制；而 switch 语句用于对多个整数值进行匹配，从而实现多分支控制。下面将对这两种语句的使用进行详细的讲解。

1. if…语句

一个 if...语句，由一个布尔表达式或布尔值后跟一个或多个语句组成，布尔表达式或布尔值为“true”执行 if 之后的代码块，否则不会执行 if 条件之后的代码块。if…语句语法格式如下。

```
if(布尔表达式){
    代码块
}
```

if…语句的具体用法如例 3-10 所示。

【例 3-10】

```
1  using System;
2  public class Example3_10 {
3      /*
4       * 众所周知，交通信号灯，通常有 3 种状态，红、绿、黄
5       * 定义一个 int 型变量 trafficLight
6       * trafficLight 的值如果是 1，代表当前信号灯为红色
7       * trafficLight 的值如果是 2，代表当前信号灯为绿色
8       * trafficLight 的值如果是 3，代表当前信号灯为黄色
9      */
10      static void Main(string[] args){
11         int trafficLight=1;              //定义变量，并赋值 1，表示当前信号灯为红色
12         if (trafficLight == 1) {
13            Console.WriteLine("注意：现在是红灯");
14         }
15         if (trafficLight == 2)
16         {
17            Console.WriteLine("注意：现在是绿灯");
18         }
19         Console.WriteLine("安全驾驶，文明出行！");
20         Console.ReadLine();
21      }
22 }
```

运行该程序，运行结果如图 3.14 所示。

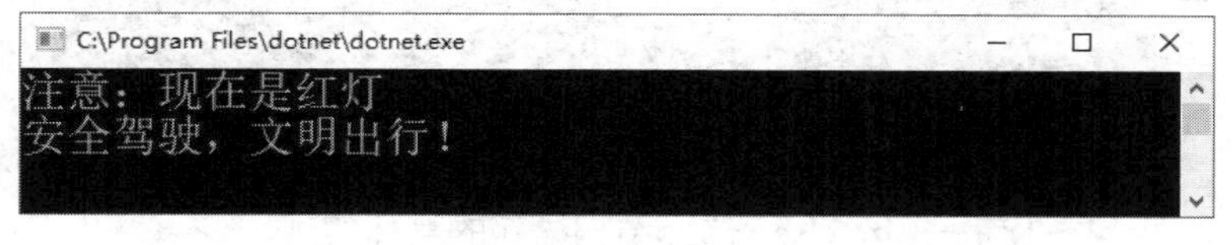

图 3.14　运行结果

在例 3-10 中，第 12～18 行是两个 if 选择结构语句的具体实现。

2. if…else…语句

if…else…语句，相对于 if…语句多出了 else…语句，if…语句在布尔表达式或布尔值为“true”时会执行 if 之后的代码块；else…语句在布尔表达式或布尔值为“false”时会执行 else 之后的代码块。if…else…语句语法格式如下。

```
if(布尔表达式){
   代码块
}else{
    代码块
}
```

if…else…语句的具体用法如例 3-11 所示。

【例 3-11】

```
1  using System;
```

```
 2  public class Example3_11
 3  {
 4     /*
 5      * 众所周知，交通信号灯，通常有 3 种状态，红、绿、黄
 6      * 定义一个 int 型变量 trafficLight
 7      * trafficLight 的值如果是 1，代表当前信号灯为红色
 8      * trafficLight 的值如果是 2，代表当前信号灯为绿色
 9      * trafficLight 的值如果是 3，代表当前信号灯为黄色
10     */
11     static void Main(string[] args)
12     {
13        int  trafficLight = 2;    //当前信号灯为绿色
14        if (trafficLight == 1){
15           Console.WriteLine("注意：现在 是 红灯。");
16        }else {
17           Console.WriteLine("注意：现在 不是 红灯。");
18        }
19        Console.WriteLine("安全驾驶，文明出行！");
20        Console.ReadLine();
21     }
22  }
```

运行该程序，运行结果如图 3.15 所示。

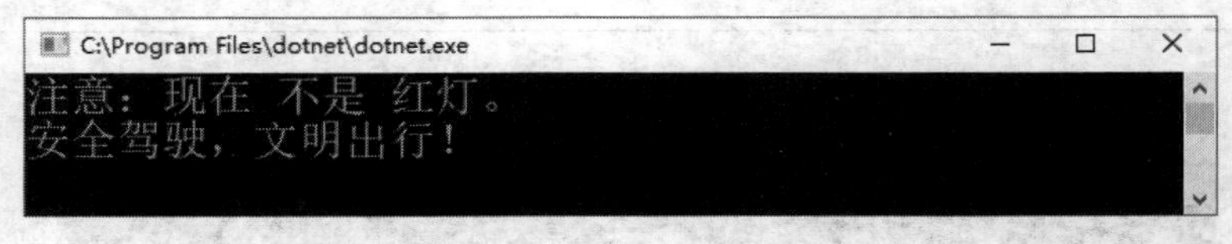

图 3.15　运行结果

在例 3-11 中，第 14～18 行是 if...else...选择结构语句的具体实现。

3. if…else if…else…语句

if…else if…else…语句，由多个布尔表达式和多个语句块组成，每个 if 后面都会有条件判断（布尔表达式或布尔值），若判断为“true”，则执行 if 之后的代码块，完成整个语句程序的执行，若判断为“false”，则执行下一个 if 后面的条件判断，若判断为“true”，则执行该 if 之后的代码块，依此类推，直到最后，如果所有条件都不满足，就执行最后的 else 后面的代码块。if…else if…else…语句语法格式如下。

```
if(布尔表达式){
   代码块
}else if{
   代码块
}
……
else if{
   代码块
}else{
   代码块
}
```

if…else if…else…语句的具体用法如例 3-12 所示。

【例 3-12】

```
1  using System;
2  public class Example3_12
3  {
4     /*
5      * 众所周知，交通信号灯，通常有 3 种状态，红、绿、黄
6      * 定义一个 int 型变量 trafficLight
7      * trafficLight 的值如果是 1，代表当前信号灯为红色
8      * trafficLight 的值如果是 2，代表当前信号灯为绿色
9      * trafficLight 的值如果是 3，代表当前信号灯为黄色
10    */
11    static void Main(string[] args)
12    {
13       int trafficLight = 2;    //当前信号灯为绿色
14       if (trafficLight == 1){
15          Console.WriteLine("注意：现在 是 红灯。");
16       }else if(trafficLight == 2) {
17          Console.WriteLine("注意：现在 是 绿灯。");
18       }else if (trafficLight == 3){
19          Console.WriteLine("注意：现在 是 黄灯。");
20       }else{
21          Console.WriteLine("注意：灯 没 亮。");
22       }
23       Console.WriteLine("安全驾驶，文明出行！");
24       Console.ReadLine();
25    }
26 }
```

运行该程序，运行结果如图 3.16 所示。

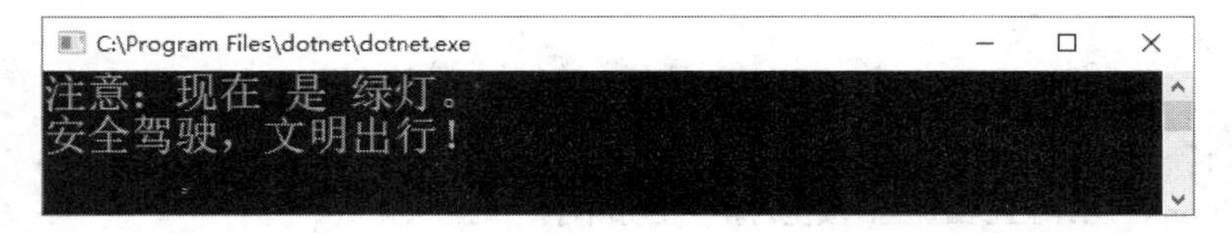

图 3.16　运行结果

在例 3-12 中，第 14～22 行是 if...else if...else...选择结构语句的具体实现。

4. switch 语句

switch 语句，常用来实现多重选择条件下语句的执行，虽然上述 if…else…等语句也能处理多重选择，但是 switch 语句相对来说更加简洁，逻辑清晰。其语法格式如下。

```
switch(布尔表达式){
   case 常量值 1 :
        代码块
       break;
   case 常量值 2 :
```

```
        代码块
        break;
    ......
    default :
        默认代码块
}
```

switch 语句的具体用法如例 3-13 所示。

【例 3-13】

```
1  using System;
2  public class Example3_13 {
3      /*
4       * 众所周知，交通信号灯，通常有 3 种状态，红、绿、黄
5       * 定义一个 int 型变量 trafficLight
6       * trafficLight 的值如果是 1，代表当前信号灯为红色
7       * trafficLight 的值如果是 2，代表当前信号灯为绿色
8       * trafficLight 的值如果是 3，代表当前信号灯为黄色
9      */
10     static void Main(string[] args)
11     {
12         int trafficLight = 3;    //当前信号灯为黄色
13         switch (trafficLight){
14             case 1:
15                 Console.WriteLine("注意：现在 是 红灯。");
16                 break;
17             case 2:
18                 Console.WriteLine("注意：现在 是 绿灯。");
19                 break;
20             case 3:
21                 Console.WriteLine("注意：现在 是 黄灯。");
22                 break;
23             default:
24                 Console.WriteLine("注意：灯 没 亮。");
25                 break;
26         }
27         Console.WriteLine("安全驾驶，文明出行！");
28         Console.ReadLine();
29     }
30 }
```

运行该程序，运行结果如图 3.17 所示。

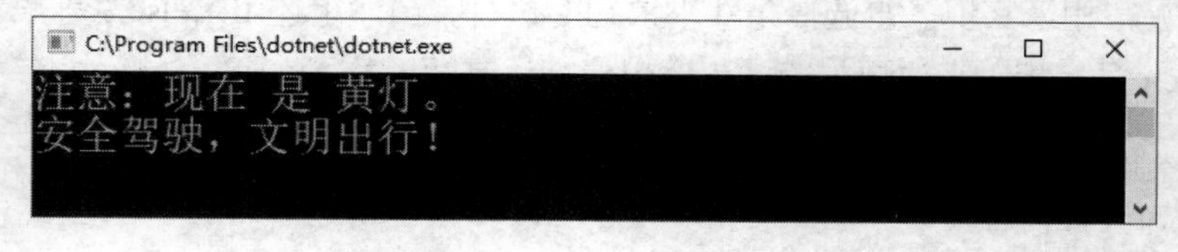

图 3.17　运行结果

在例 3-13 中，第 13～26 行是 switch 选择结构语句的具体实现。

3.5.3　循环结构

循环，通俗地讲，就是有规律的重复。在编程开发中，循环结构表示程序反复执行某个或某些操作，直到不满足某设定条件时终止循环。C#中有四种循环结构语句，下面将详细介绍这些语句各自的特点以及在什么情况下使用。

1. while…语句

while…循环语句，由关键字（while）、循环条件和循环体代码块组成，其语法格式如下。

```
while(循环条件){
    循环体
}
```

该语句特点是执行循环体之前测试循环条件状态，在给定条件为“true”时会执行循环体代码；一般在循环次数不固定时使用。

接下来演示用 while…循环语句计算出 1 累加到 10 的和，如例 3-14 所示。

【例 3-14】

```
1  using System;
2  public class Example3_14 {
3      static void Main(string[] args) {
4          int sum = 0;         //累加结果
5          int i = 1;           //循环变量
6          while (i <= 10)      //while(循环条件)
7          {
8              sum += i;        //累加
9              i++;             //修改循环条件变量值
10         }
11         Console.WriteLine("while 循环方式");
12         Console.WriteLine("1 到 10 累加和为: "+sum);
13         Console.ReadLine();
14     }
15 }
```

运行该程序，运行结果如图 3.18 所示。

图 3.18　运行结果

在例 3-14 中，第 6～10 行是 while...循环结构语句的具体实现。

2. do…while 语句

do…while 循环语句和 while…语句类似，由关键字（do/while）、循环条件和循环体代码块组成，其语法格式如下。

```
do{
    循环体
} while(循环条件)
```

该语句特点是执行循环体 1 次之后测试循环条件状态，满足条件则会执行第 2 次循环，依此类推，当不满足条件时会终止循环；一般在程序最少执行循环体 1 次时使用。

接下来演示用 do...while 循环语句计算出 1 累加到 10 的和，如例 3-15 所示。

【例 3-15】

```
1  using System;
2  public class Example3_15 {
3     static void Main(string[] args)
4     {
5        int sum = 0;                //累加结果
6        int i = 1;                  //循环变量
7        do{
8           sum += i;                //累加
9           i++;                     //修改循环条件变量值
10       } while (i <= 10);          //while(循环条件)
11       Console.WriteLine("do...while 循环方式");
12       Console.WriteLine("1 到 10 累加和为：" + sum);
13       Console.ReadLine();
14    }
15 }
```

运行该程序，运行结果如图 3.19 所示。

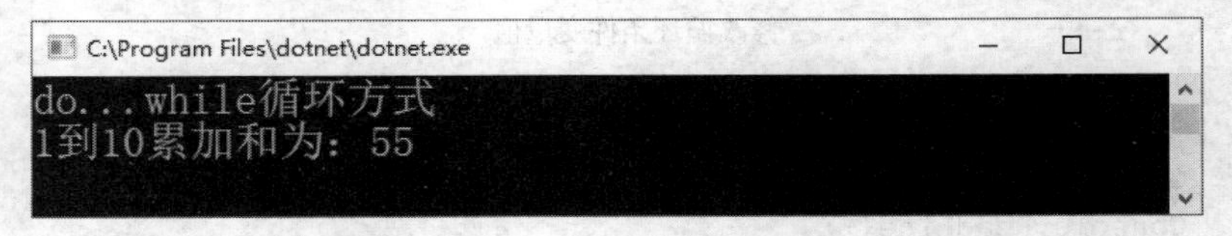
C:\Program Files\dotnet\dotnet.exe
do...while循环方式
1到10累加和为：55

图 3.19　运行结果

在例 3-15 中，第 7～10 行是 do...while 循环结构语句的具体实现。

3. for 语句

for 循环语句，由关键字（for）、初始值、循环条件、迭代条件和循环体代码块组成，其语法格式如下。

```
for(初始值 ; 循环条件 ; 迭代语句){
    循环体
}
```

该语句特点是按照预定的循环次数执行循环体代码，初始值满足条件状态下会执行第 1 次循环，循环体第 1 次执行完成后，会执行迭代语句，满足迭代条件，则继续执行循环体，依此类推，当不满足条件时会终止循环；一般在程序执行固定循环次数情况下使用。

接下来演示用 for 循环语句计算出 1 累加到 10 的和，如例 3-16 所示。

【例 3-16】

```
1  using System;
2  public class Example3_16 {
3     static void Main(string[] args)
4     {
5        int sum = 0;                       //累加结果
6        for(int i = 0; i <= 10; i++) //初始值 ; 循环条件 ; 迭代语句
7        {
8           sum += i;                       //累加
9        }
10       Console.WriteLine("for 循环方式");
11       Console.WriteLine("1 到 10 累加和为: " + sum);
12       Console.ReadLine();
13    }
14 }
```

运行该程序，运行结果如图 3.20 所示。

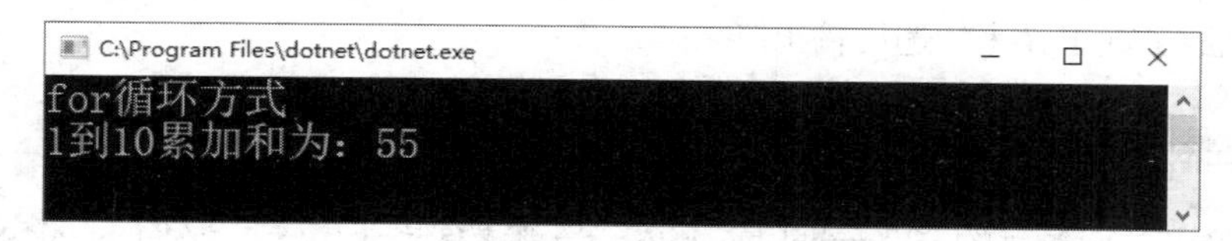
C:\Program Files\dotnet\dotnet.exe
for循环方式
1到10累加和为: 55

图 3.20 运行结果

在例 3-16 中，第 6～9 行是 for 循环结构语句的具体实现。

4. foreach 语句

foreach 循环语句，由关键字（foreach/in）、类型、变量、数组或集合对象和循环体代码块组成，其语法格式如下。

```
foreach(类型 变量 in 数组/集合对象){
    循环体
}
```

该语句特点是按照数组或集合对象所包含元素个数执行循环体相应的循环次数，数组或集合当中的元素迭代完毕后会终止循环体执行。

接下来演示用 foreach 循环语句打印数字 1 到 5，如例 3-17 所示。

【例 3-17】

```
1  using System;
2  public class Example3_17 {
3     int[] arr = new int[5];                 //定义数组
4     static void Main(string[] args) {
5        for (int i = 0; i < arr.Length; i++)
6        {
7           arr[i] = i+1;                     //数组赋值
8        }
```

```
9        foreach(int item in arr)                    //循环遍历 arr 数组
10       {
11          Console.WriteLine(item);                 //打印数组中的元素
12       }
13        Console.ReadLine();
14    }
15 }
```

运行该程序，运行结果如图 3.21 所示。

图 3.21 运行结果

在例 3-17 中，第 5～8 行使用 for 循环完成对数组的赋值，第 9～12 行是 foreach 循环结构语句的具体实现，完成了数组元素的遍历输出。

3.5.4 其他控制结构

在 C#中，除了前面讲过的 if、switch、while、for 等控制结构语句，还有 break 和 continue 语句比较常用。

（1）break 语句：直接跳出当前循环，执行接下来的代码。

（2）continue 语句：直接跳出当前循环，执行下一次循环。

break 和 continue 语句在程序中的使用如例 3-18 所示。

【例 3-18】

```
1  using System;
2  public class Example3_18 {
3      static void Main(string[] args) {
4          for(int i = 0; i < 10; i++)
5          {
6             if (i == 5)
7             {
8                continue;  //执行该语句将结束本次循环，执行下一次循环
9             }
10            if (i == 8)
11            {
12               break;      //执行该语句将结束循环
13            }
14            Console.WriteLine(i);
15         }
16         Console.ReadLine();
17     }
18 }
```

运行该程序，运行结果如图 3.22 所示。

图 3.22　运行结果

例 3-18 主要通过在一个 for 循环中使用 continue 和 break 语句，演示了它们的使用方法。

3.6　本章小结

通过本章的学习，读者能够掌握 C#的基本语法、数据类型及类型转换，熟练使用运算符，并能够运用控制结构语句进行程序的设计。这些都是 C#编程的基础，只有掌握了编程基础，在后续开发中才会得心应手。

3.7　习题

1. **填空题**

（1）在 C#中________字不能用作标识符。

（2）数据类型的两大类型分别是________和________。

（3）数据类型转换方式分为隐式类型转换和________。

（4）本章讲解的 C#中的运算符有________种。

（5）C#结构化程序设计的三种基本结构是________、________和________。

2. **选择题**

（1）(　　）关键字是用来声明枚举的。

A. enum　　B. interface　　C. delegate　　D. abstract

（2）(　　）是引用类型。

A. int 类型　　B. float 类型　　C. class 类型　　D. struct 类型

（3）(　　）都是逻辑运算符。

A. &&、||、!　　B. &、|、^、~　　C. ++、--　　D. > 、= 、<

（4）do…while 循环语句中循环体至少执行（　　）次。

A. 1　　B. 0　　C. 3　　D. 2

（5）直接跳出当前循环，执行下一次循环的语句是（　　）。

A. return 语句　　B. break 语句　　C. continue 语句　　D. goto 语句

3. 思考题

（1）简述变量与常量的区别。

（2）值类型有哪几种？

4. 实战题

编程计算 1！+2！+…+10！的和。

04 第4章 Unity C#面向对象程序设计

本章学习目标

- 熟悉面向对象概念
- 掌握类、对象及方法的用法
- 掌握面向对象封装、继承、多态的特性

面向对象是一种编程思想，是用来解决问题的思考方式。最早的编程开发基于面向过程式的编程思想，随着程序复杂度的提升和软件功能需求的增多，以面向过程式的编程思想开发软件越来越吃力，无论是功能开发，还是软件扩展，面向过程都会造成时间和金钱上的浪费。为了避免这种情况，面向对象式的编程思想脱颖而出，提高了当今软件开发的效率，催生了功能越来越强大的软件。

面向对象有三大特性：封装、继承和多态性。下面章节会详细介绍。

4.1 C#类、对象、方法

4.1.1 类与对象

世上的一切事物皆可称为对象，对象是客观存在的实体，例如，一个人、一棵树、一本书都是对象。

人们思考这些对象是由哪些部分组成的，通常会将对象划分为动态部分和静态部分。静态部分，顾名思义，就是不能动的部分，这部分被称为“属性”，任何对象都会具备其自身属性；一个人的行为、行动或一件事物的功能、作用，就是动态部分，这部分被称为“方法”。

类，是对具有相同属性和方法的对象进行封装，然后抽象出来的概念，比如人、动物、书籍等都可以是类，其中的“属性”和“方法”都是类的成员。

为了使读者更好地理解类与对象的概念，接下来以交通工具为例演示类与对象的关系，如图 4.1 所示。

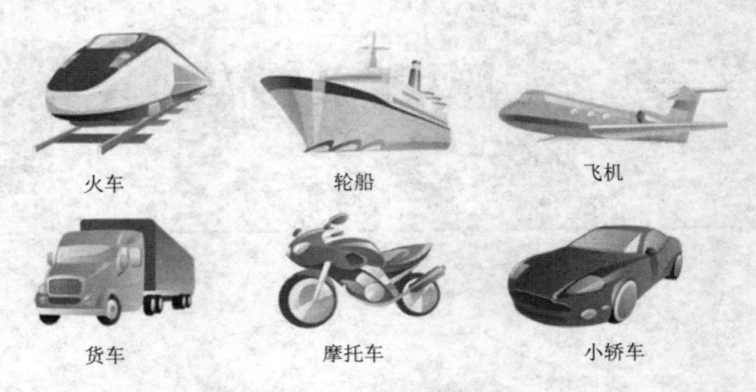

图 4.1　交通工具

交通工具属于类，其中的火车、轮船等属于该类的对象。

1. 类的定义

3.3.2 节介绍过类的定义方式，这里进一步演示学生类的定义方式，如例 4-1 所示。

【例 4-1】

```
1  //定义学生类
2  class Student
3  {
4     public string name;    //姓名
5     public int age;         //年龄
6     public int grade;       //年级
7     public Student(){       //无参数构造方法，可省略
8     }
9     //打印学生信息的方法
10    void Introduction(string name,int age,int grade)
11    {
12       Console.WriteLine("姓名：" + name + "年龄：" + age + "年级：" + grade );
13    }
14 }
```

2. 对象的创建和使用

定义好类之后，接着就是使用类来创建对象并且使用对象。这个通过类创建对象的过程，称为类的实例化。类实例化出对象的同时，该对象也与这个类建立了某种关系，类给对象提供了属性和方法，对象依附这个类而存在，否则也就没有了意义。创建对象需要使用“new”关键字。

下面通过一个案例来学习类实例化对象和对象的使用，如例 4-2 所示。

【例 4-2】

```
1  using System;
2  public class ExamplePerson {
3     static void Main(string[] args) {
4        Person p1 = new Person();     //实例化 Person 类的对象 p1
5        p1.name = "张三";              //为 p1 对象的 name 属性赋值
6        p1.age = 21;                   //为 p1 对象的 age 属性赋值
7        p1.Speak();                    //调用 p1 对象的 Speak 方法
8        Console.ReadLine();
```

```
9       }
10 }
11 class Person {                 //定义 Person 类
12     public string name;        //声明姓名属性
13     public int age;            //声明年龄属性
14     public void Speak() {      //定义 Speak 方法，输出个人信息
15         Console.WriteLine("姓名：" + name + " 年龄：" + age);
16     }
17 }
```

运行该程序，运行结果如图 4.2 所示。

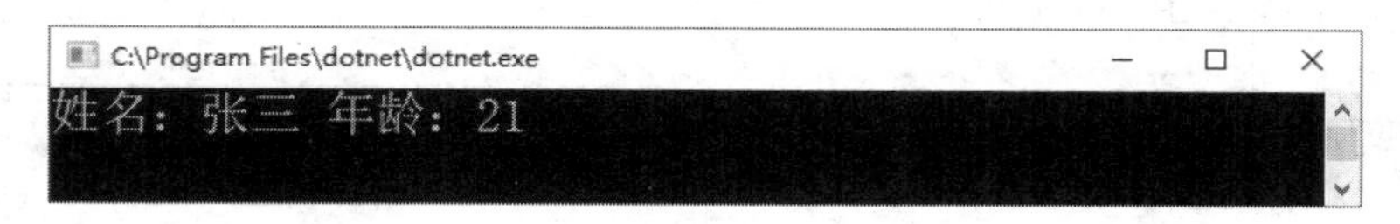

图 4.2　运行结果

在例 4-2 中，第 4～7 行演示了 Person 实例对象的创建和该类成员的调用，第 11～17 行是自定义 Person 类，类中包含了两个属性和一个方法。

3. 类的封装

（1）封装的概念：封装是实现面向对象程序设计的第一步，就是将数据或方法等集合在一个单元中（通常称为类），被封装的类通常被称为抽象数据类型。

（2）封装的意义：封装的意义在于防止代码（数据）被人无意中破坏，也防止对实现细节的访问。

（3）封装的使用：一般情况下，调用者不必了解类内部的封装细节，在 C#中，具体的封装使用访问修饰符来实现，以不同的访问修饰符进行访问权限的限制，一个访问修饰符定义了一个类成员的范围和可见性。关于访问修饰符的详细描述，如表 4.1 所示。

表 4.1　C#访问修饰符

访问修饰符	描述
public	代表公有成员，任何公有成员可以被外部的类访问
private	代表私有成员，只能在当前类的内部访问，也是类成员的默认访问修饰符
protected	代表受保护成员，只能在当前类内部及子类中访问
internal	代表访问仅限于当前项目
protected internal	访问仅限于从包含类派生的当前项目或类型

这里值得注意的是，子类的访问权限不能高于父类的访问权限。

4.1.2　方法

1. 普通方法

方法一般是用于实现某种特定功能的程序代码块，在编程中有时候会需要重复执行相同的代码块，这时候使用方法既可以减少书写的代码量，也方便后期程序的维护。接下来将详细介绍方法的定义和调用。

在 C#中，方法的定义必须是在类中，一个类可以声明多个方法。方法的定义由方法名、参数、返回值类型以及方法体组成。方法分为有返回值和无返回值两种，这两种方法的参数都是不固定的，可以有也可以没有，可以是一个也可以是多个。

（1）有返回值方法语法格式如下。

```
访问修饰符 返回值类型 方法名([参数类型 参数名1, 参数类型 参数名2, …]){
方法体
return 返回值;
}
```

（2）无返回值方法语法格式如下。

```
访问修饰符 void 方法名([参数类型 参数名1, 参数类型 参数名2, …]){
    方法体
}
```

要想实现方法定义的功能或语句块，就必须调用该方法。如果这个方法是有返回值的，通常将方法作为一个值进行处理；若这个方法没有返回值，则只执行方法内的代码块。

接下来通过实例演示有返回值和无返回值两种方法的定义和调用，如例 4-3 所示。

【例 4-3】

```
1  using System;
2  public class ExampleFunction1 {
3     static void Main(string[] args){
4        int score = 96;
5        ExampleFunction1 functionTest = new ExampleFunction1();
6        Console.WriteLine("成绩是: " + score);
7        //调用 void 方法
8        functionTest.PrintGrade(score);
9        //声明变量接收方法的返回值
10       string grade = functionTest.GetGrade(score);
11       Console.WriteLine("成绩评分是: "+ grade);
12       Console.ReadLine();
13    }
14    //void 无返回值方法
15    void PrintGrade(int score)
16    {
17       if (score < 0 || score > 100){
18          Console.WriteLine("成绩输入错误! ");
19       }else if (score >= 90){
20          Console.WriteLine("成绩优秀! ");
21       }else if (score >= 80){
22          Console.WriteLine("成绩良好! ");
23       }else if (score >= 60){
24          Console.WriteLine("成绩及格! ");
25       }else {
26          Console.WriteLine("成绩不及格! ");
27       }
28    }
```

```
29      //有返回值方法
30      string GetGrade(int score)
31      {
32          if (score < 0 || score > 100) {
33              return "错误! ";
34          } else if (score >= 90){
35              return "优秀! ";
36          }else if (score >= 80){
37              return "良好! ";
38          }else if (score >= 60){
39              return "及格! ";
40          }else{
41              return "不及格! ";
42          }
43      }
44  }
```

运行该程序，运行结果如图 4.3 所示。

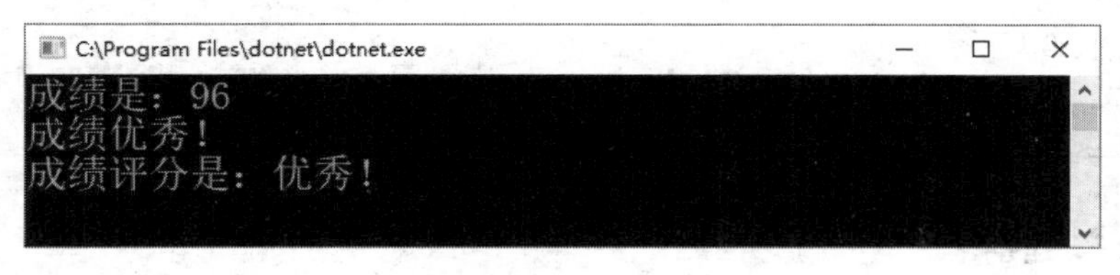

图 4.3　运行结果

在例 4-3 中，第 15～28 行是没有返回值的方法的定义，第 30～44 行是有返回值的方法的定义，无论方法有返回值或无返回值，它们的调用规则都是一样的。这里有一点需要注意，调用有返回值方法时，通常会用一个变量来接受返回值。

定义方法时还需要注意以下几点。

修饰符——方法的修饰符有很多，可分为 3 类：访问修饰符（public、private 等）、静态修饰符（static）和最终修饰符（final）。

参数类型——限定调用方法时传入参数和方法定义时参数类型一致。

参数名——参数名是该方法参数类型的变量名，变量用于接受传入的数据。

return——关键字 return 用于结束方法以及返回方法指定类型的值。

返回值——返回值是方法结束后返回的指定数据类型的值。

2. 特殊方法

（1）构造方法。

构造方法是一种特殊的成员方法，在 C#编程中，每创建一个类，都会自动生成一个与类同名的方法，这个方法主要用于为对象分配存储空间，对数据成员进行初始化，也就是对类进行初始化，该方法被称为默认构造方法。

默认的构造方法是没有返回类型和方法参数的，并且默认的构造方法是隐藏不显示的，需要有参数构造方法的用户可以自定义创建有参数构造方法，此时隐藏的默认构造方法将不再有效。构造方法与普通方法的区别如下。

① 构造方法与类同名。

② 构造方法没有返回类型。

③ 默认构造方法是隐藏不显示的。

（2）析构方法。

析构方法也是一种特殊的成员方法，在 C#编程中，每一个类只能有一个析构方法，和构造方法相反，析构方法用于销毁一个类的实例对象。当对象脱离其作用域时（例如，对象所在的方法已调用完毕），系统自动执行析构方法。析构方法往往用来做“清理善后”的工作（例如，在建立对象时用 new 开辟的内存空间，应于退出前在析构方法中用 delete 释放）。

析构方法的特点是不能有参数，不能用修饰符修饰，且不能被显示调用。析构方法是被自动调用的。

析构方法的语法格式如下。

```
class Car  {
   ~Car()  // 析构方法
   {
      //用户代码块
   }
}
```

4.1.3　static 关键字

static 关键字用来修饰类、方法、属性等，static 修饰的变量称为静态变量，static 修饰的方法称为静态方法，这些静态变量和方法是通过类名直接调用的；相反，没有用 static 关键字修饰的变量以及方法都可以称为实例成员。首先演示实例成员的用法，如例 4-4 所示。

【例 4-4】

```
 1 using System;
 2 public class ExampleStaticMember  {
 3     static void Main(string[] args) {
 4         //创建 Student 类的对象
 5         Student p1 = new Student();
 6         Student p2 = new Student();
 7         Student p3 = new Student();
 8         Console.WriteLine(p3.count);
 9         Console.ReadLine();
10     }
11 }
12 public class Student
13 {
14    public int count;    //用于保存实例对象的个数
15    public Student()
16    {
17       count++;
18    }
19 }
```

运行该程序，运行结果如图 4.4 所示。

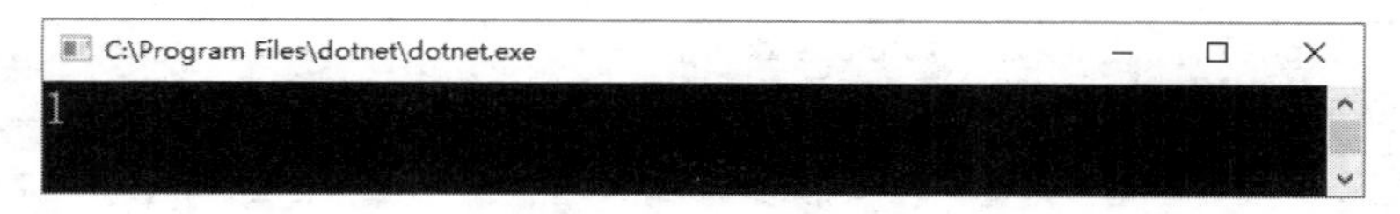

图 4.4　运行结果

接下来演示静态变量和静态方法的用法，如例 4-5 所示。

【例 4-5】

```
1  using System;
2  public class ExampleInstanceMember {
3       static void Main(string[] args){
4          //创建 Student 类的对象
5          Student p1 = new Student();
6          Student p2 = new Student();
7          Student p3 = new Student();
8          Console.WriteLine(Student.count);
9          Console.ReadLine();
10     }
11 }
12 public class Student
13 {
14     public static int count;    //用于保存实例对象的个数
15     public Student()
16     {
17        count++;
18     }
19 }
```

运行该程序，运行结果如图 4.5 所示。

图 4.5　运行结果

例 4-4 和例 4-5 主要演示了实例成员（没有用 static 关键字修饰）和静态成员（有 static 关键字修饰）使用时的区别。

4.1.4　this 关键字

this 关键字表示当前实例对象，对于静态成员，不能使用 this。this 的具体用法如例 4-6 所示。

【例 4-6】

```
1  using System;
2  public class ExampleThis  {
3     static void Main(string[] args)
4     {
5        //创建 PersonThis 类的对象
6        PersonThis p1 = new PersonThis("张三", 21);
```

```
7          p1.Speak();        //调用 Speak 方法
8          Console.ReadLine();
9      }
10 }
11 public class PersonThis
12 {
13      string name;      //私有属性姓名
14     int age;           //私有属性年龄
15     public PersonThis()
16     {
17         Console.WriteLine("无参构造方法");
18     }
19     // ": this()" 代表调用无参构造方法
20     public PersonThis(string n, int a) : this()
21     {
22         Console.WriteLine("有参构造方法");
23         this.name = n;       //为类中的 name 属性赋值
24         this.age = a;        //为类中的 age 属性赋值
25     }
26     public void Speak()
27     {
28         Console.WriteLine("姓名: " + name + ", 年龄" + age);
29     }
30 }
```

运行该程序，运行结果如图 4.6 所示。

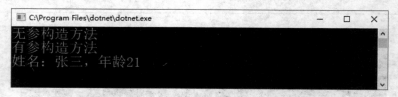

图 4.6　运行结果

在例 4-6 中，第 20～25 行演示了 this 关键字的使用规范和意义。通常 this 关键字在构造函数中使用。

4.2　C#继承、抽象、接口

继承是面向对象的三大特征之一，它用于描述类的所属关系，多个类通过继承形成一个关系体系。继承在原有类的基础上扩展新的功能，实现代码的复用。在 C#面向对象编程中，继承类型主要分为两种：实现继承和接口继承。

4.2.1　类的继承

类的继承表示一个类型派生于基类型（又称父类），派生类型（又称子类）拥有该基类型的所有成员属性和方法。在实现继承中，派生类型采用基类型的每个方法的实现代码，除非在派生类型的定义中指定某个方法的实现代码。在需要给现有的类型添加功能，或许多相关的类型共享一组重要的公共功能时，可以使用这种类型的继承。比如 Unity 中创建的每一个 C#脚本都继承自 Monobehaviour 类，这就是类的继承的实现。接下来演示类的继承，如例 4-7 所示。

【例 4-7】

Parent 类：

```
1  using System;
2  //定义父类
3  public class Parent {
4     public string name;   //名字
5     public int houses;    //房子数
6     public int cars;      //车子数
7     public void Speak()
8     {
9        Console.WriteLine(name + "家有" + houses + "套房子，" + cars + "辆车子");
10    }
11 }
```

Child 类：

```
1  using System;
2  //定义子类，继承父类
3  public class Child : Parent {
4     public int age;
5     public void SpeakAge()
6     {
7        Console.WriteLine(name + "今年" + age + "岁了");
8     }
9  }
```

TestInherit 类：

```
1  using System;
2  public class TestInherit {
3      static void Main(string[] args){
4        //创建 child 对象
5        Child child = new Child();
6        //Child 类虽然本身没有 name / houses / cars 成员变量，
7        //但是其继承的父类 Parent 包含这些变量，
8        //相当于 Child 也包含这些成员变量和方法
9        child.name = "小明";
10       child.houses = 2;
11       child.cars = 3;
12       child.age = 21;
13       child.Speak();
14       child.SpeakAge();
15       Console.ReadLine();
16    }
17 }
```

运行该程序，运行结果如图 4.7 所示。这里有一点需要注意，上述的 3 个类的代码文件需要在同级目录下运行。

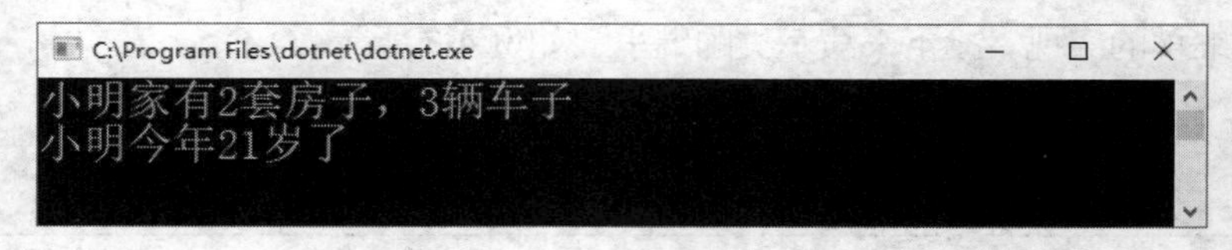

图 4.7 运行结果

在例 4-7 中，基类为 Parent 类，派生类为 Child 类，测试类为 TestInherit 类，示例通过在测试类创建子类对象、调用父类实例成员展示了 C#继承的特性和具体使用方法。

4.2.2 类的抽象

在 C#中，抽象类和抽象方法都用 abstract 关键字修饰。抽象类可以包含抽象方法和普通方法，抽象类不能实例化，也就是不能用 new、sealed 关键字修饰，必须通过继承由派生类实现其抽象方法，继承自抽象类的抽象属性和抽象方法在派生类中需要重写，重写属性和方法用关键字 override 修饰。

下面以动物为例演示类的抽象，如例 4-8 所示。

【例 4-8】

Animal 类：

```
1  public abstract class Animal
2  {
3      public string host { get; set; }         //默认为private
4      public abstract string hair { get; }  //抽象属性必须是公有的
5      public abstract void speak();             //抽象方法必须是公有的
6  }
```

Dog 类：

```
1  using System;
2  public class Dog : Animal           //继承Animal类
3  {
4     public override string hair    //实现抽象类属性
5     {
6        get
7        {
8           return "black";
9        }
10    }
11    public override void speak()   //实现抽象类方法
12    {
13       Console.WriteLine("I'm a dog.");
14    }
15 }
```

Cat 类：

```
1  using System;
```

```
2  public class Cat : Animal       //继承 Animal 类
3  {
4     public override string hair  //实现抽象类属性
5     {
6        get
7        {
8           return "white";
9        }
10    }
11    public override void speak() //实现抽象类方法
12    {
13       Console.WriteLine("I'm a cat.");
14    }
15 }
```

Test 类：

```
1  using System;
2  public class Test {
3    static void Main(string[] args){
4        Dog dog = new Dog();
5        dog.speak();
6        Console.WriteLine("my hair is " + dog.hair);
7        Cat cat = new Cat();
8        cat.speak();
9        Console.WriteLine("my hair is " + cat.hair);
10       Console.ReadLine();
11    }
12 }
```

运行该程序，运行结果如图 4.8 所示。

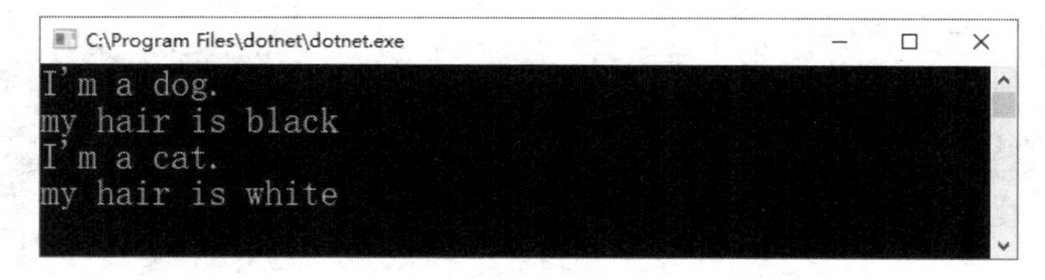

图 4.8　运行结果

在例 4-8 中，首先定义抽象类 Animal，抽象类中有公共属性 host、抽象属性 hair 和抽象方法 speak，然后定义继承自抽象类 Animal 的 Dog 类和 Cat 类，最后通过 Test 类测试 Dog 类和 Cat 类的具体使用。

4.2.3　类的接口

我们在 3.3.2 节介绍过类的定义，这里将进一步用实例程序演示接口的使用。

下面演示通过接口方式实现四则运算，如例 4-9 所示。

【例 4-9】

IMyOperation 接口：

```
1  public interface IMyOperation {
```

```
2      int Add();
3      int Subtract();
4      int Multiply();
5      int Divide();
6   }
```

ExampleInterface 类：

```
1   using System;
2   public class ExampInterface
3   {
4       static void Main(string[] args)
5       {
6           Test temp = new Test(10,5);              //创建 Test 类的对象
7           //调用 Test 类实现的接口的方法
8           Console.WriteLine("a+b 的值=" + temp.Add());
9           Console.WriteLine("a-b 的值=" + temp.Subtract());
10          Console.WriteLine("a*b 的值=" + temp.Multiply());
11          Console.WriteLine("a/b 的值=" + temp.Divide());
12          Console.ReadLine();
13      }
14  }
15  public class Test : IMyOperation   //实现接口
16  {
17      int a, b;
18      //有参构造方法
19      public Test(int a, int b)
20      {
21          this.a = a;
22          this.b = b;
23      }
24      //实现接口当中的方法
25      public int Add()
26      {
27          return a + b;
28      }
29      public int Subtract()
30      {
31          return a - b;
32      }
33      public int Multiply()
34      {
35          return a * b;
36      }
37      public int Divide()
38      {
39          return a / b;
40      }
41  }
```

运行该程序，运行结果如图 4.9 所示。

在例 4-9 中，首先定义接口 IMyOperation，然后通过 ExampleInterface 类中的内部类 Test 继承接口 IMyOperation 实现数字之间的操作运算。

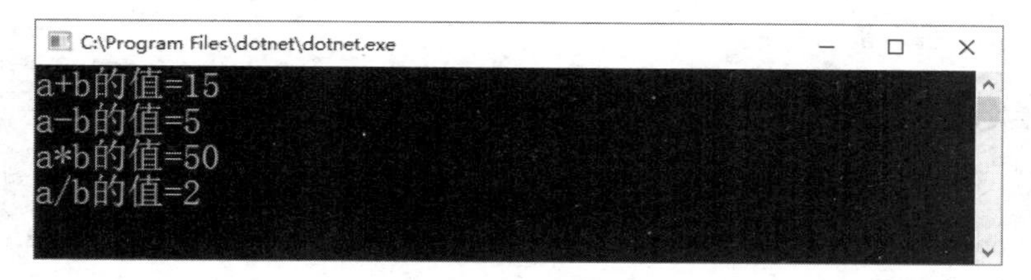

图 4.9　运行结果

4.3　C#多态

在编程过程中，作用于不同对象的同一操作可以有不同的解释，从而产生不同的执行结果，这就是面向对象的多态性。

多态性是面向对象的另一大特征，封装和继承是实现多态的基础。通俗地说，多态就是具有表现多种形态的能力，面向对象的多态性以提高程序抽象程度和简洁性为目的，最大程度降低类和程序块之间的耦合性。

4.3.1　多态的实现

C#多态性涉及四个概念：重载、重写、抽象方法和虚方法。下面将分别介绍这四个概念在 C#多态性中的实现。

1. **重载**

在 C#中，重载指的是方法的重载，因此这个方法称为重载方法。

（1）重载方法的定义。由于方法参数个数不同或参数类型不同，几个同名方法会有不同的定义，调用方法时，编译器会根据实参的不同决定调用不同的方法，这就构成了方法的重载。

（2）重载方法的实现。首先定义 ExampleCalculator 类，然后添加重载方法 Add，最后验证重载方法的调用，如例 4-10 所示。

【例 4-10】

ExampleCalculator 类：

```
1  using System;
2  public class ExampleCalculator {
3     static void Main(string[] args)
4     {
5        ExampleCalculator test = new ExampleCalculator();
6        //分别调用重载方法 Add 的 4 个不同版本
7        test.Add(1, 2);
8        test.Add(1, 2.2f);
9        test.Add(2.2f, 1);
10       test.Add(3);
11       Console.ReadLine();
12    }
13    //重载方法 Add 版本 1   参数：(int)    返回类型：int
14     public int Add(int var)
15    {
16        Console.WriteLine("Add(int): "+ var + "1 = "+(var+1));
```

```
17          return var + 1;
18      }
19      //重载方法 Add 版本 2   参数：(int,int)    返回类型：int
20      public int Add(int var_1, int var_2)
21      {
22          Console.WriteLine("Add(int,int): " + var_1 + var_2 + " = " + (var_1 +
23          var_2));
24          return var_1 + var_2;
25      }
26      //重载方法 Add 版本 3   参数：(int,float)   返回类型：float
27      public float Add(int var_1, float var_2)
28      {
29          Console.WriteLine("Add(int,float): " + var_1 + var_2 + " = " + (var_1 +
30          var_2));
31          return var_1 + var_2;
32      }
33      //重载方法 Add 版本 4   参数：(float,int)   返回类型：float
34      public float Add(float var_1, int var_2)
35      {
36          Console.WriteLine("Add(float,int): " + var_1 + var_2 + " = " + (var_1 +
37          var_2));
38          return var_1 + var_2;
39      }
40 }
```

运行该程序，运行结果如图 4.10 所示。

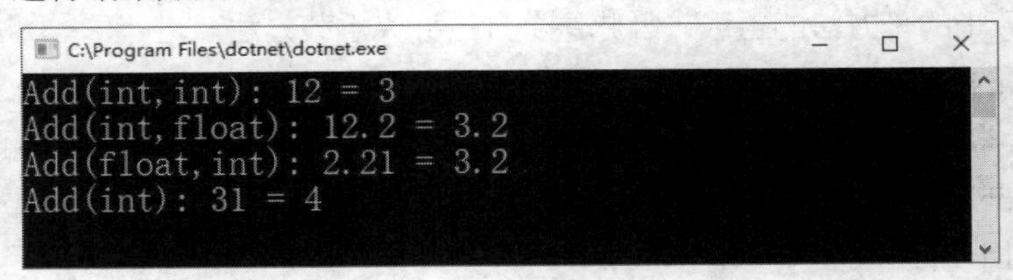

C:\Program Files\dotnet\dotnet.exe
Add(int,int): 12 = 3
Add(int,float): 12.2 = 3.2
Add(float,int): 2.21 = 3.2
Add(int): 31 = 4

图 4.10 运行结果

在例 4-10 中，第 7 ~ 10 行是重载方法 Add 的 4 种不同参数类型或数量的调用，第 14 ~ 39 行是 Add 方法 4 种不同参数类型或数量的具体定义，在重载方法调用过程中，编译器会根据传递参数不同自动调用对应的重载方法。

2. 重写

在 C#中，重写指的是方法的重写，因此这个方法称为重写方法。

（1）重写方法的定义。子类继承父类的方法，在调用对象继承方法时，调用和执行的是父类的实现。然而，有时候需要对子类中的继承方法有不同的实现方式，这时候就需要对方法进行重写。重写方法是通过 override 关键字修饰的，父类里写一个 virtual 方法或 abstract 方法，子类通过 override 重写去实现父类的方法。

（2）重写方法的实现。重写方法会和接下来的抽象方法和虚方法通过示例程序结合实现。

3. 抽象方法

抽象方法和抽象类一样，都是用 abstract 关键字修饰的，抽象方法只能在抽象类中声明，抽象方法没有方法体，抽象类的派生类（非抽象类）必须重写抽象类当中的抽象方法，并添加方法体，使得方法有具体的功能实现。接下来是抽象方法的演示程序，如例 4-11 所示。

【例 4-11】

ExamplePow 类：

```
1  public abstract class ExamplePow {                      //定义抽象类
2     public abstract void PowMehod(int x, int y); //声明抽象方法
3  }
```

PowChild 类：

```
1  using System;
2  public class PowChild :ExamplePow{                      //继承抽象类 ExamplePow
3     public override void PowMehod(int x, int y)  //重写父类抽象方法
4     {
5        int pow = 1;
6        for (int i = 1; i <= y; i++)
7        {
8           pow *= x;
9        }
10       Console.WriteLine(x+"的"+y+"次幂计算结果为"+pow);
11    }
12 }
```

PowTest 类：

```
1  using System;
2  public class PowTest {
3      static void Main(string[] args){
4         PowChild test = new PowChild();
5         test.PowMehod(5,3); //调用 PowChild 类重写的方法
6         Console.ReadLine();
7      }
8  }
```

运行该程序，运行结果如图 4.11 所示。

图 4.11　运行结果

在例 4-11 中，首先定义抽象类 ExamplePow 和声明抽象方法 PowFunction，然后通过 PowChild 类继承抽象类 ExamplePow 和重写该类当中的抽象方法，最后通过 PowTest 类测试查看输出状态。

4. 虚方法

使用 virtual 关键字修饰的方法，称为虚方法。虚方法可以有方法体，包含虚方法的类的派生类可重写或不重写此方法。

下面演示虚方法示例程序。首先定义父类 ExampleStudent 和声明虚方法 SaySomething，如例 4-12 所示。

【例 4-12】

ExampleStudent 类：

```
1  using System;
2  public class ExampleStudent {
3      static void Main(string[] args){
4        ExampleStudent test = new ExampleStudent();
5        test.SaySomething();
6        Console.ReadLine();
7      }
8      public virtual void SaySomething() //虚方法
9      {
10       Console.WriteLine("千锋 VR 开发一班的学员：X X ");
11     }
12 }
```

运行该程序，运行结果如图 4.12 所示。

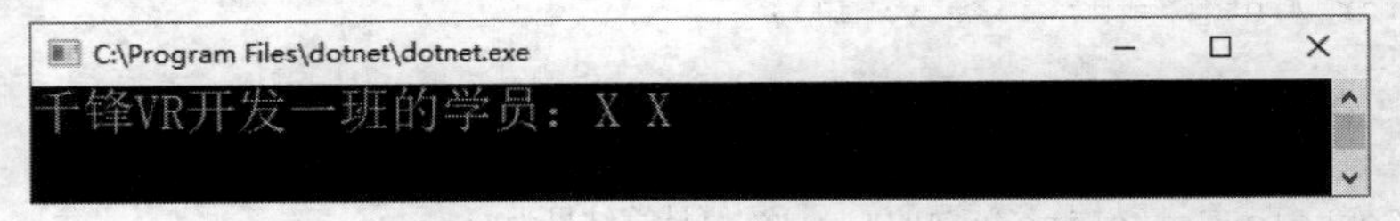

图 4.12　运行结果

然后定义 XiaoQian 类和 XiaoFeng 类继承 ExampleStudent 类，并且在 XiaoFeng 类重写父类当中的虚方法，最后通过 VirtualTest 类测试查看子类重写方法的输出情况，如例 4-13 所示。

【例 4-13】

XiaoQian 类：

```
1  public class XiaoQian : ExampleStudent {
2  }
```

XiaoFeng 类：

```
1  using System;
2  public class XiaoFeng : ExampleStudent {
3     public override void SaySomething()
4     {
5        Console.WriteLine("千锋 VR 开发一班的学员：小锋 ");
6     }
7  }
```

VirtualTest 类：

```
1  using System;
2  public class VirtualTest  {
3      static void Main(string[] args) {
4        XiaoQian xq = new XiaoQian();
5        //XiaoQian 类未重写父类方法，它所调用的依然是父类的方法
6        xq.SaySomething();
7        XiaoFeng xf = new XiaoFeng ();
```

```
8           //XiaoFeng 类重写父类方法，它所调用的是自己重写的方法
9           xf.SaySomething();
10          Console.ReadLine();
11      }
12  }
```

运行该程序，运行结果如图 4.13 所示。

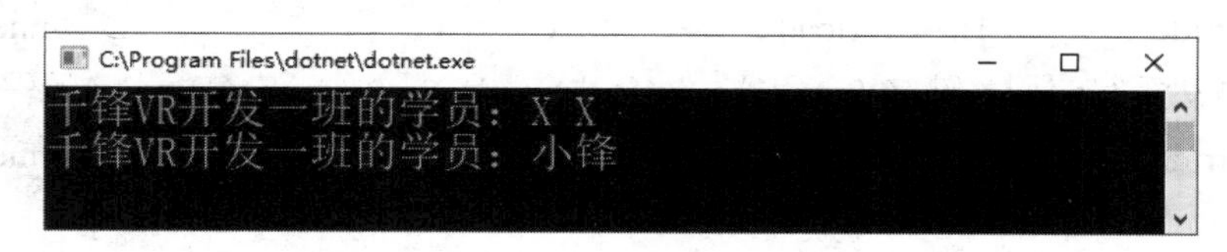

图 4.13　运行结果

4.3.2　多态性的分类

在 C#中，多态性可以通过派生类重写基类中的虚方法来实现，也可以通过重载方法实现。多态性一般分为两种，一种是编译时的多态性，另一种是运行时的多态性。

编译时的多态性是通过重载来实现的。对于非虚成员来说，系统在编译时，根据传递的参数、返回的类型等信息决定实现何种操作。

运行时的多态性就是指直到系统运行时，才根据实际情况决定实现何种操作。C#中运行时的多态性是通过重写虚成员方法实现的。

4.4　本章小结

通过本章的学习，读者能够熟悉面向对象的编程思想。重点要理解的是面向对象的三大特性：封装是把客观事物封装成抽象的类，并且类可以把所包含的数据和方法给指定的类或者对象操作，也可以对其他类隐藏信息；继承是可以让某个类型的对象获得另一个类型的对象的属性和方法；多态则是指一个类实例的相同方法在不同情形下有不同的表现方式。

4.5　习题

1. **填空题**

（1）在 C#编程中以________为编程思想。

（2）面向对象的三大特性分别是________、________和________。

（3）用________关键字修饰的变量是静态变量。

（4）C#多态性涉及四个概念：________、________、________和________。

（5）编译时的多态性是通过________来实现的，运行时的多态性是通过________虚成员实现的。

2. **选择题**

（1）（　　）不是面向对象的特性。

A. 封装　　B. 继承　　C. 多态　　D. 单例

（2）有一个类 A，下面（　　）是它的正确构造方法。

A. b(int i){}　　B. void B(int i){}　　C. void b(int i){}　　D. B(int i){}

（3）下列选项中，用于定义接口的关键字是（　　）。

A. interface　　B. abstract　　C. virtual　　D. new

（4）C#中方法重载使用关键字（　　）。

A. override　　B. overload　　C. static　　D. inherit

（5）C#中方法重写使用关键字（　　）。

A. override　　B. overload　　C. static　　D. inherit

3. 思考题

（1）简述类与对象之间的关系。

（2）简述重写与重载的区别。

4. 实战题

使用控制台应用程序编程实现求一个矩形的面积和周长。创建一个名为 Rectangle 的类，给定矩形的长（length）和宽（width），写一个名为 GetArea 的方法求出矩形的面积，再写一个名为 GetPerimeter 的方法求出矩形的周长，最后输出矩形的面积和周长。

05

第5章 Unity场景及资源

本章学习目标

- 熟悉Unity场景基础及组成场景的各大系统
- 熟悉Unity资源类型及制作
- 掌握Unity资源的导入与导出方法

Unity是一个强大的3D引擎，它的强大之处就在于它能够模拟实现复杂且完整的3D/2D场景，无论是游戏还是虚拟现实场景，Unity都可以通过Unity3D场景的各大系统模块进行快速开发搭建。

一个完整的Unity场景要有资源，就像一个图书馆要有书一样。Unity项目中的资源就是搭建Unity场景的基础，本章将会具体介绍Unity所支持的资源类型。

5.1 Unity场景基础

一个完整的Unity场景基础的搭建工作，需要用到Unity引擎内置的多个系统模块。下面介绍这些系统模块在搭建场景中所扮演的角色。

5.1.1 Unity地形系统

地形系统是Unity搭建3D场景的基础平台，开发者可以通过地形系统编辑出游戏所需要的地形地貌、江河湖泊、花草树木等。

5.1.2 Unity UI系统

UI系统是Unity搭建场景中2D界面的基础平台，开发者可以通过UI系统快速地实现游戏中那些即方便用户交互又美观的界面。Unity可以开发纯2D游戏，它们就是完全使用Unity的UI系统搭建的。

5.1.3 Unity物理系统

物理系统是在Unity场景中模拟实现现实世界的物理特性的基础。Unity能够实现的物理特性模拟有很多，比如，高空抛物之所以会落到地面，是因为物体受到了重力的作用；乒乓球之所以能够来回弹跳，是因为它的材质和结构赋予它弹力。物理系统还能模拟爆炸、碰撞等物理效果。

5.1.4 Unity 动画系统

动画系统，顾名思义，它是为 Unity 场景中的动画制作和播放而生。开发者可以通过动画系统为场景中的人物和模型编辑动画，以及对不同动画的播放进行控制。

5.1.5 Unity 音频系统

音频系统负责 Unity 场景中的音乐和音效功能的实现，开发者可以根据场景中不同环境或背景，通过脚本在指定时间播放提前准备好的音频文件。

5.1.6 Unity 特效系统

特效系统负责 Unity 场景中特殊效果的实现，开发者可以通过特效系统制作粒子特效、拖尾特效和折线特效，模拟烟花、喷气式飞机拖尾、闪电等。

5.2 Unity 支持的资源类型

5.2.1 3D 模型、材质及动画资源

Unity3D 虽然支持多种外部导入的 3D 模型文件格式，但它并不是对每一种外部模型的属性都支持。Unity3D 支持的模型格式如表 5.1 所示。

表 5.1 Unity3D 支持的模型格式

模型格式	网格	材质	动画	骨骼
Maya 的.mb 和.mal 格式	√	√	√	√
3D Max 的.maxl 格式	√	√	√	√
Cheetah 3D 的.jasl 格式	√	√	√	√
Cinema 4D 的.c4dl 2 格式	√	√	√	√
Blender 的.blendl 格式	√	√	√	√
Autodesk FBX 的.dae 格式	√	√	√	√
XSI 5 的.xl 格式	√	√	√	√
3D Studio 的.3ds 格式	√			
Wavefront 的.obj 格式	√			
Drawing InterchangeFiles 的.dxf 格式	√			

5.2.2 图片资源格式及图片类型设定

Unity 支持多种图片资源文件格式，包括.tiff、.psd、.tga、.jpg、.png、.bmp、.iff、.pict、.dds 格式。Unity 引擎支持将同一张图片的纹理根据平台及硬件环境的不同进行相关的设定。不同用途的图

片资源需要设定不同的图片类型。Unity 引擎可设定多种图片类型，包括普通纹理、法线贴图、反射贴图、GUI 图片以及光照贴图等类型。

在 Project 视图中，单击选中 Assets 文件夹下的图片资源，可即时查看 Inspector 视图中显示的该图片资源相关属性以及控制选项设置。图片资源类型不同，其设置选项会发生相应变化，图片属性参数与选项设置功能如表 5.2 所示。

表 5.2　图片属性参数与选项设置功能

选项英文名称	选项中文名称	功 能 详 解
Texture Type	纹理类型	此选项包含 8 个子选项，分别是：Texture（纹理）、Normal map（法线贴图）、GUI（图形用户界面）、Cursor（图标文件）、Reflection（反射）、Cookie（作用于光源）、Lightingmap（光照贴图）、Advanced（高级选项）
Alpha From Grayscale	根据灰度产生 alpha 通道	勾选该选项后，Unity 引擎根据图像自身的灰度值产生一个 alpha 透明度通道
Wrap Mode	循环模式	此选项用于设置纹理平铺状态下的模式，有两个子选项，分别是：Repeat（重复）、Clamp（限制）
Filter Mode	过滤模式	此选项用来控制纹理通过三维变换拉伸时的计算方式，共有 3 个子选项，分别是：Point（点模式。通常情况下，图片占到最多像素就用此图像进行贴图。该方法可能出现马赛克）、Bilinear（双线性。此方式会先找出最接近像素的 4 个图像，并在它们之间进行计算，最后将计算所产生的结果贴到像素的位置上，因此不会出现马赛克，但并不适用于可移动的游戏对象）、Trilinear（三线性。此方式是最为复杂的一种图像差值处理方式，用到的材质贴图的大小刚好是另一张的四分之一，此方式适用于动态游戏对象或较大的游戏场景）
Aniso Level	各项异性级别	用于优化地面等纹理的显示效果，且数值越大，可见的纹理质量就越高

5.2.3　音频和视频资源格式

Unity3D 游戏引擎支持多种音频格式，常用的有以下几种。

（1）.aiff 格式：适用于较短的音乐文件，可用作游戏打斗音效。

（2）.wav 格式：适用于较短的音乐文件，可用作游戏打斗音效。

（3）.mp3 格式：适用于较长的音乐文件，可用作游戏背景音乐。

（4）.ogg 格式：适用于较长的音乐文件，可用作游戏背景音乐。

Unity 不但可以播放动画和播放音频，而且也可以播放视频，目前主要支持.mov、.mpg、.mpeg、.mp4、.avi、.asf 等格式。

5.2.4　预设

预设，通过添加组件并将其属性设置为适当的值，将物体整体保存成后缀为.prefab 的资源文件，其后可更方便地在场景中构建该物体。有时候，用户需要将 NPC（Non-Player Character，非玩家角色）、道具或一块风景在场景中多次重复使用，简单地复制对象当然也可以，但它们都可以独立编辑。通常，用户希望特定对象的所有实例具有相同的属性，因此，在场景中编辑一个对象后，用户需要对所有副本重复进行相同的编辑。

幸运的是，Unity 有一个 Prefab（预料件）资产类型，允许用户存储一个包含组件和属性的 GameObject（游戏对象）。预制件充当模板，用户可以从中创建场景中的新对象实例。对预制资产所做的任何编辑都会立即反映在从它生成的所有实例中，但用户也可以单独覆盖每个实例的组件和设置。

这里需要注意的是，当用户将资产文件（如网格）拖动到场景中时，它将创建一个新的对象实例，并且所有此类实例将在原始资源更改时更改。但是，尽管其行为表面上相似，但实例不是预制件，因此用户无法向其添加组件或使用下面描述的其他预制件功能。

1. 使用预设

用户先选择“Assets→Create→Prefab”选项，然后将对象从场景拖动到显示为“空”的预制件资产来创建预制件。如果用户将另一个对象拖到预制件上，系统将询问用户是否要将当前游戏对象替换为新游戏对象。将预制资产从 Project 视图拖动到 Scene 视图，即可创建预制件的实例。作为预制实例创建的对象将以蓝色文本显示在 Hierarchy 视图中（普通对象以黑色文本显示）。

如上所述，对预制资产本身的更改将反映在所有实例中，但用户也可以单独修改单个实例。例如，当用户想要创建几个类似的 NPC 但引入变体以使它们更逼真时，这很有用。单独修改实例属性后，在检查器中其名称标签以粗体显示。（当一个全新的组件被添加到预制实例时，它的所有属性都将以粗体显示。）

还有一点需要强调，网格渲染器在预制实例上覆盖了“投射阴影”，如图 5.1 所示。

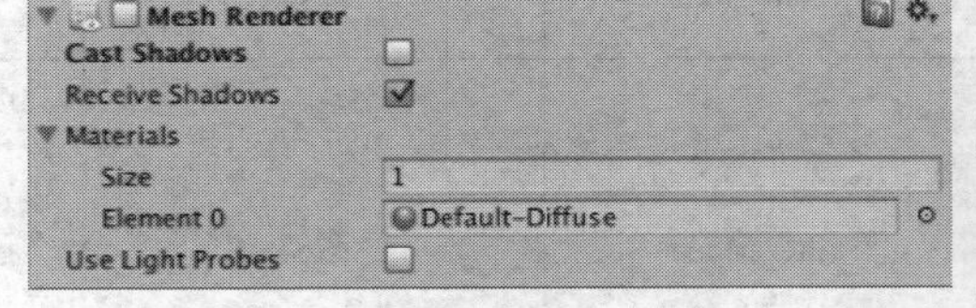

图 5.1 覆盖了“投射阴影”

2. 预制件的使用

到此为止，用户应该从根本上理解预制件的概念，它们是预定义的游戏对象和组件的集合，可在整个游戏中重复使用。

当用户想要实例化复杂的 GameObject 时，预制件非常方便。实例化 Prefab 的替代方法是使用代码从头开始创建 GameObject。与替代方法相比，实例化 Prefab 有许多优点。

（1）用户可以用一行代码实例化预制件，并使其具有完整的功能。从代码创建等效的 GameObject 平均需要 5 行代码。

（2）用户可以在场景和检查器中快速轻松地设置、测试和修改预制件。

（3）用户可以更改实例化的预制件，而无须更改实例化它的代码。一个简单的火箭可以改成一个超级火箭（更改预制件变换组件的参数即可），不需要改变代码。

为进一步讲解预设在 Unity 开发当中的重要性，下面具体介绍预设在哪些情况下使用。

（1）通过在不同位置多次创建一个“砖块”预制件实例来构建墙。

（2）构建火箭发射场景时实例化飞行火箭预制件。Prefab 包含网络组件、刚体组件、碰撞器组件和一个带有自己的跟踪粒子系统的子 GameObject。

（3）构建一个机器人爆炸成许多碎片的场景。一个完整的可操作的机器人被破坏，并被“失事的机器人”Prefab 取代。这个预制件由机器人的各零部件组成，所有部件都使用自己的刚体组件和粒子系统。这种技术允许用户将机器人炸成许多碎片，只需一行代码，用预制件替换一个物体。

3. 在运行时实例化预制件

通过创建脚本，可在运行时实例化预制件。下面通过具体的代码示例来描述这个过程，该示例是用砖块来创建一堵墙，代码如例 5-1 所示。

【例 5-1】

```
1   public class Instantiation : MonoBehaviour {
2       void Start() {
```

```
3            for (int y = 0; y < 5; y++) {
4                for (int x = 0; x < 5; x++) {
5                    GameObject cube =
6                    GameObject.CreatePrimitive(PrimitiveType.Cube);
7                    cube.AddComponent<Rigidbody>();
8                    cube.transform.position = new Vector3(x, y, 0);
9                }
10           }
11       }
12   }
```

想在 Unity 中搭建出绚丽多彩的 3D 场景，仅仅使用 Unity 内部提供的 3D 模型资源是远远不够的，还需要使用其他 3D 建模工具来辅助搭建场景。

Unity 主流的 3D 建模工具有 3D Max、Maya、Blender、Cinema4D 等，这些工具能够导出 Unity 所支持的 3D 模型格式文件，如.fbx、.dae（Collada）、.3ds、.dxf、.obj、.skp 文件等，模型制作完成后直接导入 Unity 即可使用。

5.3　Unity 资源导入与导出

5.3.1　Unity 资源导入

Unity 导入外部资源的方式有两种，下面具体介绍。

1. **直接拖入法**

直接拖入法，就是直接拖曳到项目当中的做法，例如，图片、模型、预设等资源可直接拖入 Unity 项目，完成资源导入工作。

2. Project 导入法

在 Project 视图的 Assets 文件夹下单击鼠标右键，选择菜单中的“Import Package”可以进行资源包的导入，如图 5.2 所示。

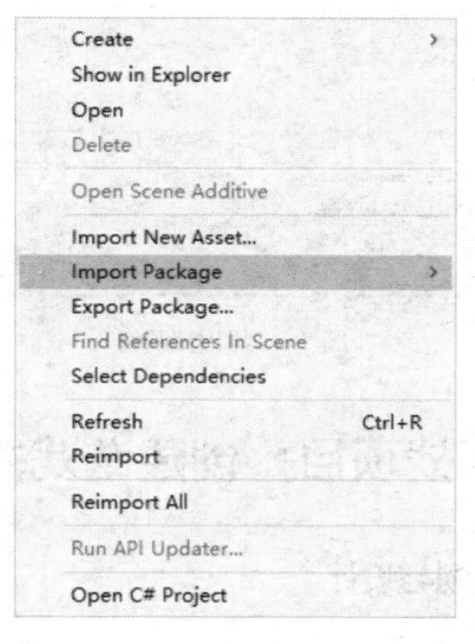

图 5.2　导入资源包

5.3.2 Unity 资源导出

与资源包的导入类似，选择弹出菜单中的“Export Package”可以进行资源包的导出，如图 5.3 所示。

将一个项目中的某些资源打包，只需要右键选中要导出的资源，然后选择“Export Package”，弹出资源打包导出窗口，如图 5.4 所示。

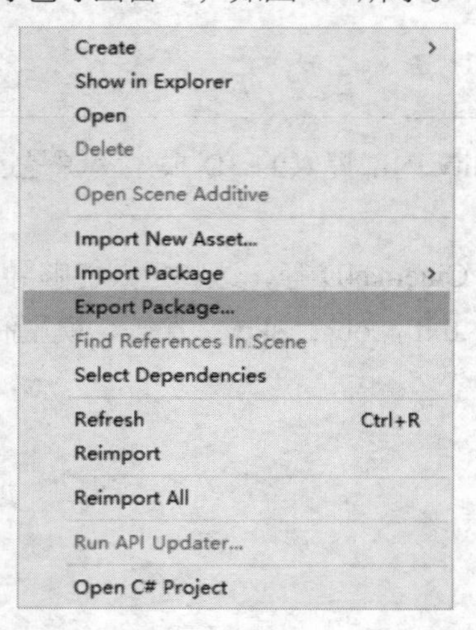

图 5.3 资源导出

图 5.4 资源打包导出窗口

单击“Export”按钮，弹出本机文件资源管理器窗口后，选择资源导出后的存储位置，单击“保存”按钮，即可自动完成资源导出（这里需要注意的是，导出的资源包都是.unitypackage 格式的文件），如图 5.5 所示。

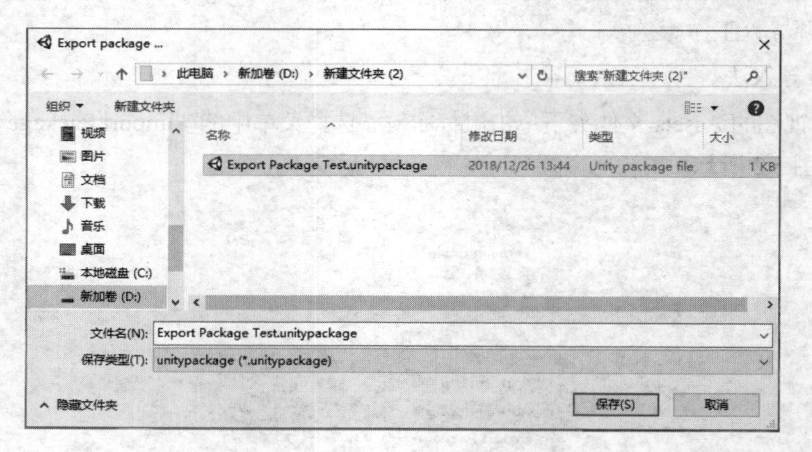

图 5.5 导出资源包

5.4 Helicopter 实战项目：创建游戏并准备游戏资源

5.4.1 Helicopter 游戏的策划与设计

Helicopter 游戏是一款 3D 游戏，下面我们在制作这款游戏的过程中学习 Unity 各大系统模块开发所常用的技术。

1. 故事背景

Helicopter 是一架运输型直升机，不仅可以完成救援行动，还可以收集物资支援他方的生存和建设。

由于地球板块运动，某个地方这一天发生了地震，生活供给中断，上级领导发下指令，飞行员必须快速收集附近物资，然后去支援灾区，解决灾区人员所面临的生存问题。

2. 游戏规则

玩家首先需要完成账号的注册，然后登录游戏，登录成功后扮演飞行员的角色去收集附近岛屿上的物资，通过键盘按键控制驾驶直升机展开行动。游戏采用倒计时机制，如果玩家在预定时间内没有集齐指定的物资数量，即为游戏失败。

3. 游戏交互

（1）起飞降落控制："Shift" 键控制起飞，"Space" 键控制降落。

（2）移动控制："W""A""S""D" 键控制直升机移动。

5.4.2 创建 Helicopter 项目并导入美术资源

在开始开发一款游戏之前，首先要导入游戏所需要的美术资源，这些资源由专门的美术人员设计并制作完成。

本书中 Helicopter 游戏需要的美术资源已经被整理到一起，读者可联系本书客服小千获取所有资源文件。

打开 Unity，创建一个新的 3D 项目，并将其命名为 "Helicopter"。

在 Project 视图中依次单击 "Import Package→Custom Package" 选项，弹出窗口，选择美术资源 "美术资源.unitypackage" 在计算机中存放的路径，然后单击 "打开" 按钮，回到 Unity，可以看到显示所要导入资源的详细情况的窗口，如图 5.6 所示。

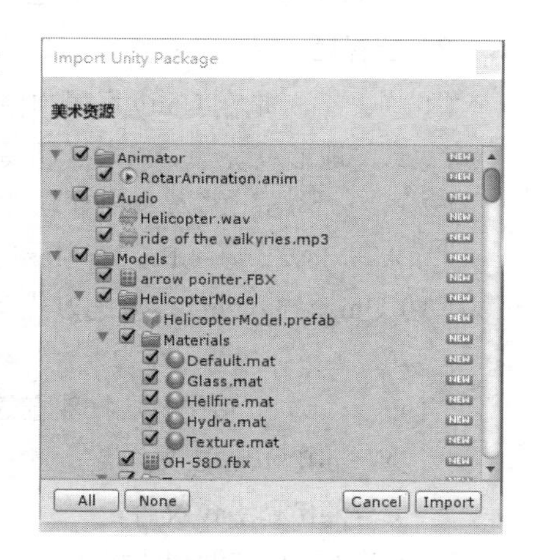

图 5.6 导入资源

单击 "Import" 按钮，资源导入完成后，查看 Project 视图，如图 5.7 所示。

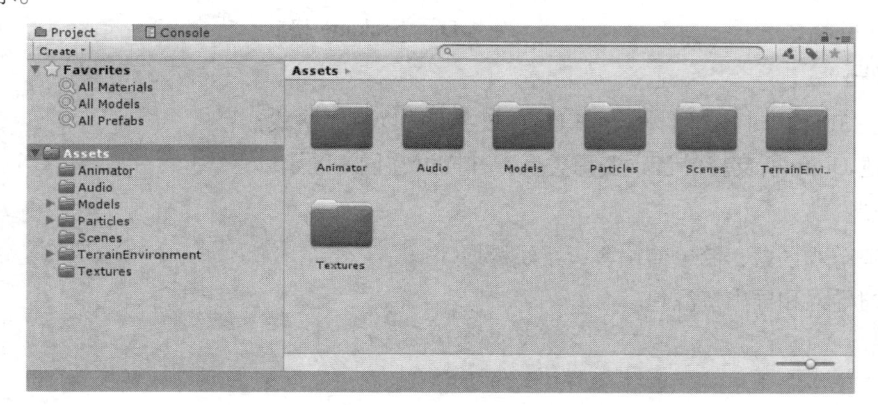

图 5.7 导入资源完成

5.5 本章小结

通过本章的学习，读者了解了 Unity 场景的各大系统模块在项目中充当什么角色，它们分别可以完成哪些工作；掌握了 Unity 资源导入导出流程，以及资源包的导入与导出等。掌握本章所包含的知识点对 Unity 开发者来讲是熟练使用 Unity 进行开发的第一步。

5.6 习题

1. 填空题

（1）Unity 是一个强大的 3D 引擎，它的强大之处就在于它能够模拟实现复杂且完整的________场景。

（2）________是 Unity 搭建 3D 场景的基础平台。

（3）________是 Unity 搭建场景中 2D 界面的基础平台。

（4）Unity 有一个________资产类型，允许用户存储一个包含组件和属性的 GameObject。

（5）Unity 导入外部资源的方法有________和________。

2. 选择题

（1）（　　）是在 Unity 场景中模拟实现现实世界的物理特性的基础。

A. 地形系统　　B. UI 系统　　C. 物理系统　　D. 动画系统

（2）（　　）是 3D 模型制作软件。

A. Maya　　B. 3D Max　　C. Blender　　D. 以上都正确

（3）Unity 导入外部资源的方式有（　　）种。

A. 1　　B. 2　　C. 3　　D. 4

（4）（　　）可用作游戏打斗音效。

A. .aiff 和.mp3 文件　　B. .wav 和.ogg 文件

C. .aiff 和.wav 文件　　D. .mp3 和.ogg 文件

（5）关于导出资源包的格式，下面选项正确的是（　　）。

A. .unitypackage 格式　　B. .3ds 格式

C. .obj 格式　　D. .package 格式

3. 思考题

（1）哪些 3D 模型制作软件可导出 Unity 支持的 3D 资源格式?

（2）简述 Unity 所支持的音频资源类型，并描述它们的区别。

4. 实战题

（1）新建游戏场景，简单使用各大系统模块。

（2）练习导入和导出资源包。

06

第6章 Unity 3D 地形系统

本章学习目标

- 熟练创建 Unity 基础地形
- 掌握 Unity 内置几何体的使用方法
- 掌握 Unity 天空盒的使用方法
- 掌握 Unity 场景风和雾效的添加方法

要制作一个游戏或应用，首先要创建一个全新的场景。Unity 创建场景可供选择的方式有 3 种，分别为使用内置的物体对象和编辑器创建场景、直接使用 Asset Store 商城中的资源制作场景和将其他软件生成的资源导入 Unity 项目生成场景。

6.1 Unity 3D 地形创建

学会使用内置的物体对象和编辑器创建场景，以及利用 Asset Store 商城中丰富的资源搭建场景，是 Unity 场景基础创建的第一步。

Unity 本身内置了一个功能强大的地形系统，通过内置的地形和几何物体模型相关操作工具，以及可视化场景编辑界面，开发者可以快速地创建基础场景和添加场景所需要的物体对象。接下来讲解基础地形搭建的具体步骤。

6.1.1 创建地形

打开 Unity，创建一个新项目，项目名称为 MyProject。在 Project 视图中的 Assets 文件夹下，已经默认创建了一个 Scenes 文件夹；在 Scenes 文件夹下，也已经默认创建了一个 SampleScene 场景。

接下来，需要将 Unity 提供的环境资源包导入项目。首先在 Assets 文件夹下单击鼠标右键，弹出菜单栏，然后依次选择“Import Package→Environment”选项，接着在弹出对话框中单击“Import”按钮，最后这些资源会保存到 Unity 的 Assets 文件夹下的 Standard Assets 文件夹中，以供后续使用。

Unity 资源包导入完成之后，在 Hierarchy 视图中单击鼠标右键，弹出菜单栏，然后依次选择“3D Object→Terrain”选项，就可以看到在 Scene 视图中出现了一个空白的地形。在 Hierarchy 视图中选择 Terrain（地形）对象，查看 Terrain 对象在 Inspector 视图中的属性信息，如图 6.1 所示。

其中 Transform 组件表示地形在 Unity 场景中的位置信息，每一个在 Unity 场景中存在的物体都有一个 Transform 组件。Terrain 组件和 TerrainCollider 组件表示地形对象在 Unity 场景中展现的形式，以及地形的其他信息，比如地形大小、植被、碰撞特性等。

Terrain 组件最上方的一排按钮从左往右分别是：编辑高度、编辑特定高度、设置平滑、纹理贴图、画树模型、画草模型和其他设置。下面具体介绍这 7 个按钮的操作流程。

1. Terrain 编辑高度

单击编辑高度按钮，然后在 Brushes 中任意选择 1 个笔刷，将 Brush Size（笔刷大小）设置为 60，如图 6.2 所示。

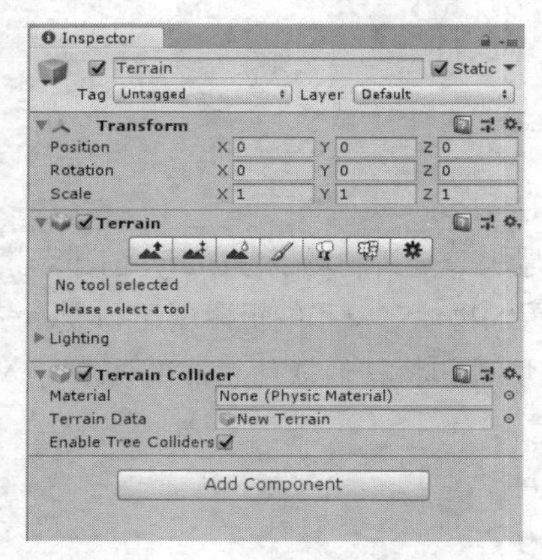

图 6.1　Terrain 对象信息

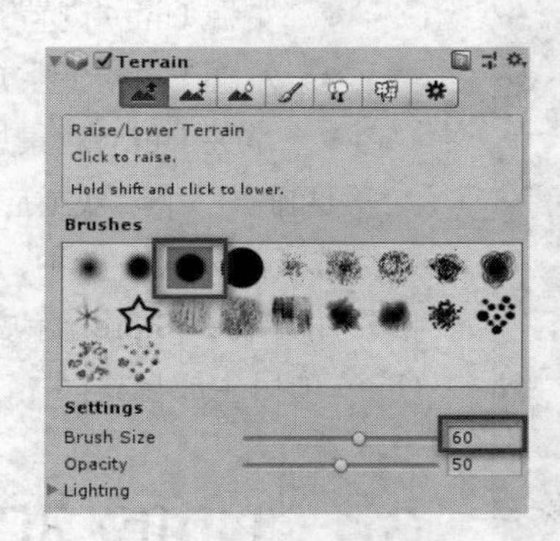

图 6.2　Terrain 编辑高度

接下来将鼠标指针移动到 Scene 视图中的地形上，可以看到地形上出现了一个蓝色的圆形区域，按住鼠标左键进行拖动，就可以看到被笔刷覆盖的区域地形高度不断抬升。经过几次对地形高度的编辑之后，地形如图 6.3 所示。

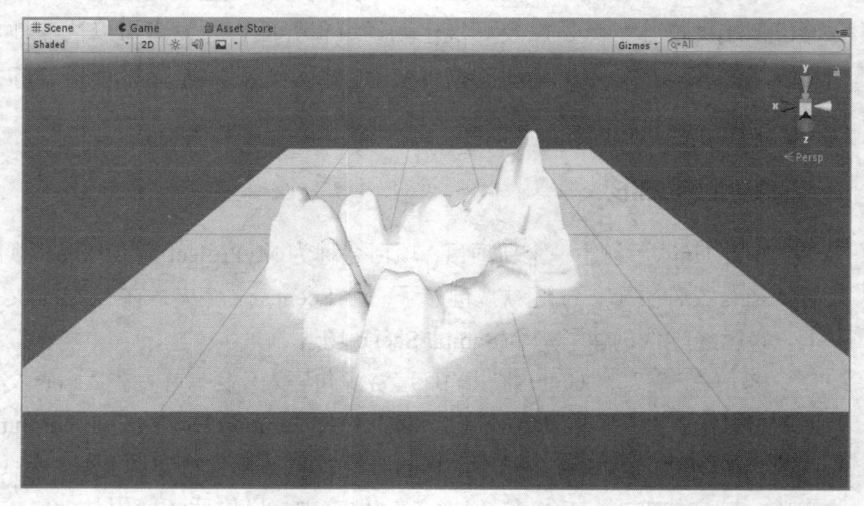

图 6.3　Terrain 编辑高度完成

2. Terrain 编辑特定高度

Terrain 编辑特定高度用于在地形上向下刷出深度。首先单击编辑特定高度按钮，然后在 Brushes 中任意选择 1 个笔刷，将 Brush Size 设置为 80，Height（高度）设置为 20，单击“Flatten”，整个地形会向上抬高 20 个单位，如图 6.4 所示。

接下来需要单击编辑高度按钮，选择任意 1 个笔刷，将鼠标移动到 Scene 视图的地形上，按住键盘上的 Shift 键不放，再按住鼠标左键并拖动，即可降低特定区域的地形高度，用来制作湖泊、峡谷等，如图 6.5 所示。

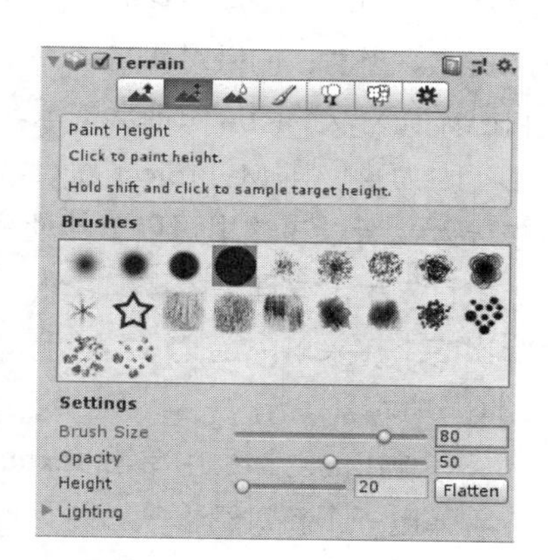

图 6.4 Terrain 编辑特定高度

3. Terrain 设置平滑

Terrain 设置平滑是为了使一些特殊地形（如山峰、湖泊等）的边角平滑过渡。其操作只需单击设置平滑按钮，然后在 Brushes 中任意选择 1 个笔刷，按住鼠标左键拖曳即可对特殊地形进行平滑处理。这里以图 6.5 显示的场景为特殊地形，演示结果如图 6.6 所示。

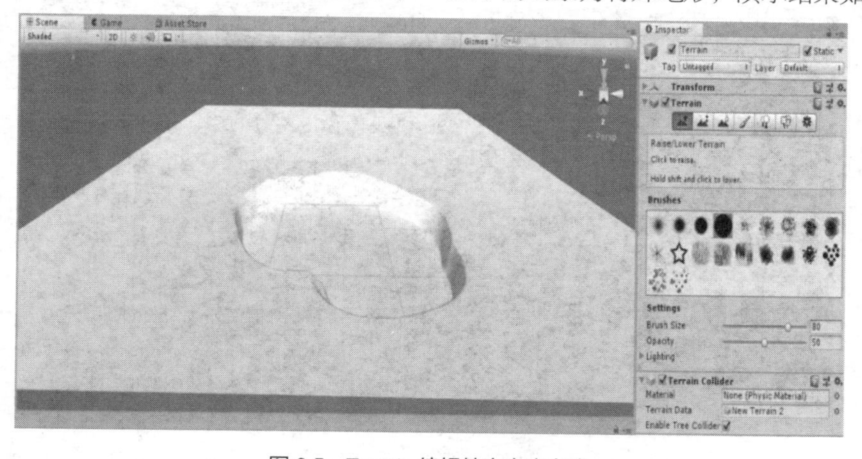

图 6.5 Terrain 编辑特定高度完成

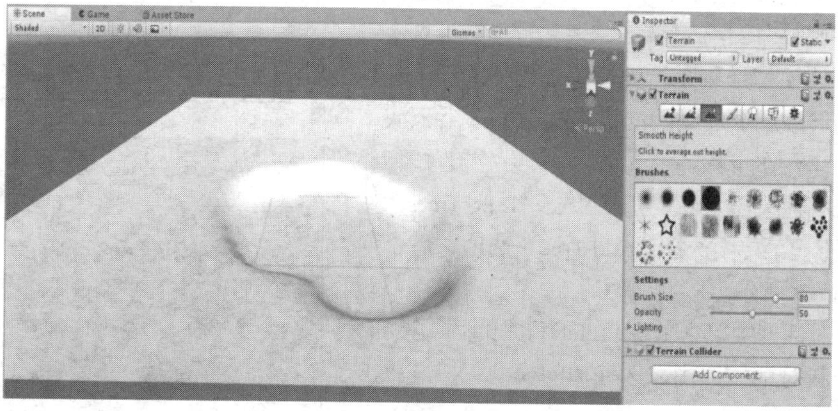

图 6.6 Terrain 设置平滑完成

4. Terrain 纹理贴图

Terrain 纹理贴图用于给地形添加纹理，使地形更美观。显而易见，上面所展示的那些地形都不美观，要想进一步点缀它们，优质的图片资源必不可少。Unity 系统标准资源库中就有很多精美的地形资源。当然，如果对 Unity 系统的地形资源不够满意，也可以自己添加喜欢的图片做地形资源。

因为我们在 MyProject 项目中已经将 Unity 提供的环境资源包导入，所以在这里可以直接使用它们。

首先单击纹理贴图按钮，然后单击“Edit Textures”按钮，在弹出的下拉菜单中选择“Add Texture”选项之后，弹出对话框如图 6.7 所示。

在弹出的对话框中单击 Texture 2D 右下角的“Select”按钮，接着弹出一个新对话框，该对话框用来选择地形图片，只需单击图片即可完成图片选择，这里选择了 GrassHillAlbedo 图片。最后单击 Add Terrain Texture 对话框右下角的“Add”按钮，与此同时，地形纹理发生了改变，如图 6.8 所示。

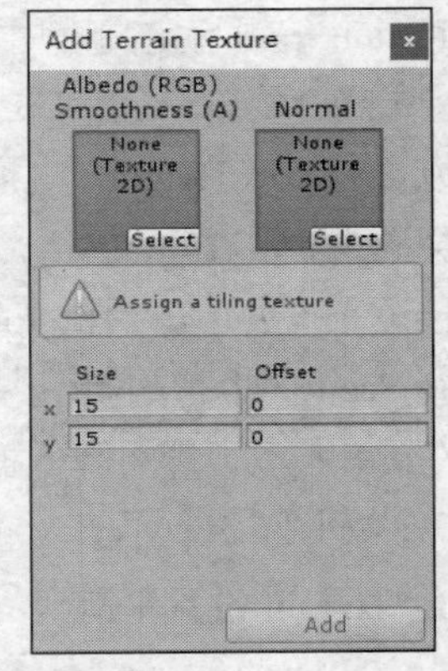

图 6.7 Add Terrain Texture 对话框

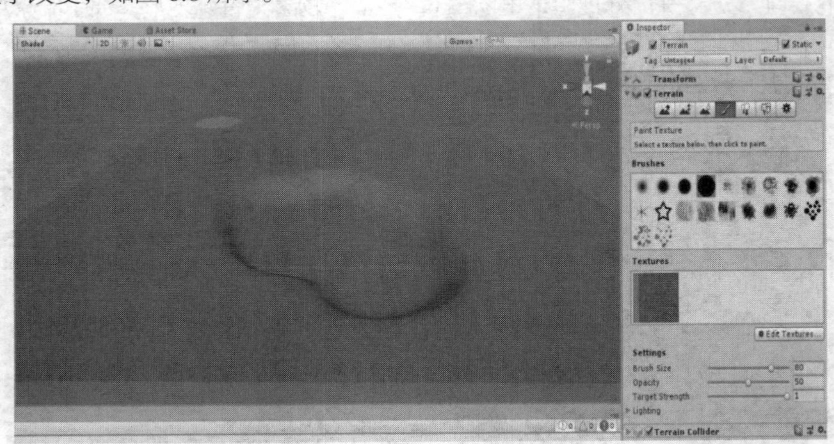

图 6.8 地形贴图添加完成

5. Terrain 画树模型

Terrain 画树模型是用来给地形添加树木的 3D 模型。使用 Unity 的地形系统给地形添加各类树木的操作和给地形添加纹理贴图的操作类似，接下来演示添加树木的具体操作步骤。

首先单击画树模型按钮，然后单击“Edit Trees”按钮，在弹出的下拉菜单中选择“Add Tree”选项之后，弹出对话框如图 6.9 所示。

在弹出的对话框中单击 Tree Prefab 行末的圆圈按钮，接着弹出一个新对话框，用来选择树的模型，只需单击图片即可完成树的模型的选择，这里选择了 Palm_Desktop 模型。最后单击 Add Tree 对话框右下角的“Add”按钮，与此同时，树的模型已经被添加到 Terrain 组件上，选择刚添加好的树的模型，将鼠标指针移动到 Scene 视图的地形上，单击鼠标左键即可在地形上添加树木，操作完成后的地形如图 6.10 所示。

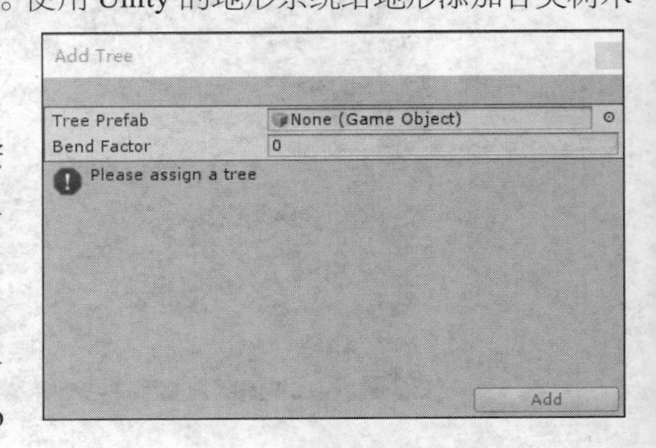

图 6.9 Add Tree 对话框

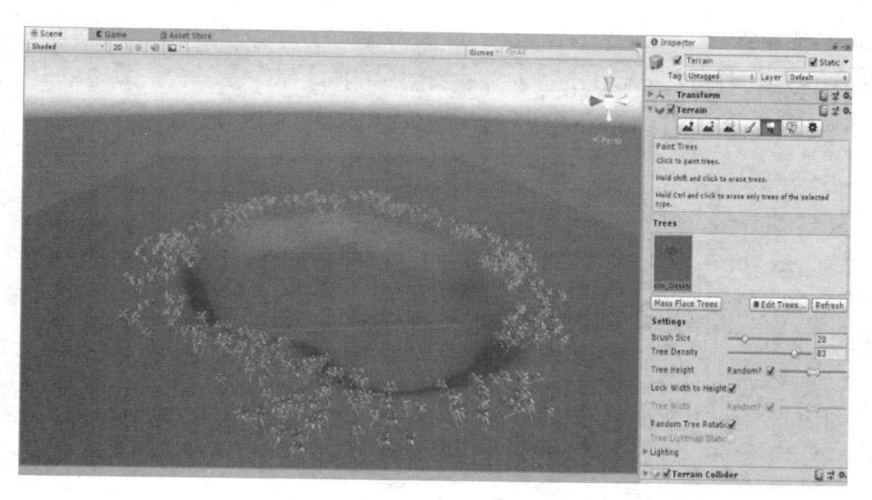

图 6.10　地形树木添加完成

6. Terrain 画草模型

Terrain 画草模型用于给地形添加草和其他物体（如石头、散落在地的杂物等）。添加草和添加其他物体的操作步骤相同，这里以添加草为例进行具体的操作步骤演示。

首先单击画草模型按钮，然后单击“Edit Detail”按钮，在弹出的下拉菜单中选择“Add Grass Texture”选项之后，弹出对话框如图 6.11 所示。

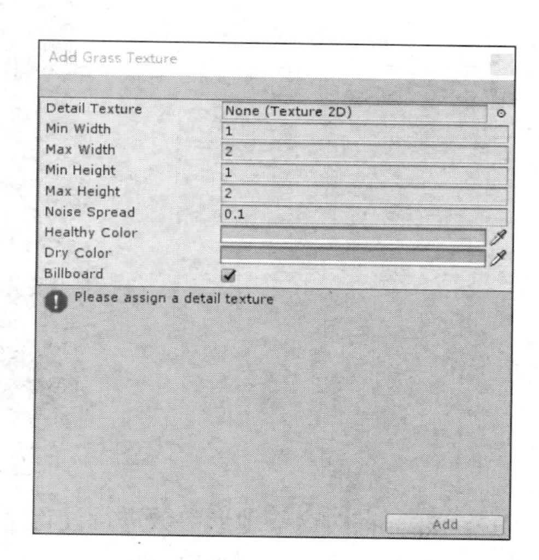

图 6.11　Add Grass 对话框

在弹出的对话框中单击 Detail Texture 行末的圆圈按钮，接着弹出一个新对话框，用来选择草的图片，只需单击图片即可完成草的图片选择，这里选择了 GrassFrond01 AlbedoAlpha 图片。最后单击 Add Grass 对话框右下角的“Add”按钮，与此同时，草的图片已经被添加到 Terrain 组件上，选择刚添加好的草的图片，将鼠标指针移动到 Scene 视图的地形上，单击鼠标左键即可在地形上添加一块草坪，操作完成后的地形如图 6.12 所示。

图 6.12　地形草坪添加完成

7. Terrain 其他设置

在地形开发中，有时候需要对 Terrain 对象进行整体的参数设置，这时，只要单击 Terrain 组件中的齿轮图标，就可以开始设置。Terrain 组件整体默认参数如图 6.13 所示。

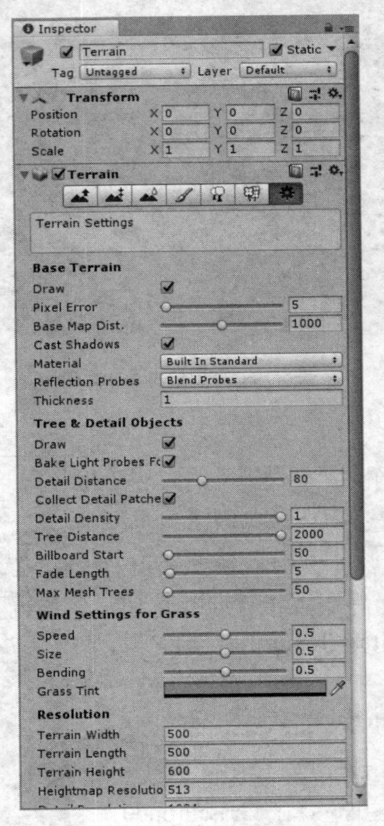

图 6.13　Terrain 组件设置

当然，在对这些地形参数进行设置之前，必须要知道这些参数所实现的具体功能。下面是一些常用的地形参数的功能介绍。

- TerrainWidth：全局地形总宽度，单位为 Unity 统一单位（m）。
- TerrainHeight：全局地形允许的最大高度，单位为 Unity 统一单位（m）。
- TerrainLength：全局地形总长度，单位为 Unity 统一单位（m）。
- Heightmap Resolution：全局地形生成的高度图的分辨率。
- Detail Resolution：全局地形生成的细节贴图的分辨率，数字越小性能越好。
- Control Texture Resolution：把地形贴图绘制到地形上时所使用的贴图分辨率。
- Base Texture Resolution：用于远处地形贴图的分辨率。

6.1.2 添加水体

在完成地形编辑之后，可以看到 MyProject 项目的 Scene 视图当中的地形，中间的大坑看起来很不协调，为了使场景变得更自然，我们可以给这个坑添加上水，做成一个湖泊，这样场景会变得更加完整。

由于 Unity 内置的环境资源已经导入到 MyProject 项目中，此时我们可在 Project 视图中找到

“Assets→Standard Assets→Environment→Water→Water4→Prefabs”文件夹下的Water4Advanced预制件，然后将这个预制件拖曳到地形中大坑的位置，通过变换工具对水效果的预制件进行位置和尺寸的调整。最后Scene场景显示如图6.14所示。

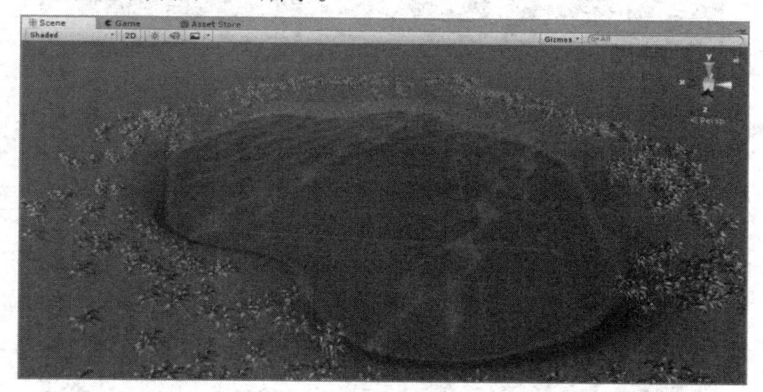

图6.14 添加水体完成

这里需要注意的是，水效果通常以.prefab格式的文件存在，它是物体及组件的集合体，被称为预制件。预制件可以实例化成游戏对象。

6.2 Unity几何体使用

6.2.1 创建几何体

在Unity场景搭建中，除了使用地形系统创建地图，还可以使用Unity内置的基本几何体来创建场景需要的物体。Unity提供的基本几何体很丰富，包括Cube（立方体）、Sphere（球体）、Capsule（胶囊体）、Cylinder（圆柱体）、Plane（平面）等。下面演示Unity几何体创建和使用。

首先回到Unity MyProject项目当中，在“Assets→Scene”文件夹下创建一个新场景SphereScene，然后在SphereScene场景中转到Hierarchy视图，单击左上角“Create”按钮，弹出下拉菜单后，选择“3D Object”选项，接着又弹出一个选择列表，选择“Sphere”，与此同时，在Scene视图中出现了一个球体，如图6.15所示。

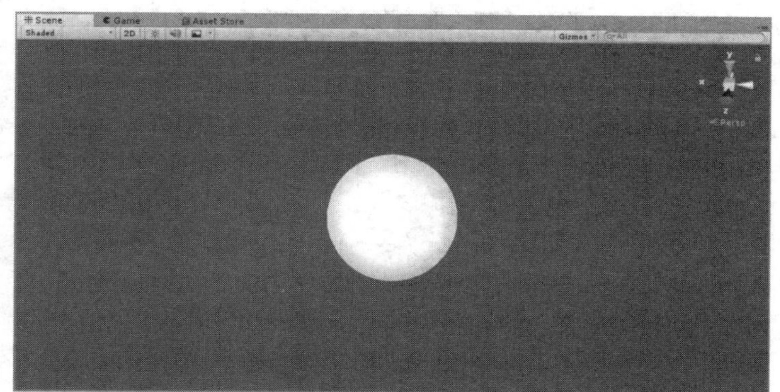

图6.15 创建Sphere完成

除了以上述方式创建几何球体之外，还可以以同样的方式创建其他几何体，这些几何体各不相同。下面具体展示它们在 3D 场景中的形态。

几何体 Cube 在场景中的效果，如图 6.16 所示。

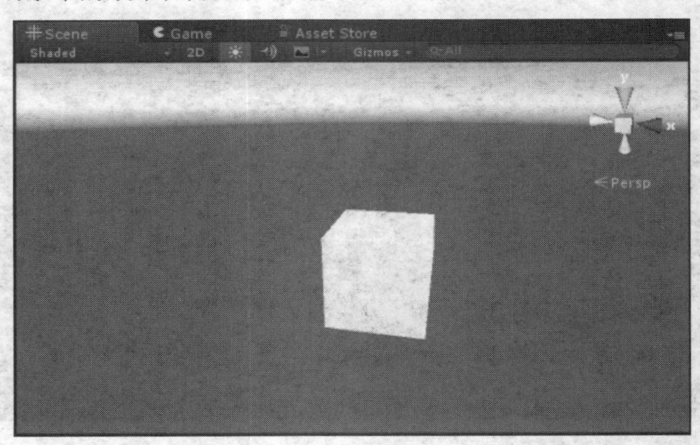

图 6.16　创建 Cube 完成

几何体 Capsule 在场景中的效果，如图 6.17 所示。

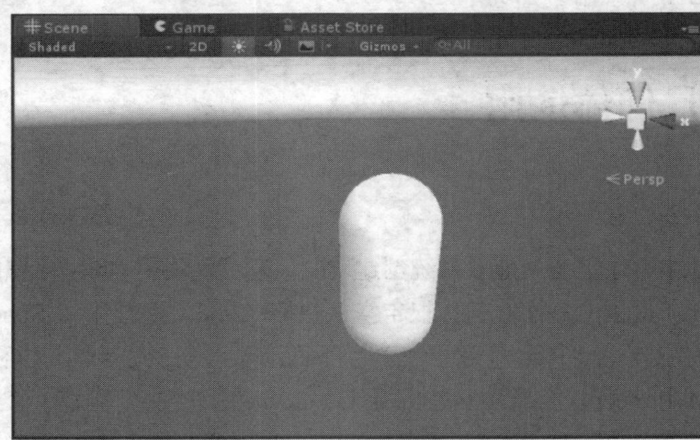

图 6.17　创建 Capsule 完成

几何体 Cylinder 在场景中的效果，如图 6.18 所示。

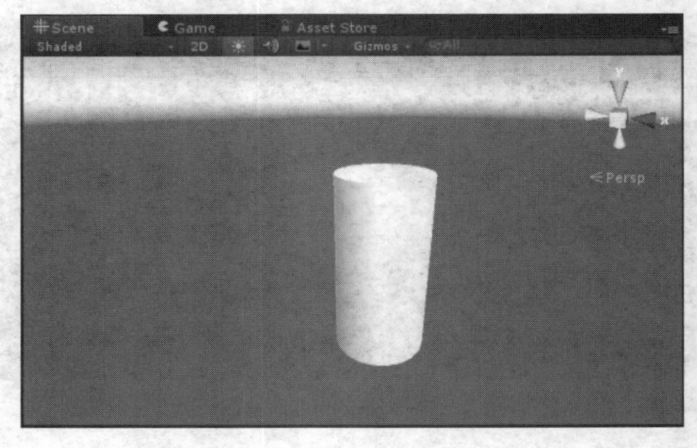

图 6.18　创建 Cylinder 完成

几何体 Plane 在场景中的效果，如图 6.19 所示。

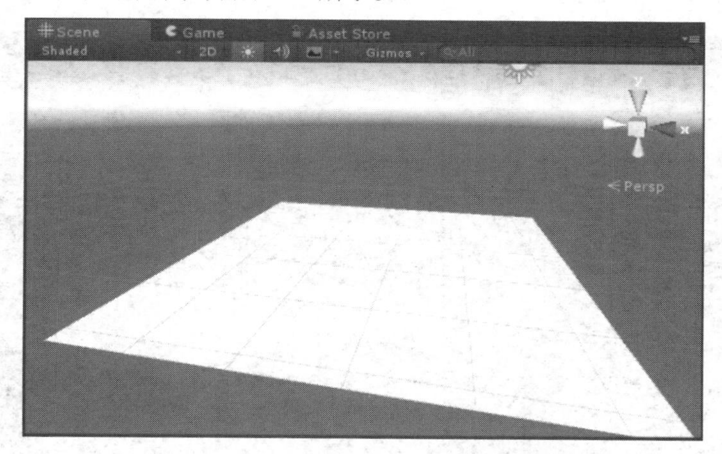

图 6.19　创建 Plane 完成

几何体 Quad 在场景中的效果，如图 6.20 所示。

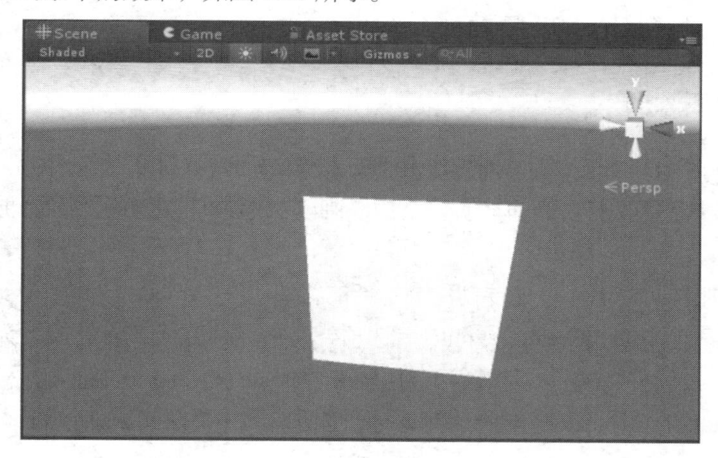

图 6.20　创建 Quad 完成

几何体 Tree 在场景中的效果，如图 6.21 所示。

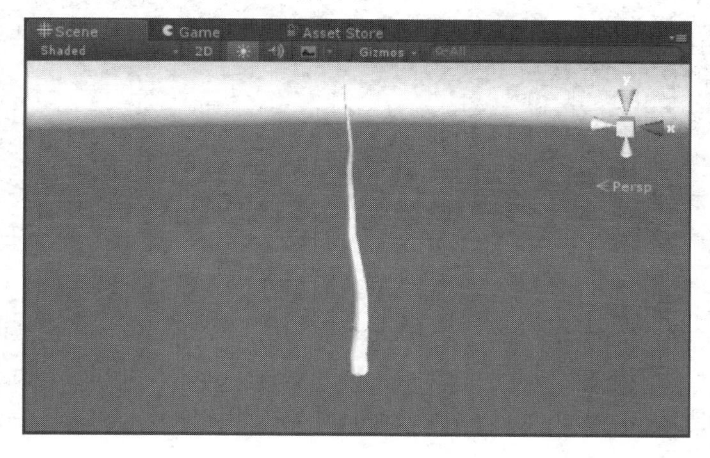

图 6.21　创建 Tree 完成

几何体 3D Text 在场景中的效果，如图 6.22 所示。

图 6.22　创建 3D Text 完成

6.2.2　几何体材质添加

Unity 默认创建的 3D Object 对象都是使用默认材质，而默认材质都是白色的。要想更改这些几何体的形态特征，就需要改变它们的材质。下面以刚刚创建的球体为例，演示通过材质的更改修改几何体形态。

在给几何体添加材质之前，首先要创建一个新的材质。在 Project 视图的 Assets 文件夹下单击鼠标右键，选择弹出菜单中的“Create→Folder”选项，文件创建完成，将其命名为“Material”；打开 Material 文件夹，单击鼠标右键，在弹出菜单中选择“Create→Material”选项，材质创建完成，将其命名为“MyMaterial”。至此，一个新的几何体材质创建完毕，如图 6.23 所示。

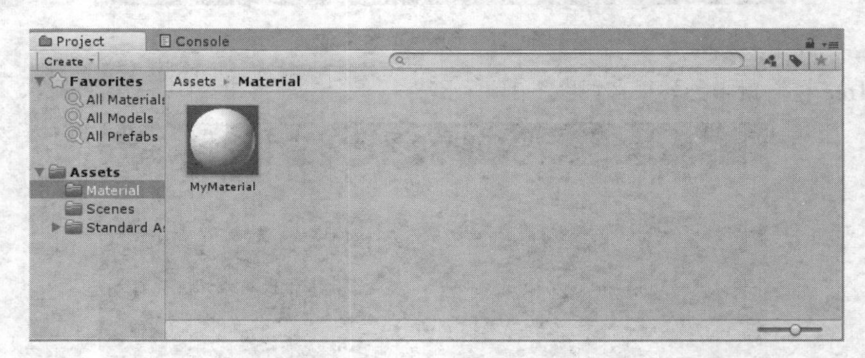

图 6.23　创建材质完成

接下来单击选中 MyMaterial，然后在 Inspector 视图中单击 Albedo 左边的小圆圈，在弹出的 Select Texture 对话框中选择所需的材质贴图，比如这里选择 GrassFrond02AlbedoAlpha。

按住鼠标左键把 MyMaterial 材质拖曳到 Scene 场景中的球体上，可以看到球体添加材质后的形态变化，如图 6.24 所示。

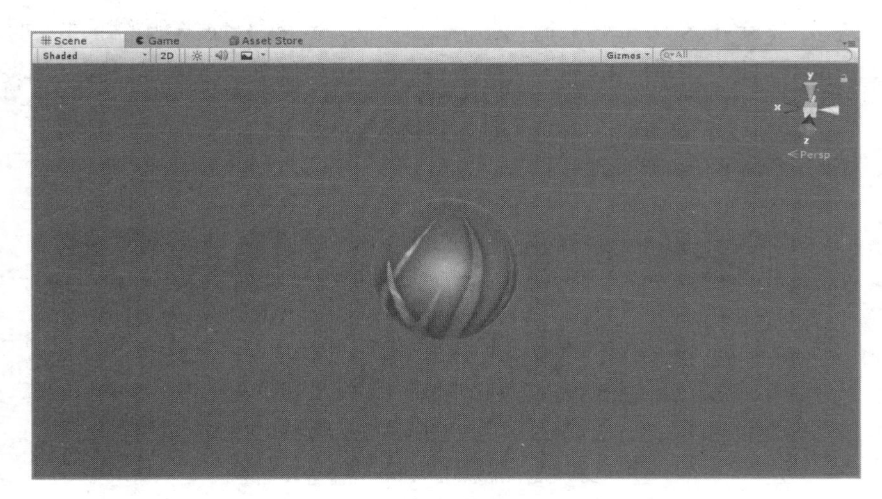

图 6.24　新材质添加完成

6.3　Unity 天空盒使用

6.3.1　Unity 天空盒

Unity 在创建场景时，默认天空是蓝色的。这个天空的形态是可以改变的，它由 Unity 中的天空盒控制，天空盒实际上是一种使用了特殊 Shader（着色器）的材质，只要修改了天空盒的材质，天空的形态就会相应地发生改变。

在 Unity 开发中，默认的天空盒材质通常满足不了用户的需求。回到 Unity 当中，创建一个新的场景 SkyboxScene，然后从顶部菜单栏中选择“Window→Asset Store”选项。打开 Asset Store 窗口后，单击窗口上方搜索栏，输入“Skybox”，单击搜索按钮或按回车键进行资源搜索。搜索资源完成后，单击新出现的“FREE ONLY”按钮，可以看到大量免费的天空盒资源，如图 6.25 所示。

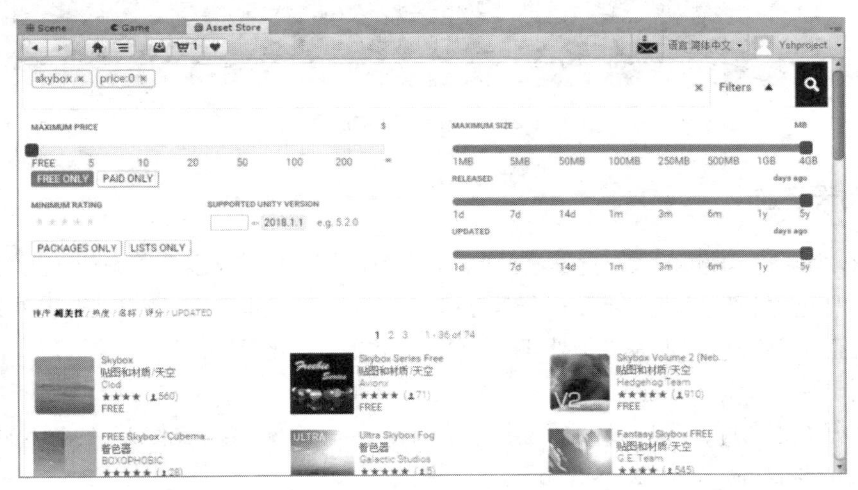

图 6.25　搜索 Skybox 资源完成

单击第二个资源 Skybox Series Free，会弹出 Skybox Series Free 资源的下载界面，下载完成之后，在新弹出的对话框中单击“Import”按钮，等待资源自动导入 Assets 资源文件夹，如图 6.26 所示。

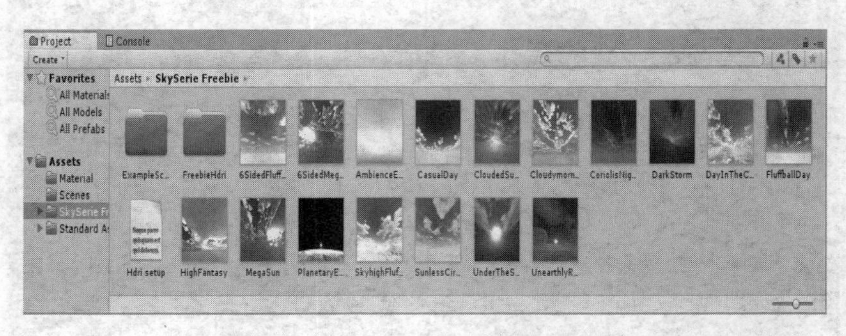

图 6.26　Skybox Series Free 资源导入完成

在 Project 视图中可以看到，刚下载的天空盒资源导入到了 Assets 文件夹下的 SkySerie Freeble 文件夹中。该文件夹中有大量的天空盒材质，要想用它们替换当前的天空盒材质，需要在 Unity 顶部菜单栏中依次选择“Window→Lighting→Settings”选项，然后会弹出 Lighting 窗口。用鼠标将 SkySerie Freeble 文件夹中的任意天空盒材质拖曳到 Lighting 窗口的 Skybox Material 后的长框中，替换掉默认的天空盒材质，此时 Unity 场景中天空的形态发生了改变，如图 6.27 所示。

图 6.27　修改天空盒材质完成

6.3.2　自制天空盒

除了 Unity 资源商店提供的天空盒资源之外，开发者还可以自己制作天空盒材质。通常情况下，Unity 开发者在制作天空盒材质之前，会准备一个新的 Material 和 6 张纹理图片，这 6 张图片可以通过软件生成、拍照或其他方式获得，它们需要被处理成无缝连接效果，如此天空的形态才会自然、和谐。

天空盒材质制作步骤如下。

（1）准备好 6 张图片，在 Project 视图中选择“Assets→Materials”文件夹，在该文件夹中创建一个新的 Material，将其命名为“MySkybox”。

（2）单击 MySkybox 材质，在 Inspector 视图中单击最上方“Shader”后面的“Standard”下拉按

钮，弹出下拉菜单后，依次选择“Skybox→6 Sided”选项，完成 MySkybox 材质 Shader 的修改。

（3）将准备好的 6 张图片按照前、后、左、右、上、下的顺序，依次拖曳到 MySkybox 材质 Inspector 视图中的对应图片位置，如图 6.28 所示。

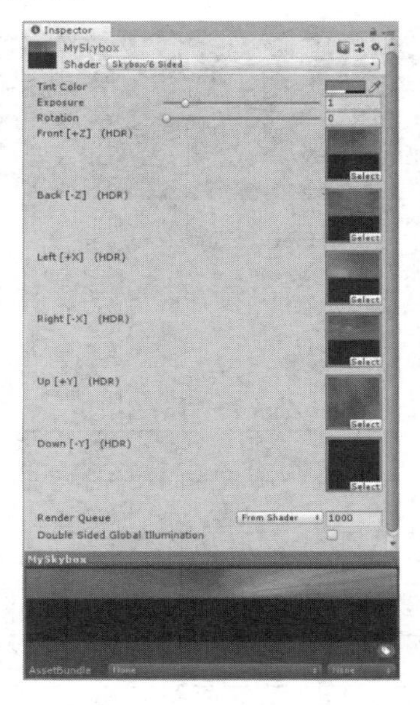

图 6.28　自制天空盒材质完成

6.4　Unity 风的使用

6.4.1　风的创建

在 Hierarchy 视图中，单击左上角“Create”按钮，弹出下拉菜单后，选择“3D Object”选项，接着又弹出一个选择列表，选择“Wind Zone”选项，与此同时，在 Scene 视图中出现了一个风车形状标记，如图 6.29 所示。

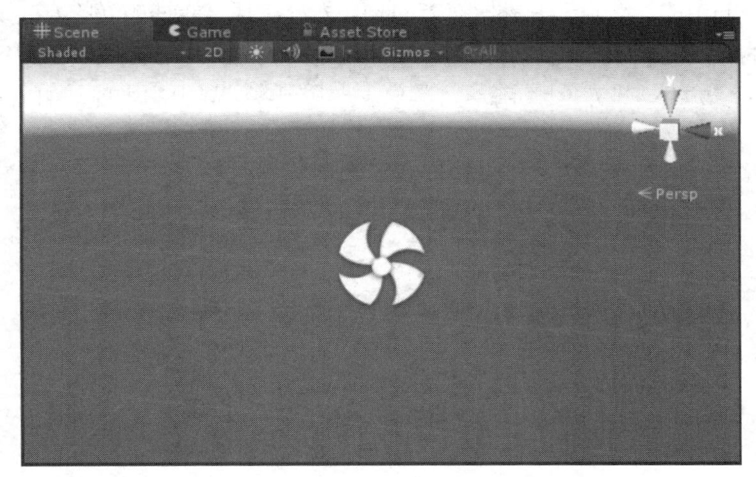

图 6.29　创建风完成

6.4.2 风的使用

风的主要组件为 Wind Zone 组件，如图 6.30 所示。

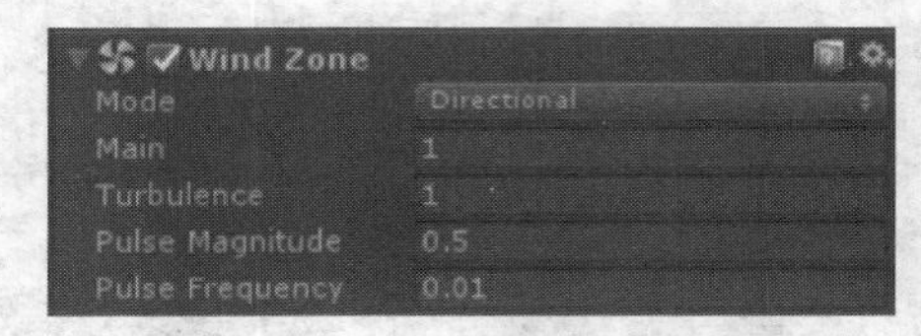

图 6.30 Wind Zone 组件

通过该组件可以控制场景中风的风力大小、方向等属性。接下来具体介绍 Wind Zone 组件包含的属性信息，如表 6.1 所示。

表 6.1 Wind Zone 组件属性信息

属 性	功 能
Mode	风的方向
Main	主要风力，产生轻微变化的风压
Turbulence	湍流风力，产生快速变化的风压
Pulse Magnitude	定义风随时间变化的程度
Pulse Frequency	定义风的变化频率

6.5 Unity 灯光的使用

Unity 中有 4 种灯光类型，分别是：Point lights（点光源）、Spot lights（聚光灯）、Directional lights（定向灯）、Area lights（区域灯）。下面具体介绍它们的创建和使用。

6.5.1 点光源

点光源位于空间中的一个点，并朝所有方向均匀发光。撞击表面的光的方向是从接触点返回光对象的中心。光的强度随着远离光源而减小，在指定范围内达到零，光强度与指定点到光源的距离的平方成反比，这被称为“平方反比定律”，类似于光在现实世界中的表现，如图 6.31 所示。

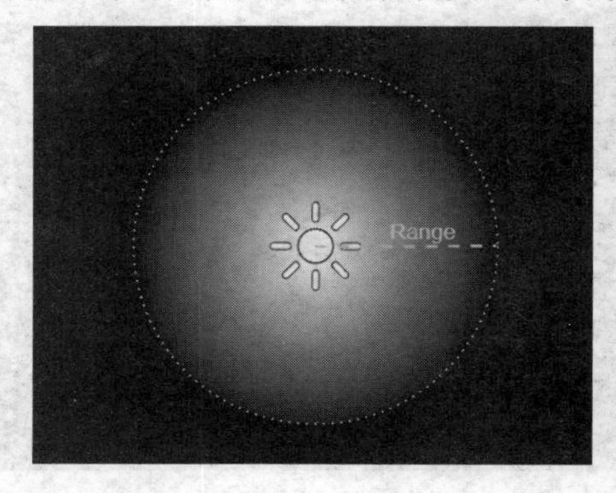

图 6.31 点光源

点光源可用于模拟场景中的灯和其他本地光源，用户还可以使用它们逼真地模拟火花或爆炸照亮周围环境，如图 6.32 所示。

图 6.32　点光源的使用

6.5.2　聚光灯

像点光源一样，聚光灯具有指定的位置和光照范围。然而，聚光的角度受到约束，导致照明区域呈锥形。锥体的顶点位于光对象的中心，锥体边缘的光线也会减弱，增大投射角度会使锥体变宽，并增大渐变区域，即“半影”，如图 6.33 所示。

聚光灯通常用于模拟人造光源，如手电筒、汽车前灯和探照灯等。通过脚本或动画控制方向，可使移动的聚光灯照亮场景的一小块区域并创建戏剧性的灯光效果，如图 6.34 所示。

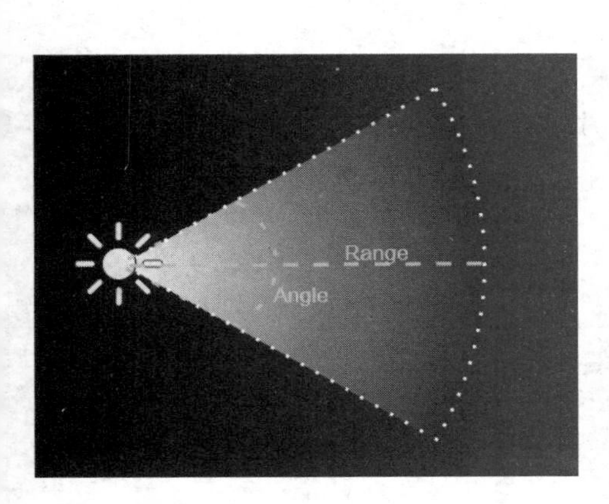

图 6.33　聚光灯

图 6.34　聚光灯的使用

6.5.3　定向灯

定向灯用于在场景中创建类似阳光的效果。定向灯在许多方面表现得像太阳一样，可以被认为是遥远的光源，存在于无限远的地方。定向灯没有任何可识别的光源位置，因此灯光对象可以放置在场景中的任何位置。场景中的所有对象都被照亮，光始终来自同一方向。因为没有定义光与目标物体的距离，所以光线不会减弱。定向灯如图 6.35 所示。

定向灯代表来自游戏世界范围之外的大而遥远的光源。在仿真场景中，它们可用于模拟太阳或月亮。在抽象游戏世界中，它们可以为对象添加令人信服的阴影，而无须精确指定光源的位置，如图 6.36 所示。

图 6.35　定向灯

图 6.36　定向灯的使用

默认情况下，每个新的 Unity 场景都包含一个定向灯。在 Unity 2018 中，它链接到照明面板的环境光照部分（Lighting→Scene→Skybox）中定义的天空盒系统。用户可以删除默认的定向灯并创建新光源或仅通过从“Sun”参数（Lighting→Scene→Sun）指定不同的 GameObject 来更改定向灯。旋转默认定向灯会导致场景中的天空发生一定变化，光线与地面接近平行，可以实现日落效果；将灯光指向上方会使天空变黑，制造夜晚效果；光线从上方倾斜而下，模拟日光效果。如果选择 Skybox 作为环境光源，Ambient Lighting（环境照明）将根据其颜色进行更改。

6.5.4　区域灯

区域灯由空间中的矩形定义，光在矩形表面上朝所有方向均匀发射，但仅从矩形的一侧发射。区域灯的照明范围无法手动控制。因为照明计算是处理器密集型的，所以区域灯在运行时不可用，只能烘焙到光照贴图中。区域灯如图 6.37 所示。

图 6.37　区域灯

由于区域灯同时从几个不同方向照亮物体，其造成的阴影比其他灯类型更柔和和微妙。用户可以使用它来创建逼真的路灯或靠近玩家角色的灯光组。小面积光可以模拟较小的光源（如室内照明），具有比点光源更逼真的效果。下面展示一个使用区域灯渲染的球体，如图 6.38 所示。

图 6.38　区域灯的使用

6.5.5　发光材质

与区域灯一样，发光材质（Emissive Material）在其表面区域发光。它们有助于在场景中制造反射光线，并且在游戏过程中可以更改颜色和强度等相关属性。虽然预计算实时 GI（Global Illumination，全局光照）不支持区域灯，但使用发光材质仍可实现类似的柔和照明效果。下面是一个发光材质的模型，如图 6.39 所示。

图 6.39　发光材质

“Emission”是标准着色器的属性，它允许场景中的静态对象发光。默认情况下，“Emission”的值设置为 0，这意味着使用标准着色器指定材质的对象不会发出光。

发光材质没有光照范围值，但它发出的光会以 2 的次方速率衰减。只有 Inspector 视图中标记为“Static”或“Lightmap Static”的对象才能被添加发光材质。类似地，应用于非静态或动态几何体（如角色）的发光材质将不会有助于场景照明。

6.6　Unity 雾效的添加

雾效是根据与摄像机的距离将颜色叠加到对象上的效果，用于模拟室外环境中的雾，同时也应用于在摄像机的远剪裁平面向前移动以提高性能时隐藏对象的剪裁。

雾效根据摄像机的深度纹理创建屏幕空间雾，它支持线性、指数和指数平方雾类型，用户可以在“Lighting”窗口的“Scene”选项卡中设置雾效参数，如图 6.40 所示。

接下来通过一个示例场景，来观看雾效在场景中的展现形式，默认场景为没有雾效，如图 6.41 所示。

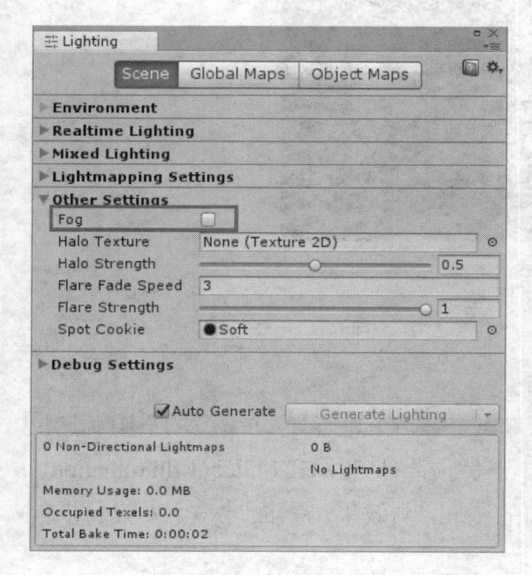

图 6.40　设置雾效参数

图 6.41　原场景

添加雾效、设置雾效参数后的场景如图 6.42 所示。

图 6.42　添加雾效后的场景

6.7 Unity 摄像机与渲染

6.7.1 摄像机的创建

在 Unity 场景中创建一个新的摄像机，只需要单击 Hierarchy 视图左上角的“Create”按钮，弹出下拉菜单后，单击最下方“Camera”选项即可，与此同时，一个新的摄像机会出现在当前场景中，如图 6.43 所示。

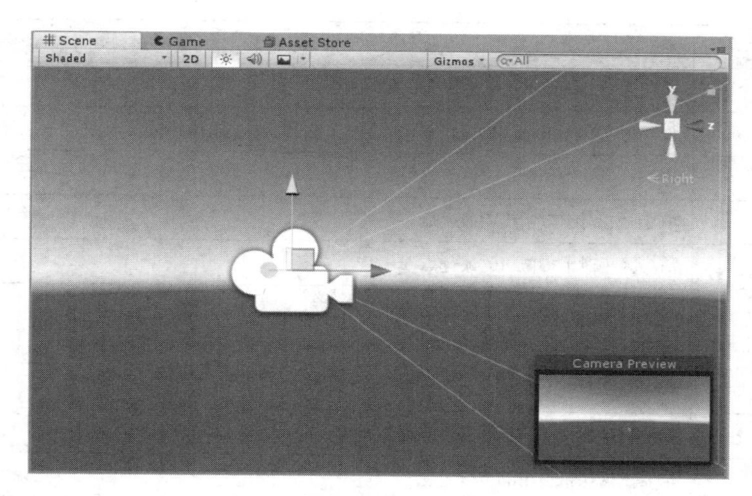

图 6.43　摄像机

6.7.2　摄像机参数及功能详解

摄像机的主要组件是 Camera 组件，如图 6.44 所示。

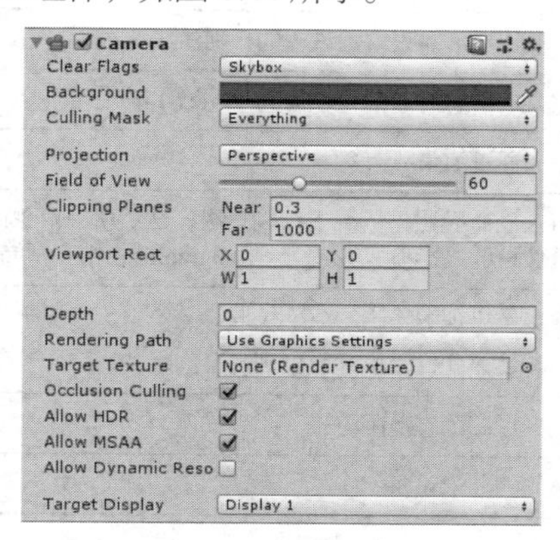

图 6.44　Camera 组件

接下来具体介绍 Camera 组件包含的属性信息，如表 6.2 所示。

表 6.2　Camera 组件属性信息

属　性	功　能
Clear Flags	确定将清除屏幕的哪些部分。 当使用多个摄像机绘制不同的游戏元素时，这很方便
Background	在绘制完视图中的所有元素并且没有天空盒时应用于剩余屏幕的颜色
Culling Mask	包含或省略要由摄像机渲染的对象层。在 Inspector 视图中指定图层
Projection	切换摄像机模拟透视的功能
-Perspective	摄像机将渲染具有完整透视的对象
-Orthographic	摄像机将均匀渲染对象，没有透视感。 注意：此模式不支持延迟渲染，始终使用正向渲染

续表

属　性	功　能
Size	设置为 Orthographic 时摄像机的视口大小
Field of view	设置为 Perspective 时摄像机视角的宽度，以度为单位沿局部 y 轴测量
Clipping Planes	摄像机与开始和停止渲染点的距离设置
- Near	渲染区相对于摄像机的最近点
-Far	渲染区相对于摄像机的最远点
Viewport Rect	四个值指示将在屏幕上绘制此摄像机视图的位置。 在视口坐标中测量（值 0～1）
-X	绘制摄像机视图的起始水平位置
-Y	绘制摄像机视图的起始垂直位置
-W（Width）	屏幕上摄像机输出的宽度
- H（Height）	屏幕上摄像机输出的高度
Depth	摄像机在绘图顺序中的位置。 具有较大值的摄像机将在具有较小值的摄像机上绘制
Rendering Path	用于定义摄像机将使用的渲染方法
Use Player Settings	此摄像机将使用播放器设置中设置的任何渲染路径
- Vertex Lit	此摄像机渲染的所有对象都将渲染为 Vertex-Lit 对象
- Forward	每个材质一次通过渲染所有对象
- Deferred Lighting	所有对象将在没有光照的情况下绘制一次，然后所有对象的光照将在渲染队列的末尾一起渲染。注意：如果摄像机的投影模式设置为 Orthographic，则会覆盖此值，摄像机将始终使用正向渲染
Target Texture	引用将包含摄像机视图输出的渲染纹理。 设置此参考将禁用此摄像机的渲染到屏幕的功能
HDR	为此摄像机启用高动态范围渲染
Target Display	定义要渲染到的外部设备

为了帮助开发者更好地掌握和使用 Unity 摄像机，下面将进一步对 Camera 组件的常用参数进行拓展讲解。

1. Clear Flags

每个摄像机在渲染其视图时都会存储颜色和深度信息，屏幕中未绘制的部分为空，默认情况下将显示天空盒。当用户使用多个摄像机时，每个摄像机都会在缓冲区存储自己的颜色和深度信息，并在每个摄像机渲染时累积更多数据。当场景中的任何特定摄像机渲染其视图时，用户可以设置 Clear Flags（清除标记）以清除缓冲区信息的不同集合。为此，Unity 提供了 4 种不同选项，使开发者能够根据实际情况选择合适的摄像机渲染区域。

（1）Skybox（天空盒）选项。这是摄像机的默认设置，屏幕的任何空白部分都将显示当前摄像机的天空盒。如果当前摄像机没有设置天空盒，它将默认为在光照窗口中选择的天空盒，单击顶部菜单栏的“Window”按钮，弹出下拉菜单后，选择 Lighting 选项即可查看当前使用的天空盒。

（2）Solid Color（纯色）选项。屏幕的任何空白部分都将显示当前摄像机的背景颜色。

（3）Depth Only（仅深度）选项。如果你想画一个玩家的枪而不让它在环境中被影响，就设置一个摄像机在深度 0 绘制环境，另一个摄像机在深度 1 单独绘制武器，将武器摄像机的 Clear flags 设置为“Depth Only”。这将保留屏幕上环境的图形显示，但丢弃有关每个对象在 3D 空间中的位置的所有信息。当枪被拉出时，不透明的部分将完全覆盖所绘制的其他图像，无论枪与墙的接近程度如何，如图 6.45 所示。

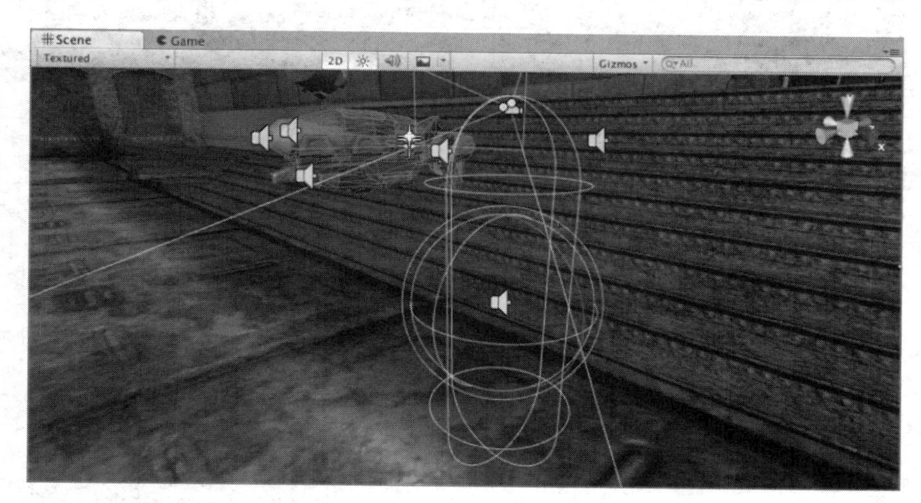

图 6.45　仅深度渲染

（4）Don’t Clear（不清除）选项。此模式不会清除颜色或深度缓冲区，其渲染结果是每个帧都被绘制在下一帧上，从而产生涂抹效果。该选项通常不用于游戏，更可能与自定义着色器一起使用。

需要注意的是，在某些 GPU（Graphics Processing Unit，图形处理器）（主要是移动 GPU）上，不清除屏幕可能会导致其内容在下一帧中未定义。在某些系统平台上，可能会出现屏幕包含前一帧图像、纯黑色屏幕或随机彩色像素。

2. Orthographic

将摄像机的 Projection 属性设置为“Orthographic”（正交投影）会使得摄像机所展现的 Game 视图中视角变为平面，这对于制作等距或 2D 游戏非常有用。

3. Normalized Viewport Rectangles

Normalized Viewport Rectangles（标准化视口矩阵）专门用于定义将在当前摄像机视图上绘制的屏幕的某个部分。用户可以将地图视图放在屏幕的右下角，或者在左上角放置导弹尖端视图。通过一些设计工作，开发者可以使用标准化视口矩阵来创建一些独特的行为。

使用标准化视口矩阵创建双人分屏效果很容易。首先创建两个摄像机，将摄像机的 H 值更改为 0.5，然后将玩家一的 Y 值设置为 0.5，将玩家二的 Y 值设置为 0，这将使玩家一的摄像机显示占据上半个屏幕，玩家二的摄像机显示占据下半个屏幕，如图 6.46 所示。

4. Target Display

摄像机最多可以有 8 个显示目标，Target Display（目标显示）可以控制摄像机呈现 8 个显示目标中的 1 个，在 Game 视图中，将显示所选目标。

图 6.46　标准化视口矩阵的应用

6.7.3　渲染路径设置

Unity 支持不同的渲染路径，开发者应该根据游戏内容和目标平台/硬件进行选择。不同的渲染路径具有不同的性能特征，主要影响光和阴影。

在 Unity 编辑器中，单击顶部菜单栏的“Edit”按钮，弹出下拉菜单后，依次选择“Project settings→Graphics”选项，最终可在 Inspector 视图打开 GraphicsSettings 参数设置面板，如图 6.47 所示。

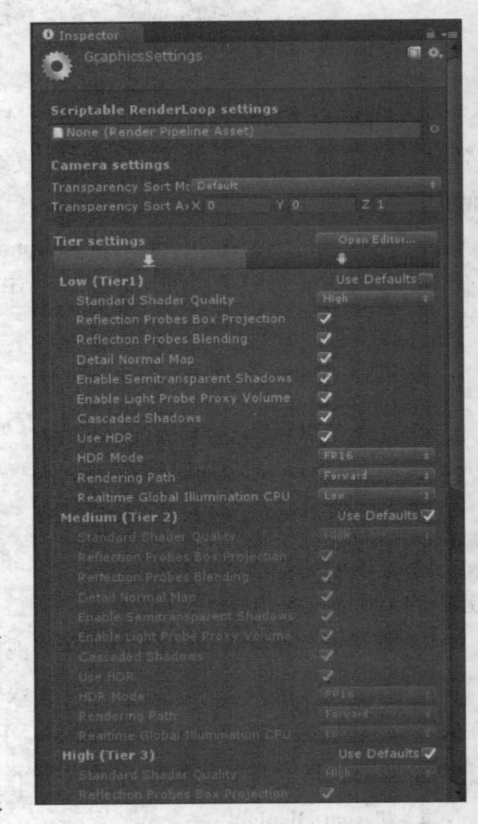

图 6.47　GraphicsSettings 参数设置面板

Unity 渲染路径设置有 3 种模式，接下来具体介绍不同模式的渲染的使用情况。

1. Forward Rendering

Forward Rendering（正向渲染）是传统的渲染路径，它支持所有典型的 Unity 图形功能（法线贴图、每像素照明、阴影等）。但是，在默认设置下，每像素照明仅渲染少量最亮的灯光，其余的灯是在对象顶点或每个对象上计算的。

正向渲染路径根据影响对象的光线在一个或多个过程中渲染每个对象。灯光本身也可以通过正向渲染进行不同的处理，具体取决于它们的设置和强度。

2. Deferred Shading

Deferred Shading（延迟着色）是具有最大光照和阴影保真度的渲染路径，在场景中存在许多实时灯光时最为适用。需要注意的是，它需要一定程度的硬件支持。

使用延迟着色时，对可能影响 GameObject 的灯光数量没有限制。所有灯光都按像素进行评估，这意味着它们都可以与法线贴图等正确交互。此外，所有灯光都可以有 cookies（投影遮罩）和 shadows（阴影）。

延迟着色具有一些优点。照明的处理开销与光照射的像素数成比例，取决于场景中光量的大小，无论它照亮多少个游戏对象。因此，可以通过保持光量小来提高性能。延迟着色也具有高度一致且可预测的行为，光照效果是按像素计算的，因此没有在大三角形上分解的光照计算。

在缺点方面，延迟着色没有真正的抗锯齿支持，无法处理半透明的 GameObject（这些是使用正向渲染的），也不支持 Mesh Renderer 的 Receive Shadows 属性。

3. Legacy Vertex Lit

Legacy Vertex Lit（传统顶点光照）是具有最低照明保真度且不支持实时阴影的渲染路径。它是正向渲染路径的子集。

Legacy Vertex Lit 路径通常一次渲染每个对象，并为每个顶点计算所有灯光的光照。它是最快的渲染路径，具有最广泛的硬件支持。

由于所有光照都是在顶点级别计算的，因此该渲染路径不支持大多数每像素效果：阴影、法线贴图、投影遮罩和高度详细的镜面高光。

6.7.4　渲染图层

图层（Layers）最常用于渲染，以仅渲染场景的一部分，而灯光仅用于照亮场景的一部分。

1. 创建图层

要创建一个新图层，用户可单击菜单栏“Edit”按钮，然后选择“Project Setting→Tags and Layers”选项，即可在 Inspector 视图中对 Tags&Layers 面板中的参数进行设置，如图 6.48 所示。

2. 分配图层

新图层创建完成之后，开发者可以将其分配给场景中的物体对象，使这些物体属于该图层，如图 6.49 所示。

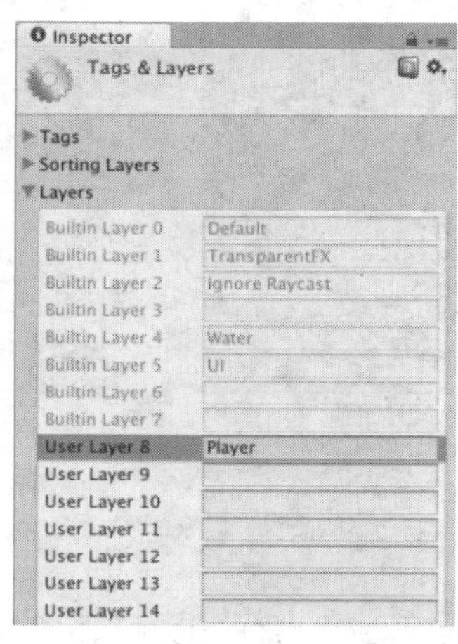

图 6.48　创建图层

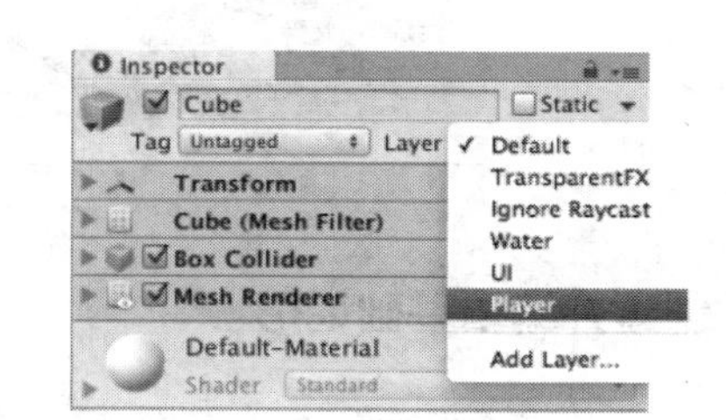

图 6.49　图层分配

3. 剔除遮罩

使用摄像机的剔除遮罩，用户可以选择性地渲染一个特定图层中的对象。为此，开发者应使用选择性渲染对象的摄像机。

通过选中或取消选中剔除遮罩属性中的图层来控制渲染对象，如图 6.50 所示。

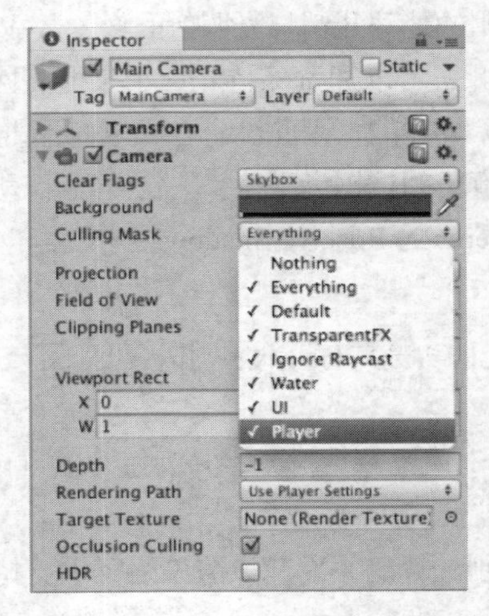

图 6.50　剔除遮罩

6.8　Helicopter 实战项目：搭建游戏基础环境

6.8.1　新建游戏场景

启动 Unity，打开 Helicopter 项目，在 Project 视图中单击鼠标右键，弹出菜单后选择“Create→Scene”选项创建新场景，并将其命名为“Game”，如图 6.51 所示。

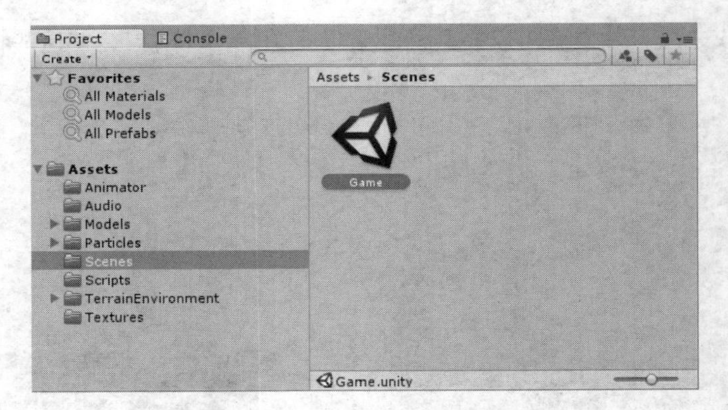

图 6.51　Game 场景

6.8.2　创建并编辑基础地形

创建一个地形并编辑花草树木的操作过程在本章前面部分已经详细讲解过，这里不再赘述。我们在 Helicopter 项目中已经导入过地形环境所需要的地形贴图、花草树木、水等资源，如图 6.52 所示。

读者可以根据已有的资源搭建一个自己喜欢的地形环境，也可以使用本书提供的地形环境 TerrainEnvironment.prefab，将它拖入 Game 场景即可查看，如图 6.53 所示。

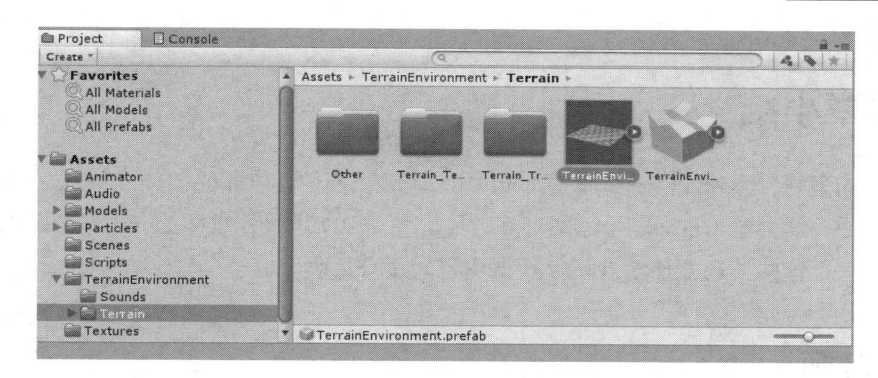

图 6.52　地形资源文件

图 6.53　地形环境

6.8.3　添加直升机和物资模型

在 Helicopter 项目中，除了搭建好地形环境之外，还要加入角色（直升机）和目标任务（物资）。打开 Project 视图，找到“Assets→Models→HelicopterModel/ WuziModle”路径中的文件夹，在这两个文件夹下存放着直升机和物资的模型预设，将它们拖入场景中即可完成添加、调整它们在游戏场景中的位置，如图 6.54 所示。

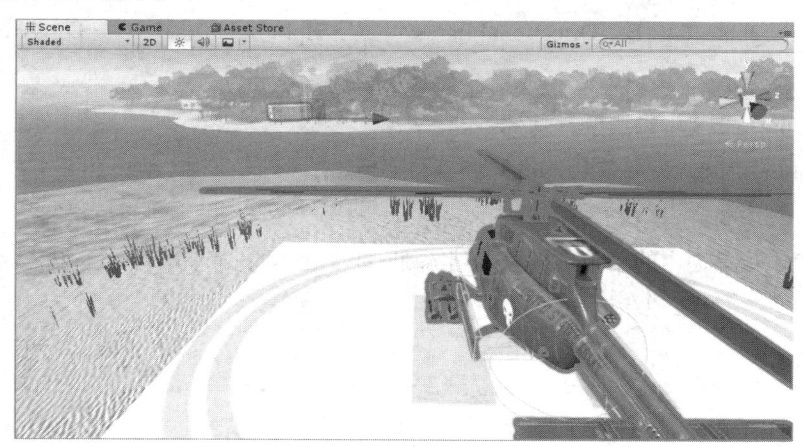

图 6.54　添加直升机与物资

6.9 本章小结

通过本章的学习，读者能够熟练掌握 Unity 3D 地形和各种几何体的创建，Unity 中风、雾、天空盒的添加和使用；学会给 Unity 场景添加灯光，照亮整个 3D 场景；掌握 Unity 渲染模式、摄像机和渲染图层的使用。这些技巧能使游戏玩家获得更好的用户体验。

6.10 习题

1. 填空题

（1）在 Unity 场景中，地形主要是通过它的________组件进行编辑。

（2）水体通常以________格式的文件存在。

（3）Unity 默认创建的 3D Object 对象都是使用默认材质，而默认材质的颜色都是________。

（4）Unity 中有 4 种灯光源类型，分别是________、________、________和________。

（5）Unity 渲染路径设置有________种模式，分别是________、________、________和________。

2. 选择题

（1）默认创建的地形对象包含（　　）个组件。

A. 1　　B. 2　　C. 3　　D. 4

（2）（　　）不是 Terrain 组件的其他设置当中的参数。

A. TerrainHeight　　B. TerrainWidth　　C. TerrainLength　　D. TerrainLow

（3）Unity 提供的基本几何体有（　　）。

A. Cube（立方体）　　B. Sphere（球体）

C. Cylinder（圆柱体）　　D. 以上选项都正确

（4）在 Unity 中自制天空盒需要（　　）张图片。

A. 4　　B. 5　　C. 6　　D. 7

（5）（　　）可以模仿太阳下的照射环境。

A. Point lights　　B. Directional lights　　C. Spot lights　　D. Area lights

3. 思考题

（1）简述 Unity 2018 中内置的几何体。

（2）Unity 当中不同光源可模仿的现实环境有哪些?

4. 实战题

搭建一个包含花草树木的简单地形，练习添加不同几何体、水体、灯光等物体。

07

第7章　Unity UI 系统

本章学习目标

- 熟练掌握 Unity UGUI 界面布局
- 掌握 UGUI 核心控件的使用方法
- 掌握 UGUI 组合控件的使用方法

每一个游戏或者应用都要给用户使用，因此，它们必定会包含用户可操作的界面，该界面能够实现用户与软件交互的功能，这就是 UI（User Interface，用户接口）界面。在 Unity 开发中，软件的 UI 界面主要是由 Unity 引擎中的 UI 系统完成，UI 系统具备一套完整的图形化界面工具，可以完成 Unity 开发中大部分的 UI 界面搭建工作。本章具体讲解 Unity 4.6 之后的 UGUI 系统，包括 UGUI 界面的基础布局和 UGUI 控件使用。

7.1　Unity UGUI 简介

无论是游戏开发还是应用开发，界面设计都占据着非常重要的地位。Unity 4.6 之后的 UI 界面搭建系统是 UGUI 系统，UGUI 有 3 个特点。

（1）UGUI 是 Unity 内置的系统，运行效率高，执行效果好。

（2）相对于 Unity 4.6 之前的 GUI 系统，现在的 UGUI 系统更加易于使用和方便扩展。

（3）UGUI 系统采用控件式搭建 UI 界面，不仅快速，而且灵活。

7.2　UGUI 系统核心

7.2.1　画布

画布（Canvas）是 UI 布局中所有 UI 元素呈现的区域，所有 UI 元素必须是附加了 Canvas 组件的 GameObject 的子元素。

在 Unity 中，创建 Canvas 的方法有 3 种。

（1）由顶部菜单栏依次选择“GameObject→UI→Canvas”选项，画布创建完成。

（2）在 Hierarchy 视图区域点击鼠标右键或者单击左上角“Create”按钮，在弹出菜单中选择“UI→Canvas”选项，画布创建完成。

（3）直接创建一个 UI 元素（如 Text 控件），如果场景中没有 Canvas，则会自动创建 Canvas，这个 UI 元素也会包含到 Canvas 里面。

画布创建完成后，在 Scene 视图显示的是一个矩形区域，如图 7.1 所示。

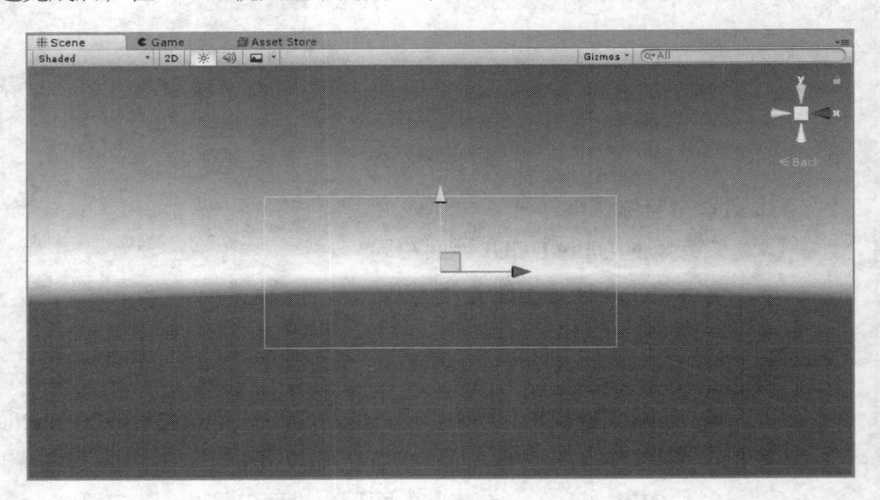

图 7.1　Canvas（画布）

这里需要注意的是，在创建画布或者其他 UI 元素时，如果 Hierarchy 视图中没有 EventSystem 对象，系统会自动创建一个 EventSystem 对象，它是 UI 的事件系统，主要实现对用户单击、输入等事件做出响应处理功能。

7.2.2　渲染模式

Canvas 组件是画布的主要组件，如图 7.2 所示。

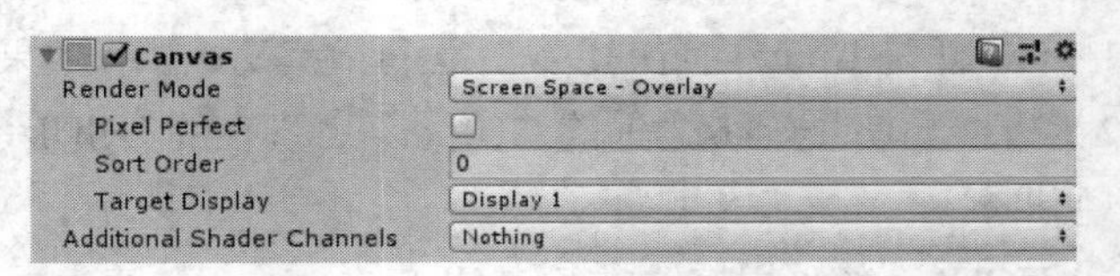

图 7.2　Canvas 组件

渲染模式（Render Mode）是 Canvas 组件中的一个重要属性，用来控制 UI 界面显示模式。Render Mode 包含 3 种模式，开发者可根据实际情况选择 Render Mode。接下来具体介绍 Render Mode 的 3 种模式。

（1）Screen Space – Overlay：在此模式下，画布会自动缩放以适应屏幕，然后直接渲染而不参考场景或摄像机（即使场景中根本没有摄像机，也会渲染 UI）。如果更改了屏幕的大小或分辨率，则 UI 将自动重新缩放以适应屏幕。

该模式通常应用于 UI 在场景对象上呈现的叠加情景。

（2）Screen Space – Camera：在此模式下，画布被绘制后的图像如同是渲染在给定摄像机前面一定距离的平面对象上。UI 的屏幕尺寸不随距离而变化，因为它总是重新缩放以完全适应摄像机的平截头体视口。如果更改了屏幕的大小或分辨率或摄像机的平截头体视口，则 UI 将自动重新缩放以适应屏幕。场景中比 UI 平面更靠近摄像机的任何 3D 对象将在 UI 前面渲染，而平面后面的对象将被遮挡。

该模式也称为摄像机模式，通常应用于对象处于 UI 前面的场景。

（3）World Space：在此模式下，UI 呈现为场景中的平面对象，与 Screen Space – Camera 模式不同，平面无须面向摄像机，可以自由进行定向。Canvas 的大小可以使用其 Rect Transform（矩形变换）组件设置，但其屏幕大小取决于摄像机的视角和距离。

World Space 模式下，其他场景对象可以在 Canvas 之后或之前显示。

7.2.3　Canvas Scaler 组件

Canvas Scaler 组件是画布的组件之一，如图 7.3 所示。

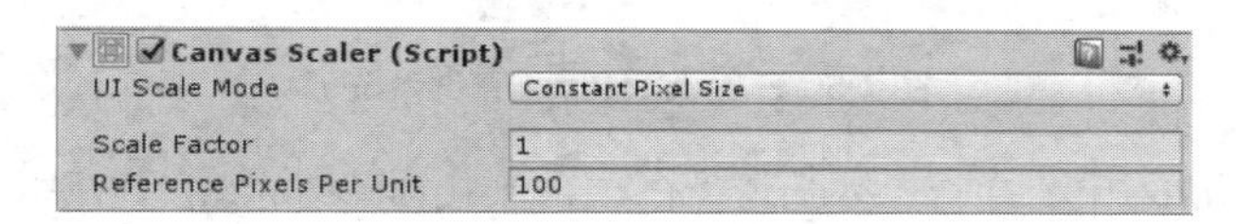

图 7.3　Canvas Scaler 组件

该组件用于控制 Canvas 中 UI 元素的整体比例和像素密度。Canvas Scaler 各属性的设置直接影响 Canvas 下的所有内容，包括字体大小和图像边框。

Canvas Scaler 组件的 UI Scale Mode 属性也有 3 种模式可选择，下面具体介绍这 3 种模式的应用。

（1）Constant Pixel Size：该模式下，无论屏幕大小如何，UI 元素都保持相同的像素大小。

（2）Scale With Screen Size：该模式下，屏幕尺寸越大，UI 元素显示越大。

（3）Constant Physical Size：该模式下，无论屏幕大小和分辨率如何，UI 元素都保持相同的像素大小。

7.2.4　Graphic Raycaster 组件

Graphic Raycaster 组件也是 Canvas 的组件之一，如图 7.4 所示。

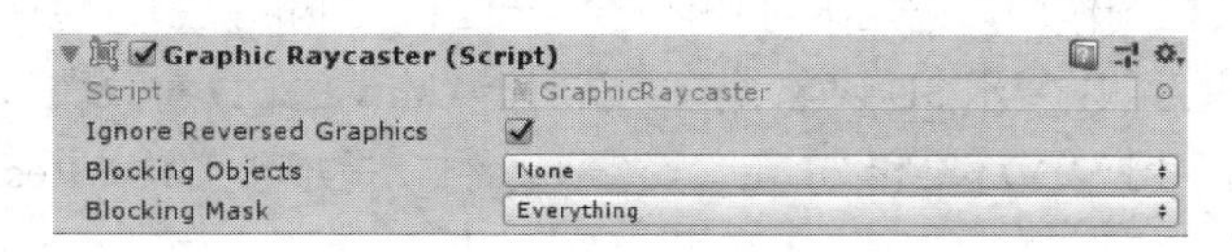

图 7.4　Graphic Raycaster 组件

该组件用于对 Canvas 进行光线投射，以此查看画布上的所有 UI 元素，并检测 UI 元素是否被点击。

7.2.5　事件系统

事件系统（EventSystem）是在创建 UI 元素之后 Unity 自动创建的物体，用于控制各类事件（如单击按钮），如图 7.5 所示。

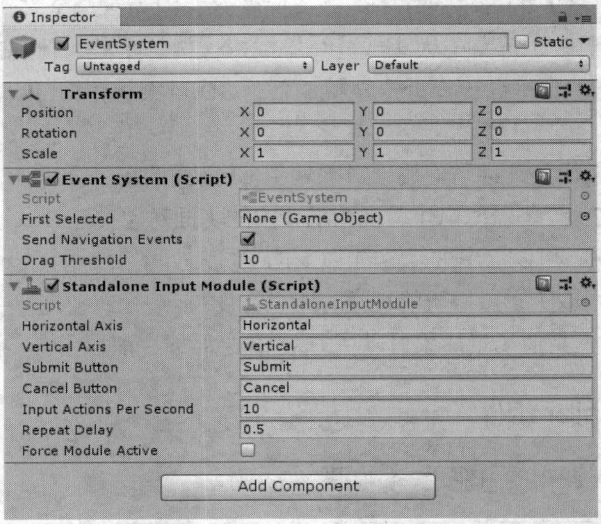

图 7.5　EventSystem（事件系统）

EventSystem 是 Unity 引擎的子系统之一，负责控制构成事件的所有元素，包括包括协调系统输入模块当前所处的活动状态，检测场景中的物体是否被选中，以及控制其他高级事件。事件系统的函数每次被调用之前都会接收到命令，系统会查看其输入模块并确定相对应的事件处理方式，该事件处理方式提前以委托的方式绑定在该输入模块上。

7.3　UGUI 基本布局

本节将给读者介绍 Canvas 和 UI 元素之间的层次关系。读者可以使用菜单“GameObject→UI→Image”创建一个 Image 控件，接下来以此为例演示界面的基本布局。

7.3.1　矩形工具

在 Unity 引擎的 UGUI 系统模块中，每个 UI 元素都表示为矩形，用于布局，前面讲解 Unity 编辑器时介绍过变换工具栏的作用，它用于对物体进行方位和大小的控制，包括位置、旋转、缩放等，这里要强调的是，它不仅可以用于 3D 对象，还可以用于 Unity 的 2D 对象和 UI 元素。变换工具栏从左到右第 5 个按钮就是用于 2D 对象和 UI 元素操作的，它就是矩形工具（Rect Tool）。

矩形工具可用于移动、缩放和旋转 UI 元素。选择 UI 元素后，左键点住矩形内的任意位置并拖动来移动它；左键拖动边或角来调整其大小；将光标置于四角附近，直到光标变成旋转符号，然后按住左键并向任一方向拖动以旋转 UI 元素。

与其他工具一样，矩形工具受到场景编辑模式变换的影响，场景编辑模式选择工具在 Unity 编辑器左上方矩形变换工具的右边。使用 UI 时，通常将这些设置保留为 Pivot 和 Local，如图 7.6 所示。

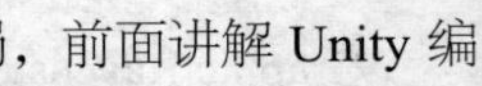

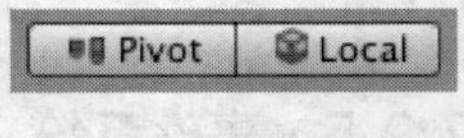

图 7.6　场景编辑模式

7.3.2　矩形变换组件

矩形变换组件（Rect Transform）是一个新的转换组件，用于所有 UI 元素，而不是常规的 Transform 组件，如图 7.7 所示。

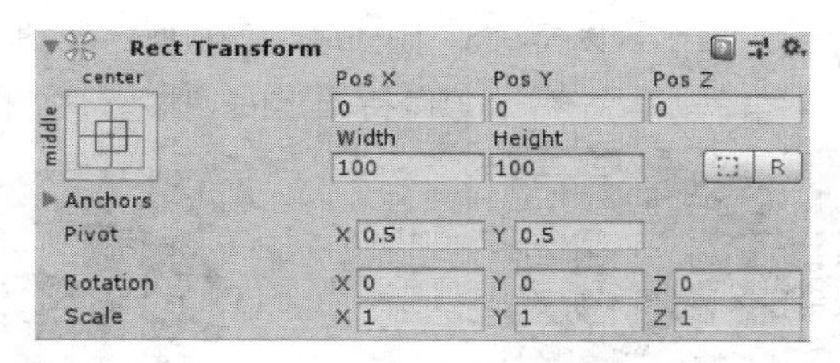

图 7.7　Rect Transform 组件

矩形变换组件除了具有与常规变换一样的位置、旋转和缩放的属性之外，还具有宽度和高度的属性，用于指定矩形的尺寸。

7.3.3　调整大小和缩放

关于 Unity 场景中物体大小的调整和缩放（Resizing Versus Scalling），Unity 引擎会根据物体的不同进行相应的变换。

当矩形工具用于改变对象的大小时，通常针对的是 2D 系统中的 Sprite（精灵）和 3D 对象，它将改变物体的局部比例。

当矩形工具在一个带有矩形变换的对象上使用时，它将改变对象的宽度和高度，保持其局部比例不变。此调整不会影响字体大小、切片图像上的边框等。

7.3.4　中心点

中心点（Pivot）的位置会影响旋转、调整大小、缩放的结果。Pivot 在 Scene 视图中显示为一个蓝色的圆圈。当工具栏中场景编辑模式被设置为 Pivot，矩形变换组件的 Pivot 可以在 Scene 视图中拖动（如果设置为 Center，默认 Pivot 不能拖动），如图 7.8 所示。

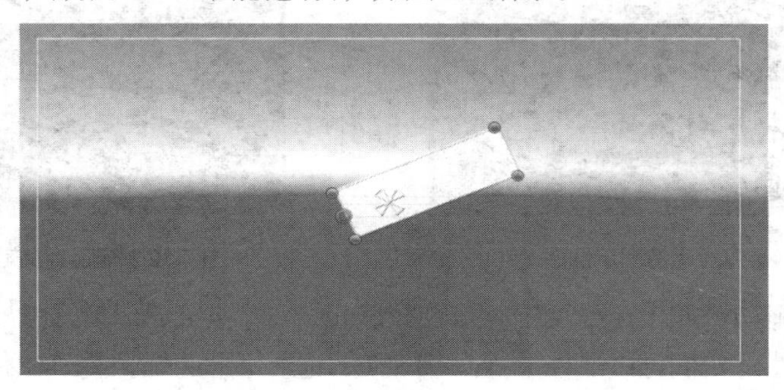

图 7.8　Pivot 模式

7.3.5　锚

Rect Transform 包含一个布局概念：锚（Anchors）。Anchors 在 Scene 视图中显示为 4 个小三角形

手柄，这些手柄被称作锚，锚信息显示在 Inspector 视图中。

如果某个包含 Rect Transform 组件的 UI 元素的父级也包含 Rect Transform 组件，则可以通过各种方式将子 Rect Transform 锚定到父 Rect Transform。例如，子 UI 对象可以锚定到父 UI 对象的中心，或者锚定到其中一个角的位置。

UI 元素锚定到父级的中心，该元素保持相对中心的固定偏移，如图 7.9 所示。

UI 元素锚定到父级的右下角，元素在右下角保持固定的偏移量，如图 7.10 所示。

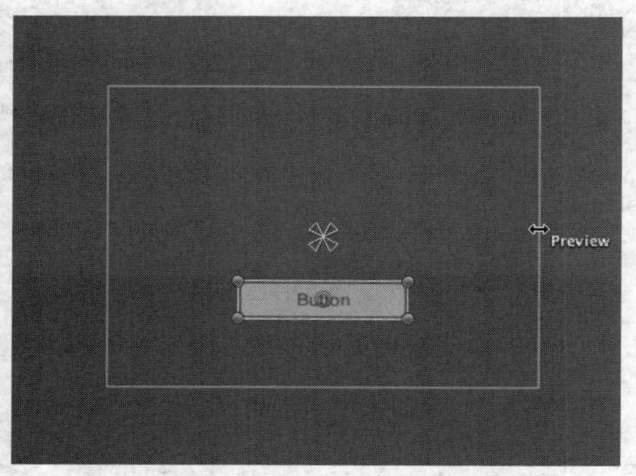

图 7.9　锚定到父级的中心

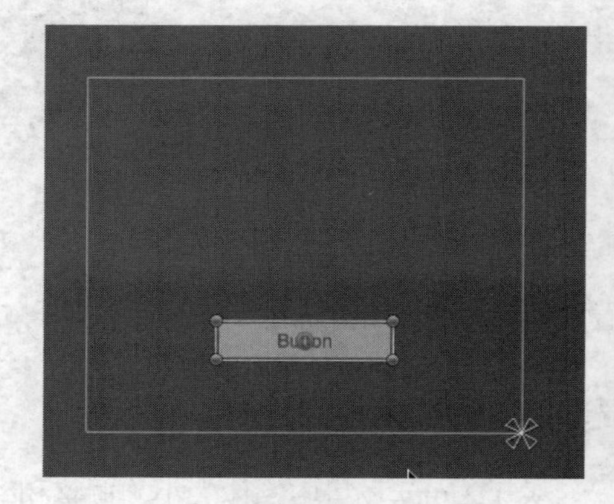

图 7.10　锚定到父级的右下角

锚定还允许子 UI 对象的宽度和高度与父 UI 对象一起伸展。这种情况下，矩形的每个角都有一个固定的偏移对应到它的锚。

UI 元素左下角锚定在父级的左下角，右下角锚定到父级的右下角，UI 元素的两个下角与它们各自的锚保持固定的偏移量，如图 7.11 所示。

锚的位置以父矩形宽度和高度的分数（或百分比）定义。0.0 对应于左侧或底侧，0.5 对应于中间，1.0 对应于右侧或顶侧。子矩形可以锚定到父矩形内的任意点，如图 7.12 所示。

图 7.11　与父级保持固定偏移

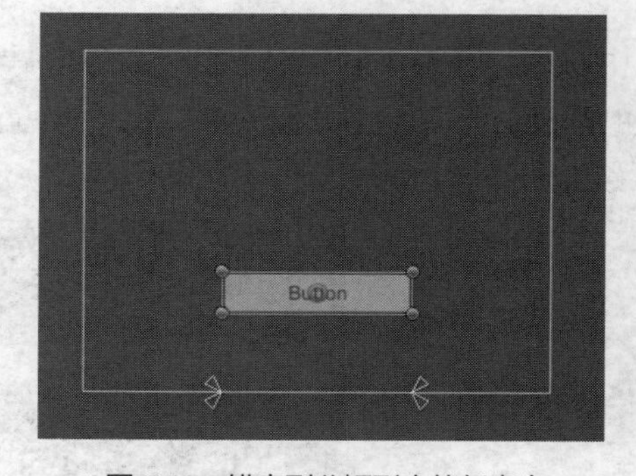

图 7.12　锚定到父矩形内的任意点

每个锚可以单独拖动，如果在拖动锚时按住“Shift”键，矩形的相应角将与锚一起移动。

锚的一个常用特性是它们可以自动捕捉到相邻 UI 元素矩形的锚，精确定位，将不同 UI 元素快速紧密的连在一起。

7.3.6　锚定预设

在 Inspector 视图中，锚定预设（Anchor Preset）按钮在 Rect Transform 组件的左上角，单击此按

钮将显示“Anchor Preset”下拉列表，如图 7.13 所示。

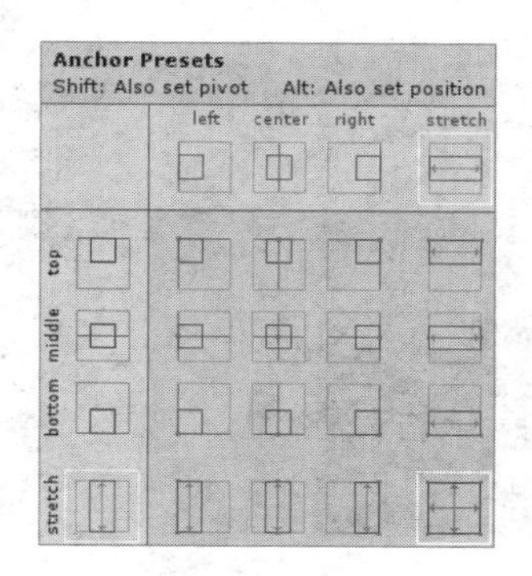

图 7.13 Anchor Preset 下拉列表

从图 7.13 可以看出，开发者能够快速选择一些最常见的锚定选项，将 UI 元素锚定到父元素的边缘或中间，或者使其随父元素改变大小。水平和垂直锚定彼此独立。

7.4 UGUI 常用控件

UGUI 之所以能够快速地搭建 UI 界面，是因为 UGUI 有很多方便使用的控件。本节将会具体介绍 UGUI 各个控件的强大功能。

这里需要注意的是，所有的 UGUI 控件创建的方式相同，都是通过单击 Hierarchy 视图左上角“Create→UI→控件”选项来完成创建。

7.4.1 Panel 控件

Panel 是 UGUI 常用控件之一，主要用来充当 UI 元素的容器。在开发中，经常使用 Panel 对 UI 元素进行整理，它既可以使 UI 界面中的元素更直观地展示，又方便开发者对 UI 界面进行更改。

初次创建 Panel 控件后，它会充满整个画布区域，如图 7.14 所示。

Panel 控件包含三个组件：Rect Transform、Canvas Renderer 和 Image 组件。实际上 Rect Transform 和 Canvas Renderer 组件足以实现它的功能，Image 组件只是为了更直观地显示 Panel 容器区域，以及 UI 元素之间的区别。

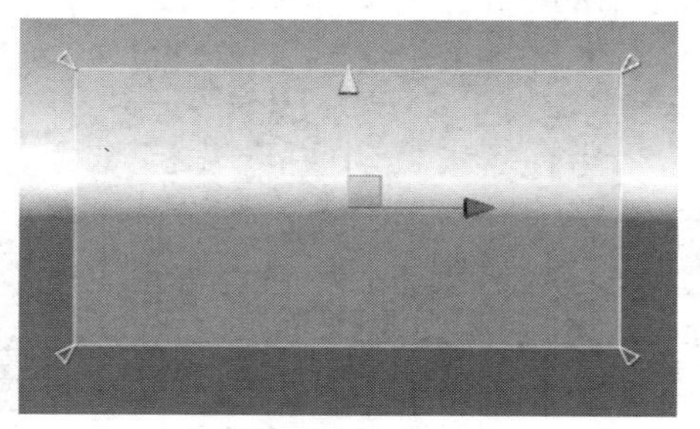
图 7.14 Panel 控件

7.4.2 文本控件

文本（Text）控件向用户显示非交互式文本，主要用于为其他 UGUI 控件提供标题或标签，以及显示指令或其他文本。在 Panel 中创建 Text 控件，如图 7.15 所示。

Text 控件除了两个公共的组件 Rect Transform 和 Canvas Renderer 之外，还包含 Text 组件，如图 7.16 所示。

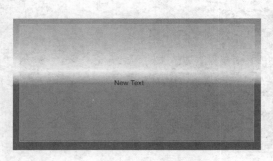

图 7.15　Text 控件

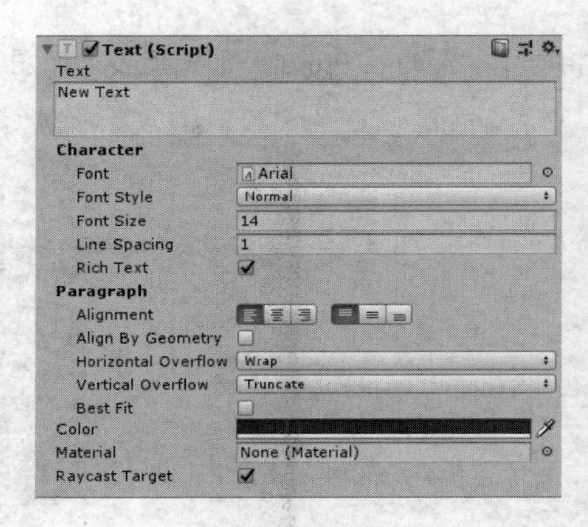

图 7.16　Text 组件

下面具体介绍 Text 组件包含的属性信息，如表 7.1 所示。

表 7.1　Text 组件

属　性	功　能
Text	控制显示的文本
Font	用于显示文本的字体
FontStyle	应用于文本的样式
FontSize	显示文本的字体大小

7.4.3　图像控件

图像（Image）控件向用户显示非交互式图像，可以用于界面装饰、制作新图标等。这里需要注意的是，Image 控件要求纹理为 Sprite 类型。在 Panel 中创建 Image 控件，如图 7.17 所示。

Image 控件除了两个公共的组件 Rect Transform 和 Canvas Renderer 之外，还包含 Image 组件，如图 7.18 所示。

图 7.17　Image 控件

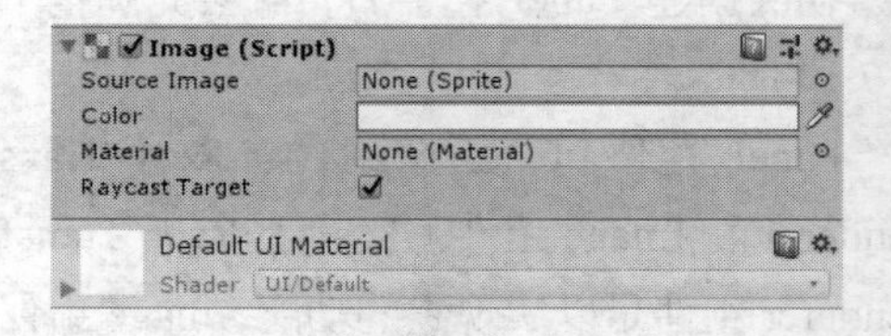

图 7.18　Image 组件

下面具体介绍 Image 组件包含的属性信息，如表 7.2 所示。

表 7.2　Image 组件

属　性	功　能
SourceImage	表示要显示的图像的纹理
Color	应用于图像的颜色
Material	用于渲染图像的材质
RaycastTarget	是否被视为光线投射的目标

7.4.4　Raw Image控件

Raw Image控件和Image控件类似，只是Image组件比Raw Image组件多了“Image Type”属性（在Inspec tor视图可查看图片的“Image Type”属性），同时又比Raw Image组件少一个“UV Rect”属性。有一点要强调，Raw Image可以显示任何类型的图片纹理。在Panel中创建Raw Image控件，如图7.19所示。

Raw Image控件除了两个公共的组件Rect Transform和Canvas Renderer之外，还包含Raw Image组件，如图7.20所示。

图7.19　Raw Image控件

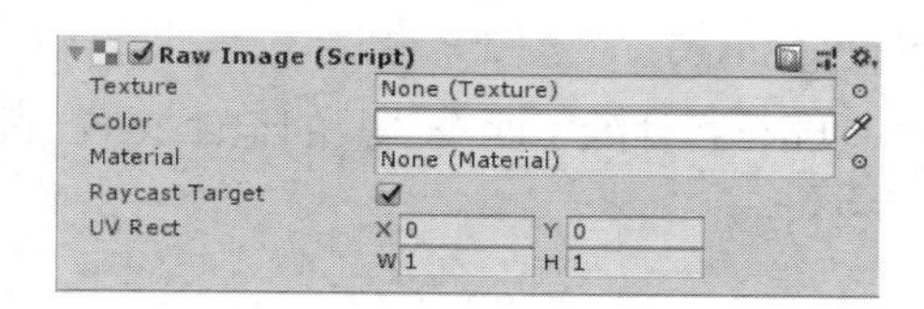

图7.20　Raw Image组件

下面具体介绍Raw Image组件包含的属性信息，如表7.3所示。

表7.3　Raw Image组件

属　性	功　能
Texture	表示要显示的图像的纹理
Color	应用于图像的颜色
Material	用于渲染图像的材质
UV Rect	控制矩形内的图像偏移和大小，以标准化坐标（范围0.0到1.0）表示；拉伸图像的边缘以填充UV矩形周围的空间

7.4.5　按钮控件

按钮（Button）控件响应用户的单击并用于启动或确认操作。在Panel中创建Button控件，如图7.21所示。

Button控件除了两个公共的组件Rect Transform和Canvas Renderer之外，还包含Image组件和Button组件，如图7.22所示。

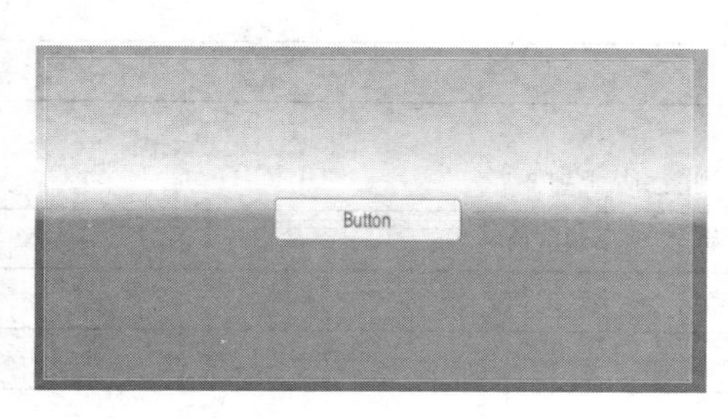

图7.21　Button控件

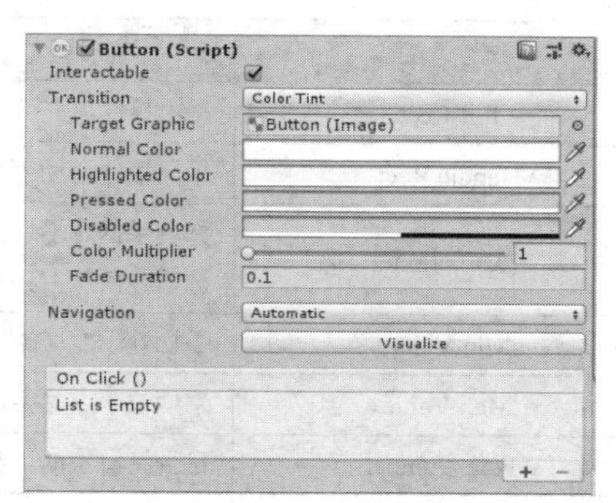

图7.22　Button组件

下面具体介绍 Button 组件包含的属性信息，如表 7.4 所示。

表 7.4　　Button 组件

属　性	功　能
Interactable	该组件是否接受输入/单击
Transition	选择控件以可视方式响应用户操作的方式
Navigation	选择控件序列的属性

7.4.6　滑块控件

滑块（Slider）控件允许用户通过拖动鼠标从预定范围中选择数值。在 Panel 中创建 Slider 控件，如图 7.23 所示。

Slider 控件除了两个公共的组件 Rect Transform 和 Canvas Renderer 之外，还包含 Slider 组件，如图 7.24 所示。

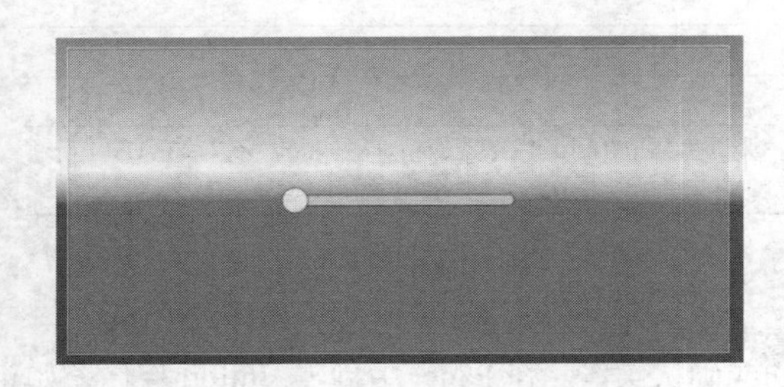

图 7.23　Slider 控件

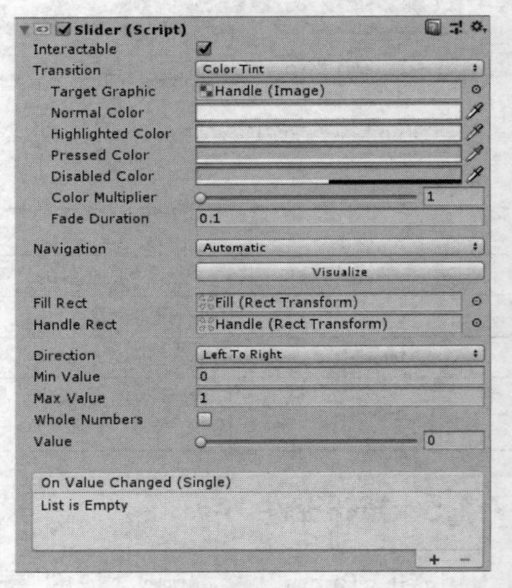

图 7.24　Slider 组件

下面具体介绍 Slider 组件包含的属性信息，如表 7.5 所示。

表 7.5　　Slider 组件

属　性	功　能
Fill Rect	用于控件填充区域的图形
Handle Rect	用于控件滑动“手柄”部分的图形
Direction	拖动手柄时滑块值增加的方向， 选项包括从左到右、从右到左、从下到上和从上到下
Min Value	手柄处于左/右端（由 Direction 属性确定）时滑块的值
Max Value	手柄位于右/左端（由 Direction 属性确定）时滑块的值
Whole Numbers	是否将滑块的值约束为整数值
Value	滑块的当前数值

7.4.7 滚动条控件

滚动条（Scrollbar）控件允许用户滚动图像或其他因太大而无法完全看到的视图。在 Panel 中创建 Scrollbar 控件，如图 7.25 所示。

Scrollbar 控件除了两个公共的组件 Rect Transform 和 Canvas Renderer 之外，还包含 Image 组件和 Scrollbar 组件，如图 7.26 所示。

图 7.25 Scrollbar 控件

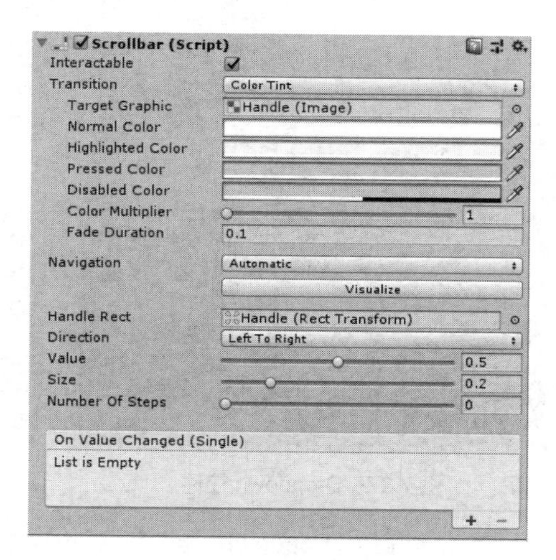

图 7.26 Scrollbar 组件

下面具体介绍 Scrollbar 组件包含的属性信息，如表 7.6 所示。

表 7.6 Scrollbar 组件

属 性	功 能
Handle Rect	用于控件滑动“手柄”部分的图形
Direction	拖动手柄时滚动条的值增加的方向，选项包括从左到右、从右到左、从下到上和从上到下
Value	滚动条的初始位置值，范围 0.0～1.0
Size	滚动条内手柄的小数大小，范围 0.0～1.0
Number of Steps	滚动条允许的不同滚动位置的数量

7.4.8 下拉菜单控件

下拉菜单（Dropdown）控件用于让用户从选项列表中选择单个选项。在 Panel 中创建 Dropdown 控件，如图 7.27 所示。

控件默认显示当前选择的选项。单击后，它会打开选项列表，以便选择新选项。选择新选项后，再次关闭列表，控件显示新选择的选项。如果用户单击控件本身或 Canvas 内的任何其他位置，该列表也将关闭。

Dropdown 控件除了两个公共的组件 Rect Transform 和 Canvas Renderer 之外，还包含 Image 组件和 Dropdown 组件，如图 7.28 所示。

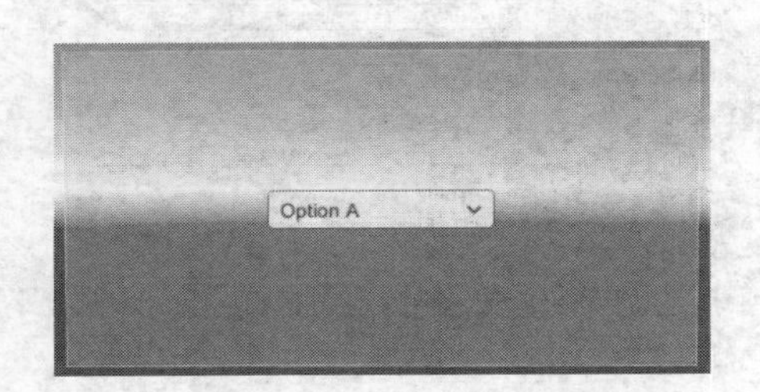

图 7.27　Dropdown 控件

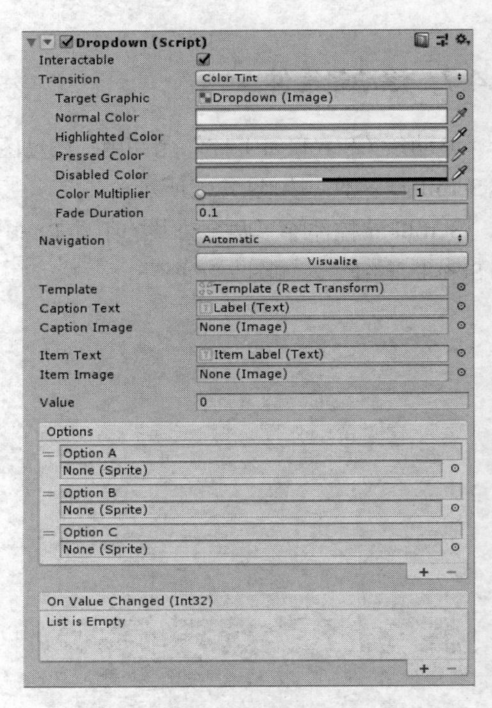

图 7.28　Dropdown 组件

下面具体介绍 Dropdown 组件包含的属性信息，如表 7.7 所示。

表 7.7　Dropdown 组件

属　性	功　能
Template	下拉列表模板的 Rect Transform
Caption Text	用于保存当前所选选项文本的文本组件
Caption Image	用于保存当前所选选项图像的图像组件
Item Text	用于保存项目文本的文本组件
Item Image	用于保存项目图像的图像组件
Value	当前所选选项的索引。0 是第一个选项，1 是第二个选项，依此类推
Options	包含的选项列表。可以为每个选项指定文本字符串和图像

7.4.9　输入字段控件

输入字段（Input Field）控件是一种使文本控件的文本可编辑的方法。与其他交互控件一样，它本身不是可见的 UI 元素，必须与一个或多个可视 UI 元素组合才能显示。在 Panel 中创建 Input Field 控件，如图 7.29 所示。

图 7.29　Input Field 控件

Input Field 控件除了两个公共的组件 Rect Transform 和 Canvas Renderer 之外，还包含 Image 组件和 Input Field 组件，如图 7.30 所示。

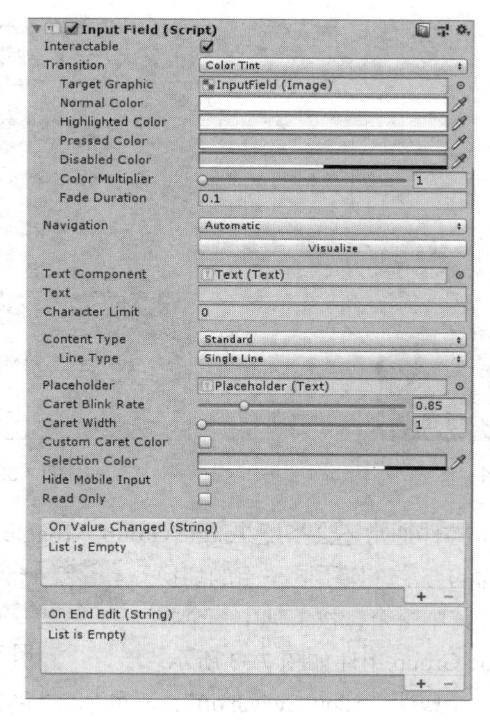

图 7.30　Input Field 组件

下面具体介绍 Input Field 组件包含的属性信息，如表 7.8 所示。

表 7.8　**Input Field 组件**

属　性	功　能
Text Component	用作输入字段内容的文本元素的引用
Text	编辑前放置在字段中的初始文本
Character Limit	限制可以在输入字段中输入的最大字符数的值
Content Type	定义输入字段接受的字符类型

7.4.10　开关控件

开关（Toggle）控件是一个复选框，允许用户打开或关闭选项。在 Panel 中创建 Toggle 控件，如图 7.31 所示。

Toggle 控件除了两个公共的组件 Rect Transform 和 Canvas Renderer 之外，还包含 Toggle 组件，如图 7.32 所示。

下面具体介绍 Toggle 组件包含的属性信息，如表 7.9 所示。

表 7.9　**Toggle 组件**

属　性	功　能
Is On	是否从一开始就打开切换开关
Toggle Transition	当切换值改变时，以图形对切换做出反应的方式
Graphic	用于复选标记的图像
Group	此 Toggle 所属的 Toggle Group

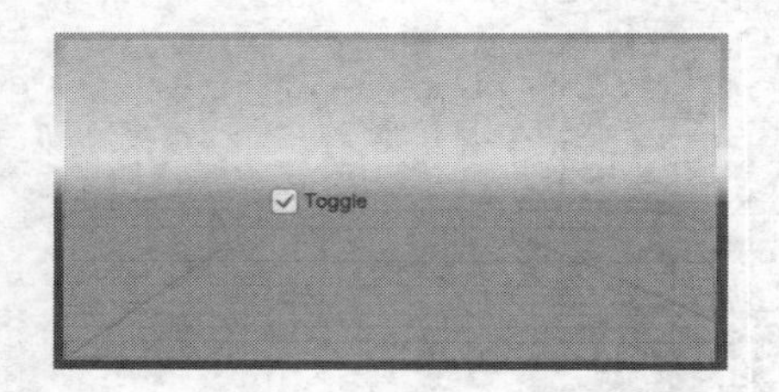

图 7.31　Toggle 控件

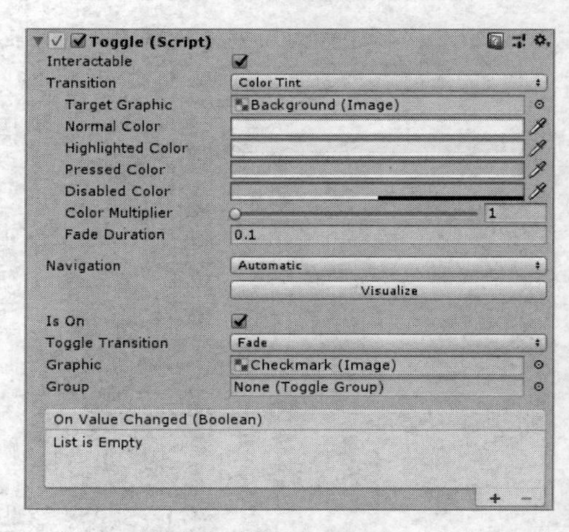

图 7.32　Toggle 组件

除了 Toggle 组件，Toggle 控件通常还会搭配 Toggle Group。Toggle Group 不是可见的 UI 控件，而是一种修改一组切换的行为的方法，属于同一组的切换受到约束，因此一次只能打开其中一个，按下其中一个打开它会自动关闭其他项。Toggle Group 组件如图 7.33 所示。

图 7.33　Toggle Group 组件

Toggle Group 组件只包含一个属性“Allow Switch off”，该属性的功能为“允许不打开切换”。如果启用此设置，按下当前打开的切换将关闭它；如果禁用此设置，则按下当前打开的切换不会更改其状态。

7.4.11　滚动区域控件

滚动区域（Scroll View）控件在大量内容需要在小区域中显示时使用。通常情况下，Scroll Rect 组件与 Mask 组件（遮罩组件，处于 Scroll View 控件子物体上）组合以创建滚动视图，其中只有 Scroll Rect 内的滚动内容可见。它还可以与一个或两个可以拖动以水平或垂直滚动内容的滚动条组合。在 Panel 中创建 Scroll View 控件，如图 7.34 所示。

Scroll View 控件除了两个公共的组件 Rect Transform 和 Canvas Renderer 之外，还包含 Image 组件和 Scroll Rect 组件，Scroll Rect 组件提供滚动内容的功能，如图 7.35 所示。

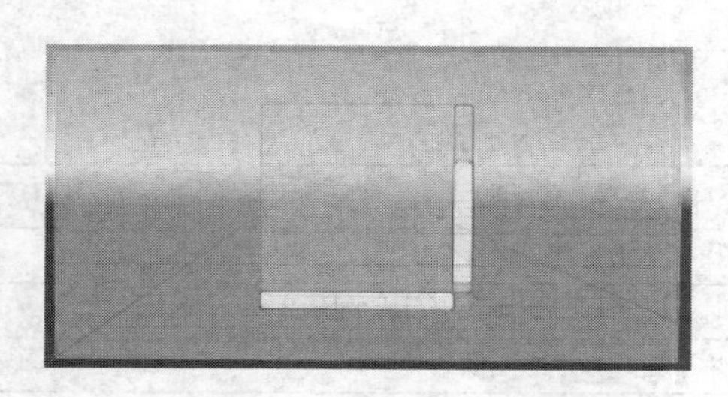

图 7.34　Scroll View 控件

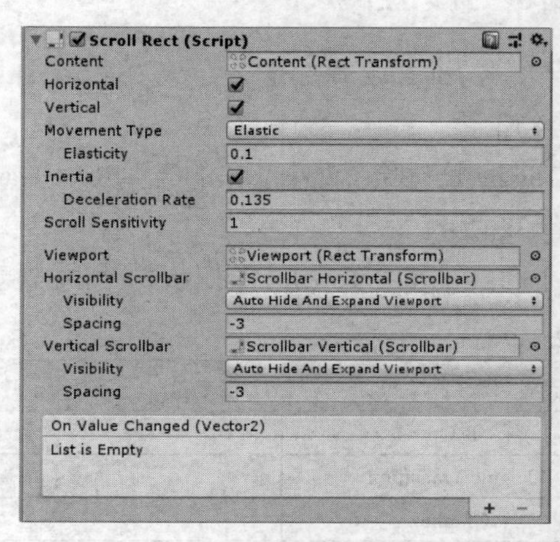

图 7.35　Scroll Rect 组件

下面具体介绍 Scroll Rect 组件包含的属性信息，如表 7.10 所示。

表 7.10　Scroll Rect 组件

属　性	功　能
Content	这是对要滚动的 UI 元素的 Rect Transform 的引用，如大图像
Horizontal	启用水平滚动
Vertical	启用垂直滚动
Movement Type	滑动类型：不受限制、弹性、夹紧。选择弹性或夹紧强制内容保持在 Scroll Rect 的边界内；弹性模式还会在到达 Scroll Rect 边缘时弹回内容，这时可以修改“Elasticity”属性，选择弹跳量大小
Inertia	选中此项时，拖动后释放指针时内容将继续移动，移动惯性的大小由“Deceleration Rate”属性值决定；未选中此项时，内容仅在拖动时移动
Scroll Sensitivity	滚轮和跟踪板滚动事件的灵敏度
Viewport	对 Viewport（视口）的引用 Rect Transform 是内容 Rect Transform 的父级
Horizontal Scrollbar	对水平滚动条元素的可选引用
Vertical Scrollbar	对垂直滚动条元素的可选引用
Visibility	可见性滚动条是否在不需要时自动隐藏，也可以选择展开视口
Spacing	滚动条和视口的间距

7.5　Helicopter 实战项目：添加用户登录模块

在前面的章节中，我们已经完整地学习了 Unity 的 UGUI 系统，接下来需要的是大量的练习。本节以用户登录界面为例演示 UGUI 控件的使用。

7.5.1　新建场景

启动 Unity，打开 Helicopter 项目，在 Project 视图中单击鼠标右键，弹出菜单后选择“Create→Scene”选项创建新场景，并将其命名为“Login”，如图 7.36 所示。

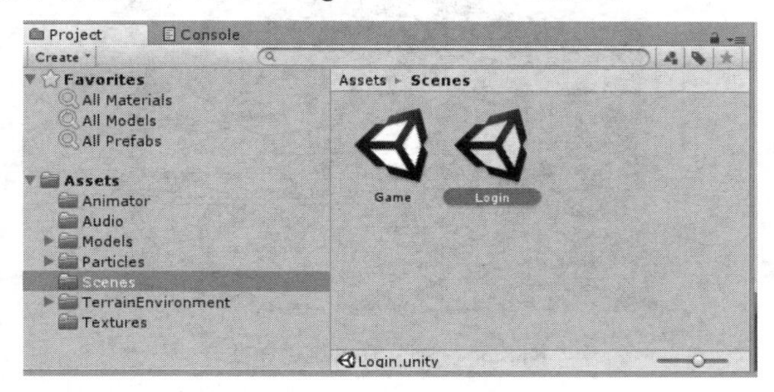

图 7.36　Login 场景

7.5.2　添加背景

首先，登录界面的背景图片资源已经导入 Unity 项目，这里不需要再次进行导入步骤，打开 Project

视图中的 Textures 文件夹，单击背景图片“Background.png”，在 Inspector 面板将“Texture Type”属性的 Default 类型修改为 Sprite 类型，单击最下方的“Apply”按钮，保存图片的属性修改。

然后，在 Login 场景创建 Image 控件，并将其重命名为“background”。

接下来，将背景图片拖到 Image 组件的“Source Image”属性后面。

最后，调整背景图片的位置和大小，效果如图 7.37 所示。

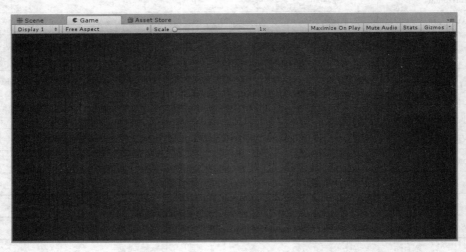

图 7.37　添加背景

7.5.3　添加文本

在 Login 场景创建 Text 控件，并将其重命名为“title”，接下来修改“title”对象的 Text 组件属性，如图 7.38 所示。

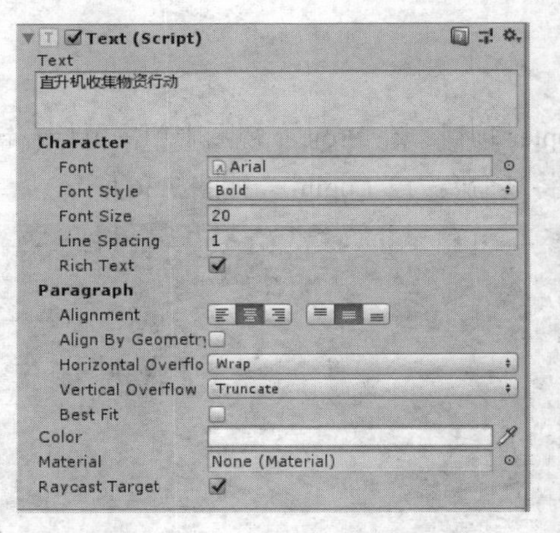

图 7.38　修改 Text 组件属性

Text 组件属性修改完成，接下来调整“title”对象在登录界面上的位置和大小。

同理，继续创建 2 个 Text 控件，并分别命名为“account”和“password”，然后修改它们 Text 组件的属性，以及调整它们的位置和大小，效果如图 7.39 所示。

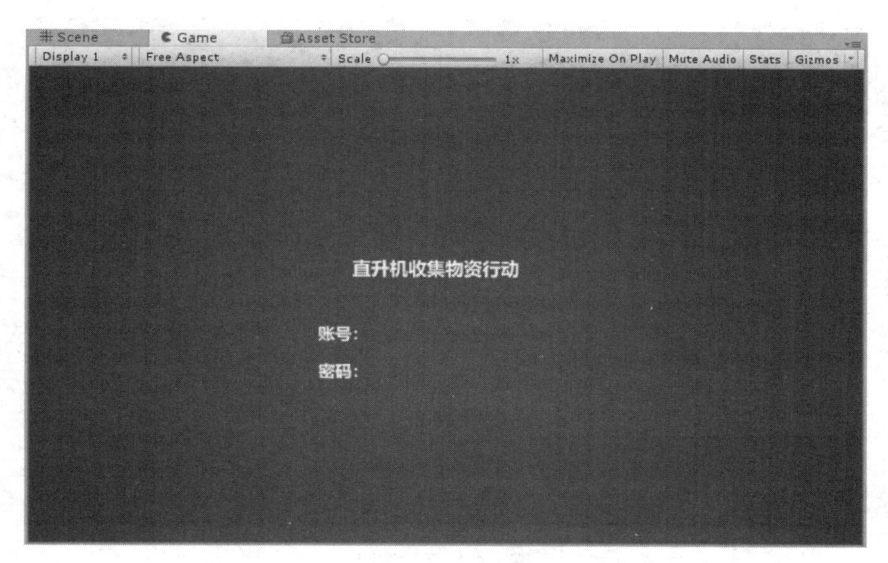

图 7.39　添加文本

7.5.4　添加输入框

在 Login 场景创建 2 个 Input Field 控件，分别命名为“accountInput”和“passwordInput”，然后修改它们 Input Field 组件的属性，以及调整它们的位置和大小，效果如图 7.40 所示。

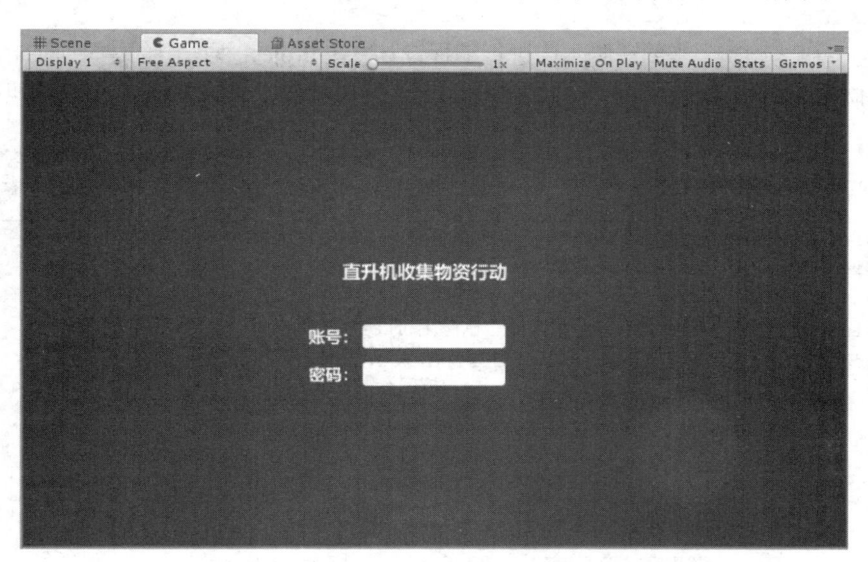

图 7.40　添加输入框

7.5.5　添加按钮

在 Login 场景创建 2 个 Button 控件，分别命名为“login”和“register”，然后修改它们 Button 组件的属性，以及调整它们的位置和大小，效果如图 7.41 所示。

至此，用户登录界面完成。

图 7.41　添加按钮

7.5.6　完成登录功能

用户要想登录成功，账号与密码缺一不可。启动 Unity 项目，账号和密码在 UI 界面中直接输入即可，按下来则需要进一步对账号和密码进行判断，输入正确，提示登录成功，输入有误，则显示登录错误提示信息。

对账号与密码的判断，需要在脚本中进行编程设计。在 Project 视图中创建一个 C#脚本，将其命名为“LoginManager”，双击打开脚本进行编程即可。具体的程序代码演示，如例 7-1 所示。

【例 7-1】

LoginManager.cs 类：

```
1   using System.Collections;
2   using System.Collections.Generic;
3   using UnityEngine;
4   using UnityEngine.UI;   //引入 Unity 引擎的 UI 命名空间
5   public class LoginManager : MonoBehaviour {
6       public InputField account;     //账号（InputField 组件）
7       public InputField Password;    //密码（InputField 组件）
8       public void Login() //单击登录按钮，执行 Login 方法
9       {
10          //给定账户和密码，分别为 QianFeng 和 123456
11          if (account.text == "QianFeng" && Password.text == "123456")
12          {
13              Debug.Log("登录成功！");
14          }else
15          {
16              Debug.Log("登录失败！");
17          }
18      }
19  }
```

将脚本绑定到 Unity 场景中的任一物体上，如 Canvas（画布）物体，如图 7.42 所示。

显而易见，图 7.42 中缺少两个属性参数：Account 和 Password。在这里需要将账号和密码的 InputField 控件物体分别拖到这两个属性后面的空位上，如图 7.43 所示。

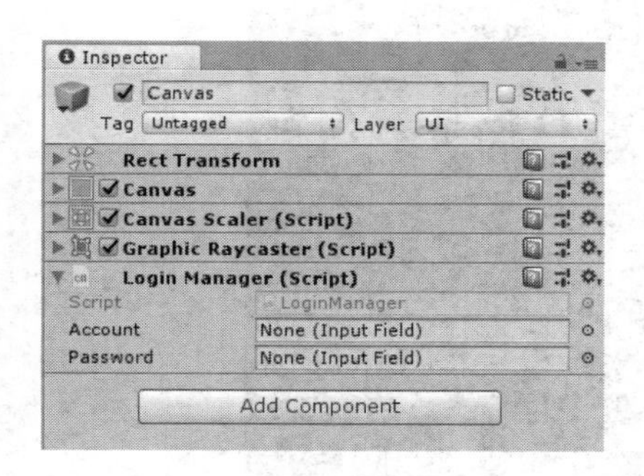

图 7.42　绑定 LoginManager 脚本

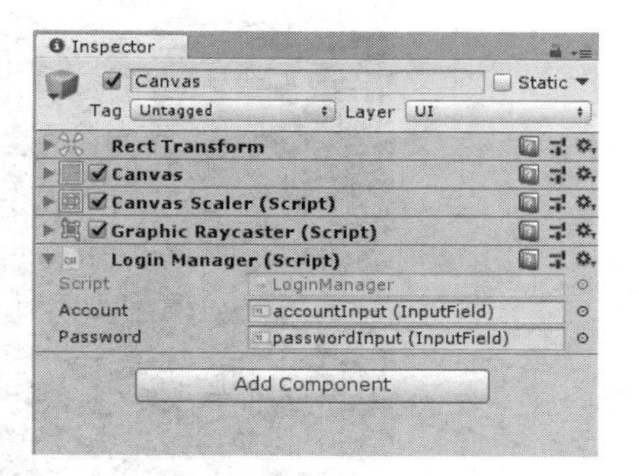

图 7.43　绑定 InputField 控件

至此，用户需要进一步为 UI 界面中的“登录”按钮添加点击事件，并绑定 LoginManager 脚本中单击“登录”按钮后触发的方法，步骤如下。

第 1 步，为按钮添加点击事件，如图 7.44 所示。

第 2 步，将绑定 LoginManager 脚本的 Canvas 物体拖到按钮事件下的 Object 空位处，如图 7.45 所示。

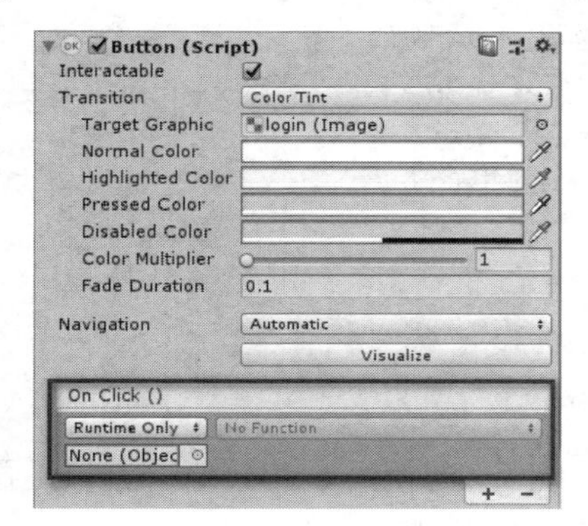

图 7.44　添加点击事件

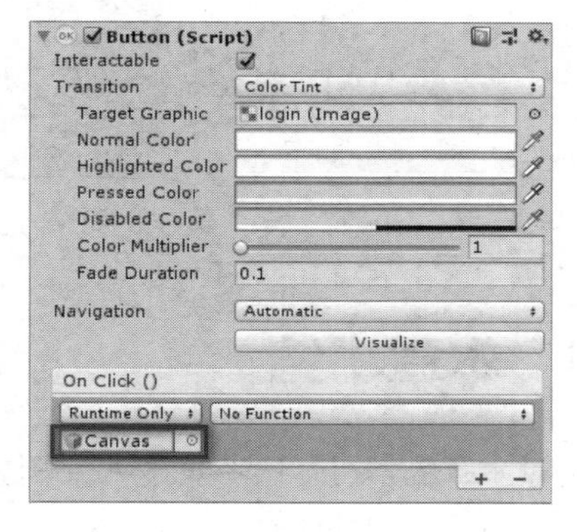

图 7.45　绑定 Canvas 物体

第 3 步，选择单击“登录”按钮后触发的方法，如图 7.46 所示。

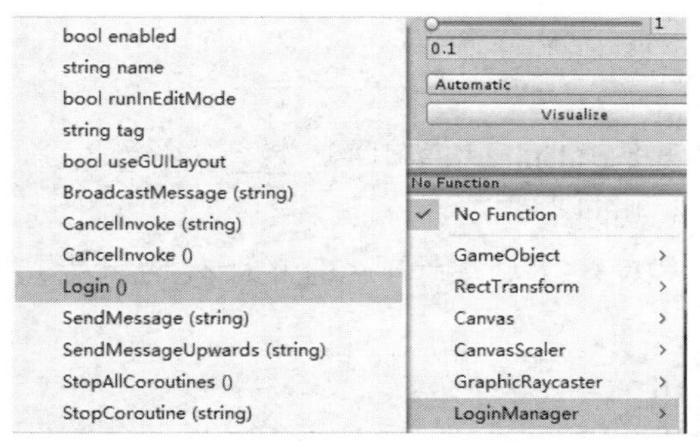

图 7.46　绑定登录方法

最后运行 Unity，在 Game 视图中输入账号“QianFeng”和密码“123456”，测试是否能够登录成功，如图 7.47 所示。

图 7.47　登录

单击“登录”按钮，在 Unity Console 视图中查看运行结果，如图 7.48 所示。

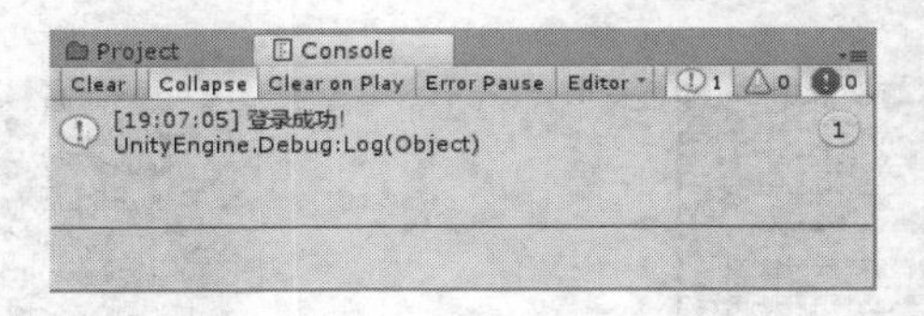

图 7.48　运行结果

7.6　本章小结

通过本章的学习，读者能够熟练掌握 Unity 的 UGUI 系统，熟练使用 UGUI 控件搭建 UI 界面。读者可以自行尝试其他 UI 界面的搭建，通过举一反三进一步提高实战开发的能力。

7.7　习题

1. 填空题

（1）在 Unity 开发中，软件的 UI 界面主要是由 Unity 引擎中________系统完成。

（2）________是 UI 布局中所有 UI 元素呈现的区域。

（3）________组件用于对 Canvas 进行光线投射，以此查看画布上的所有 UI 元素，并检测 UI 元素是否被点击。

（4）________可用于移动、缩放和旋转 UI 元素。

（5）________是 UGUI 常用控件之一，主要用来充当 UI 元素的容器。

2. 选择题

（1）Unity 引擎的 UGUI 系统有 3 个特点，下面描述正确的是（ ）。

A. 运行效率高，执行效果好　　B. 易于使用和方便扩展

C. 不仅快速，而且灵活　　D. 以上都正确

（2）Canvas 组件的 Render Mode 属性有 3 种模式，下面描述正确是（ ）。

A. Screen Space – Overlay　　B. Screen Space – Camera

C. World Space　　D. 以上都正确

（3）Canvas Scaler 组件的 UI Scale Mode 属性中（ ）模式下，屏幕尺寸越大，UI 元素显示越大。

A. Constant Pixel Size　　B. Scale With Screen Size

C. Constant Size　　D. Constant Physical Size

（4）Pivot 在场景视图中显示为一个蓝色的（ ）。

A. 圆点　　B. 三角　　C. 圆圈　　D. 方块

（5）在下面选项中，（ ）控件可以用来显示文本。

A. Image　　B. Toggle　　C. Text　　D. Scroll View

3. 思考题

（1）简述 Image 与 Raw Image 的区别。

（2）Toggle 控件常用于哪些情况?

4. 实战题

使用 UGUI 控件搭建用户注册界面，并实现用户注册功能。

08 第 8 章　Unity 物理系统

本章学习目标

- 熟悉 Unity 物理系统各功能模块
- 掌握物理系统的核心组件的使用方法
- 掌握物理系统常用 API 的使用方法

NVIDIA（英伟达）是一家颇负盛名的人工智能计算公司，该公司发明了 GPU，极大地推动了 PC 游戏市场的发展，重新定义了现代计算机图形技术。同属该公司产品的 PhysX 引擎是目前使用最为广泛的物理运算引擎之一，被很多游戏大作采用。

同样，Unity 的物理系统强大也是因为 Unity 内置了 PhysX 物理引擎。开发者可以更方便地通过 Unity 的物理系统高效、逼真地模拟刚体碰撞、车辆驾驶、布料、重力等物理效果，使游戏画面更加真实而生动。

8.1　物理系统的核心组件

在 Unity 场景中，想让一个物体具有某项物理属性，比如重力、弹力、离心力等，通常是以给该物体添加组件的方式实现。Unity 物理系统包含很多作用于物体物理属性的组件，如刚体、碰撞体、关节、布料等，下面具体介绍这些组件的使用方法。

8.1.1　刚体

刚体（Rigidbody）是为物体启用物理行为的主要组件。一个游戏对象添加刚体组件后，Unity 引擎就会立即对该物体进行物理效果的模拟，例如，新添加刚体组件的物体会立即响应重力。

Rigidbody 组件除了让物体直接响应重力外，还可以设置其他物理属性。默认的 Rigidbody 组件界面如图 8.1 所示。

下面具体介绍 Rigidbody 组件包含的属性信息，如表 8.1 所示。

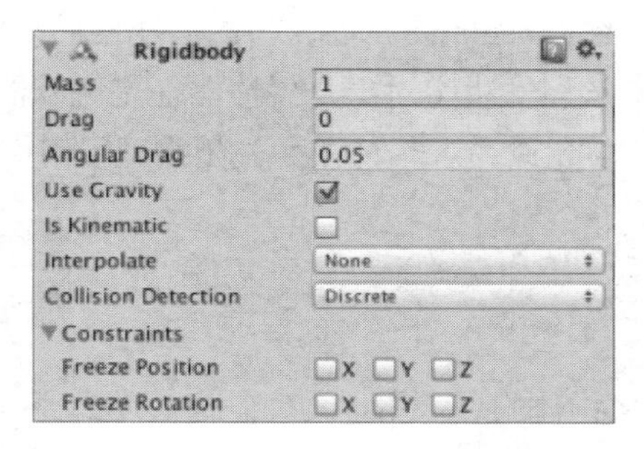

图 8.1　Rigidbody 组件

表 8.1　Rigidbody 组件属性

属　性	功　能
Mass	物体的质量（默认单位为 kg）
Drag	物体受力移动时承受的空气阻力。0 表示没有空气阻力，无穷大使物体立即停止运动
Angular Drag	物体在扭矩下旋转时承受的空气阻力。0 表示没有空气阻力。注意，仅通过将此值设置为无穷大，无法使对象停止旋转
Use Gravity	启用后，则物体受到重力影响
Is Kinematic	如果启用，对象将不会被物理引擎驱动，只能通过其 Transform 进行操作。适用于移动平台或为附加了铰链关节的刚体设置动画
Interpolate	该属性表示的是该物体运动的插值模式，默认状态下是被禁用的。选择该模式时，物理引擎会在物体的运动帧之间进行插值，使运动更加自然
None	无应用插值
Interpolate	基于前一帧的变换平滑
Extrapolate	基于下一帧的估计变换平滑变换
Collision Detection	用于防止快速移动的对象通过其他对象而不检测碰撞
Discrete	对场景中的所有其他碰撞器使用离散碰撞检测。其他碰撞器在检测碰撞时会使用离散碰撞检测。用于正常碰撞（这是默认值）
Continuous	对动态碰撞器（带有刚体）使用离散碰撞检测，并对静态网格碰撞器（没有刚体）进行连续碰撞检测。设置为 Continuous Dynamic 的刚体将在检测碰撞时使用连续碰撞检测。其他刚体将使用离散碰撞检测。用于连续动态检测需要与之碰撞的对象（这对物理性能有很大影响，如果没有快速对象碰撞的问题，将其设置为离散）
Continuous Dynamic	对设置为此属性的对象使用连续碰撞检测，对静态网格碰撞器（没有刚体）使用连续碰撞检测，对所有其他碰撞器使用离散碰撞检测。用于快速移动的物体
Constraints	对刚体移动的限制
Freeze Position	阻止刚体选择性地在 x 轴、y 轴和 z 轴方向上移动
Freeze Rotation	阻止刚体选择性地围绕 x 轴、y 轴和 z 轴旋转

这里有两点需要注意。

（1）由于 Rigidbody 组件接管了附加到 GameObject 的移动，因此用户不应尝试通过更改 Transform 属性（如位置和旋转）来从脚本移动它。相反，用户应该使用力来推动 GameObject 并让物理引擎计算结果。

（2）Rigidbody 组件有一个 Is Kinematic 属性，勾选该属性后，对象将从物理引擎的控制中删除，并允许通过脚本控制移动。该属性决定对象是碰撞器还是触发器。这里需要注意的是，可以从脚本中更改 Is Kinematic 的值，以允许为对象打开和关闭物理引擎，但这会带来性能开销，应该谨慎使用。

8.1.2 碰撞器

碰撞器（Collider）组件定义物体的形状用于物理碰撞。因为碰撞器在游戏中是不可见的，所以不要求它必须与对象的网格具有完全相同的形状，事实上，粗略的近似通常更有效，因此用户通常使用 Unity 内置的简单的碰撞器进行组合，形成复合碰撞器。通过仔细定位和尺寸调整，复合碰撞器通常可以很好地模仿物体的形状，同时维持较低的处理器开销。

最简单的碰撞器是 Unity 内置的原始碰撞器，它们可以分为两大类：3D 碰撞器和 2D 碰撞器。3D 碰撞器包括 Box Collider、Sphere Collider 和 Capsule Collider。2D 碰撞器包括 Box Collider 2D 和 Circle Collider 2D。开发者可以将任意数量的原始碰撞器添加到单个对象中以创建复合碰撞器。在创建复合碰撞器时，应只有一个 Rigidbody 组件放在层次结构中的根对象上。

下面具体介绍这些碰撞器。

1. 方体碰撞器

Box Collider（方体碰撞器）如图 8.2 所示。

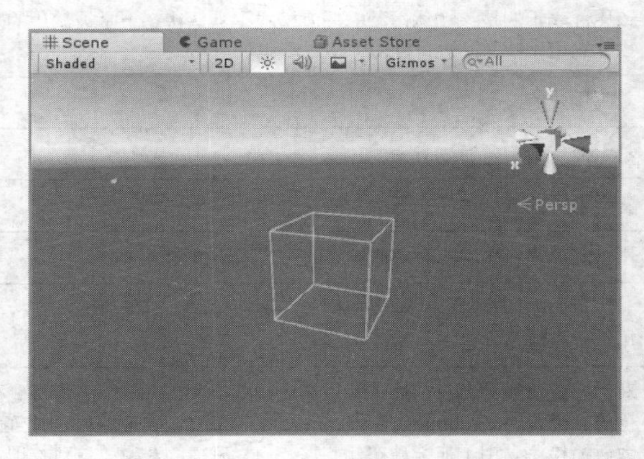

图 8.2 方体碰撞器

要使一个物体具有该类型碰撞器，只需添加 Box Collider 组件即可，如图 8.3 所示。

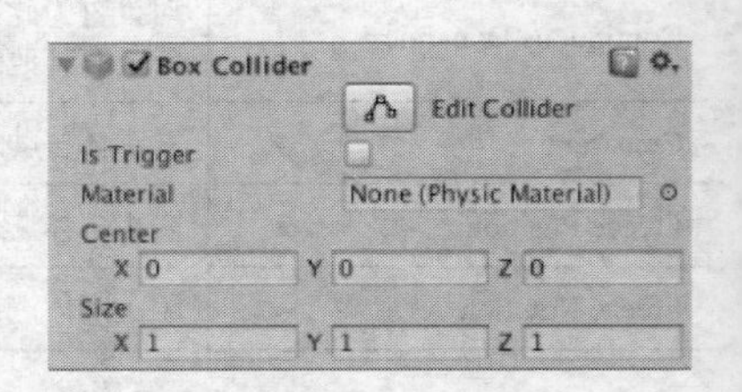

图 8.3 Box Collider 组件

Box Collider 组件包含的属性信息参见表 2.4。

2. 胶囊碰撞器

通常情况下，玩家角色的碰撞器就是 Capsule Collider（胶囊碰撞器），该碰撞器由两个被圆柱体连接起来的半球组成，形状类似胶囊，如图 8.4 所示。

要使一个物体具有胶囊碰撞器，只需添加 Capsule Collider 组件即可，如图 8.5 所示。

下面具体介绍 Capsule Collider 组件包含的属性信息，如表 8.2 所示。

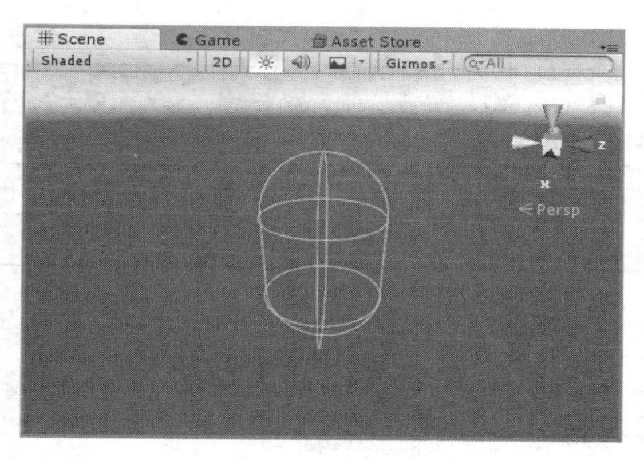

图 8.4　胶囊碰撞器

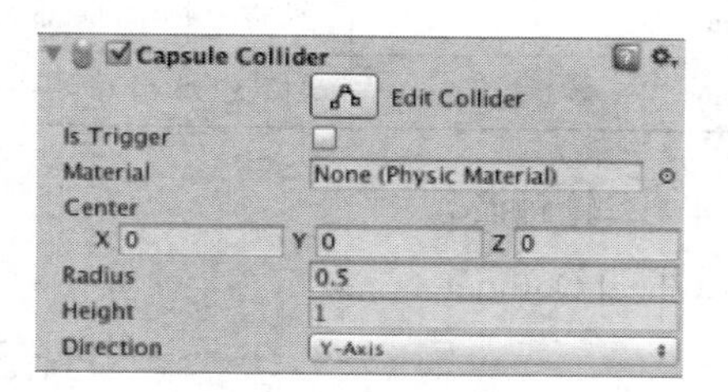

图 8.5　Capsule Collider 组件

表 8.2　Capsule Collider 组件属性

属　性	功　能
Is Trigger	启用后，该碰撞体用于触发事件，并被物理引擎忽略
Material	参考物理材料，确定此碰撞器如何与其他物体交互
Center	碰撞器在物体的局部空间中的位置
Radius	碰撞器局部半径
Height	碰撞器的总高度
Direction	胶囊的轴在物体的局部空间中的纵向方向

3. 球体碰撞器

Sphere Collider（球体碰撞器）如图 8.6 所示。

要使一个物体具有球体碰撞器，只需添加 Sphere Collider 组件即可，如图 8.7 所示。

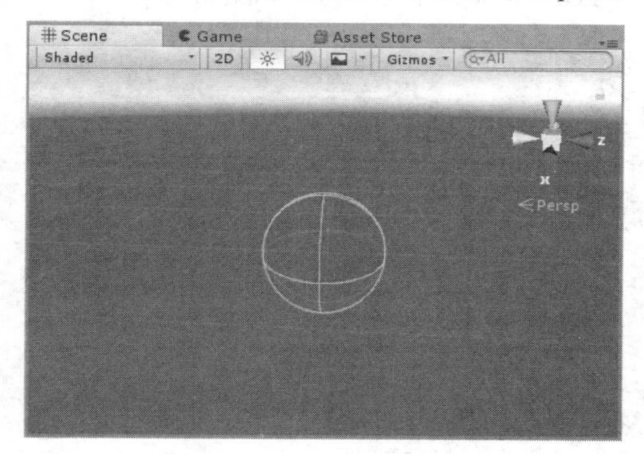

图 8.6　球体碰撞器

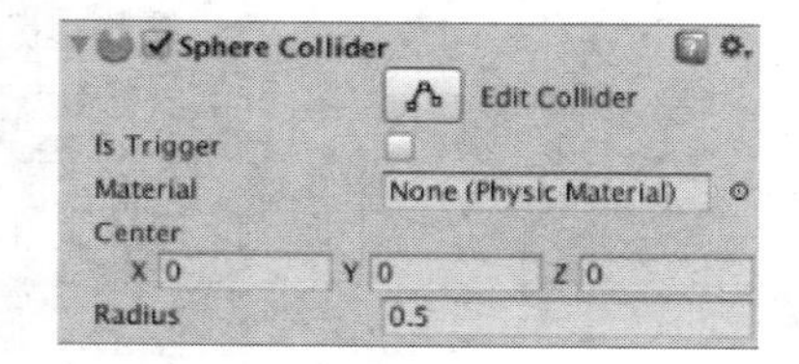

图 8.7　Sphere Collider 组件

接下来具体介绍 Sphere Collider 组件包含的属性信息，如表 8.3 所示。

表 8.3　Sphere Collider 组件属性

属　性	功　能
Is Trigger	启用后，该碰撞体用于触发事件，并被物理引擎忽略

续表

属　性	功　能
Material	参考物理材料，确定此碰撞器如何与其他物体交互
Center	碰撞器在物体的局部空间中的位置
Radius	碰撞器的大小（即半径的大小）

4. 车轮碰撞器

Wheel Collider（车轮碰撞器）是一种用于接地车辆的特殊碰撞器，如图 8.8 所示。

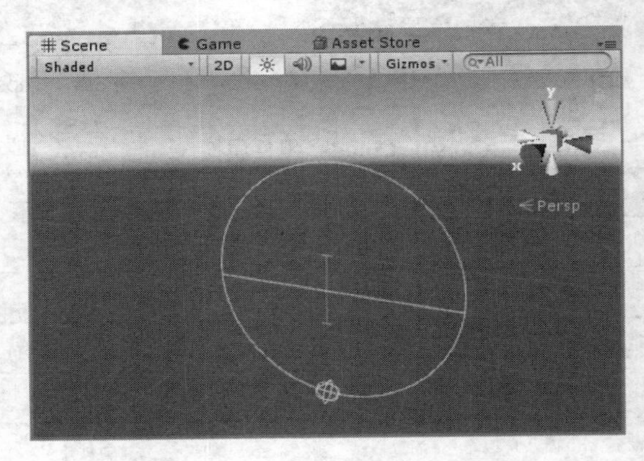

图 8.8　特殊碰撞器

车轮碰撞器具有内置的碰撞检测、车轮物理特性和基于滑动的轮胎摩擦模型。它可以用于除车轮以外的物体，但它专为带轮子的车辆而设计。这里需要注意的是，使用 Wheel Collider 的车轮状物体，必须包含刚体组件。

要使一个物体具有车轮碰撞器，只需添加 Wheel Collider 组件即可，如图 8.9 所示。

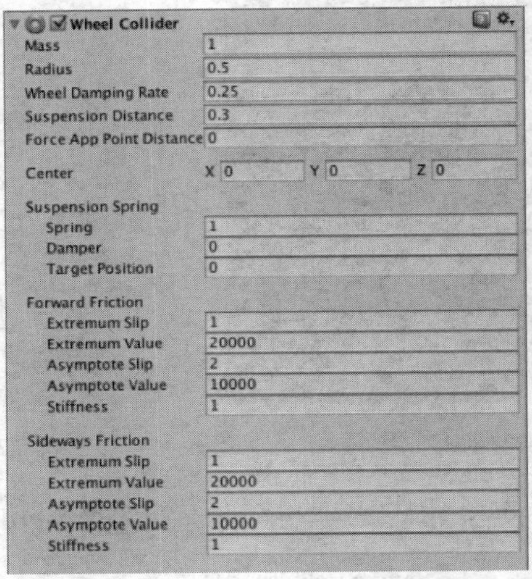

图 8.9　Wheel Collider 组件

下面具体介绍 Wheel Collider 组件包含的属性信息，如表 8.4 所示。

表 8.4 Wheel Collider 组件属性

属 性	功 能
Mass	车轮的质量
Radius	车轮的半径
Wheel Damping Rate	应用于车轮的阻尼值
Suspension Distance	车轮悬架的最大延伸距离，在局部空间测量。悬架始终向下延伸
Force App Point Distance	此参数定义对车轮碰撞器施加力的点
Center	物体局部空间中的车轮中心
Suspension Spring	悬架试图通过增加弹簧和阻尼力来到达目标位置
Spring	较大的值使悬架更快地到达目标位置
Damper	较大的值使悬架更慢地到达目标位置
Target Position	0 值充分伸展悬架，1 值充分压缩悬架，默认值为 0
Forward/Sideways Friction	车轮向前和向侧面运动时轮胎的摩擦特性

5. 地形碰撞器

Terrain Collider（地形碰撞器）实现了一个碰撞表面，其形状与它所附着的地形对象相同，适用于地形对象的碰撞。默认创建的地形对象就带有 Terrain Collider 组件，如图 8.10 所示。

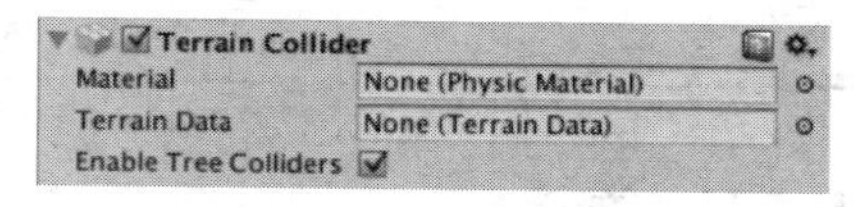

图 8.10 Terrain Collider 组件

下面具体介绍 Terrain Collider 组件包含的属性信息，如表 8.5 所示。

表 8.5 Terrain Collider 组件属性

属 性	功 能
Material	参考物理材料，确定此碰撞器如何与其他物体交互
Terrain Data	地形数据
Enable Tree Colliders	选择的树碰撞器将被启用

6. 网格碰撞器

Mesh Collider（网格碰撞器）采用网格资源并基于该网格构建，如基于圆柱形网格的碰撞器，如图 8.11 所示。

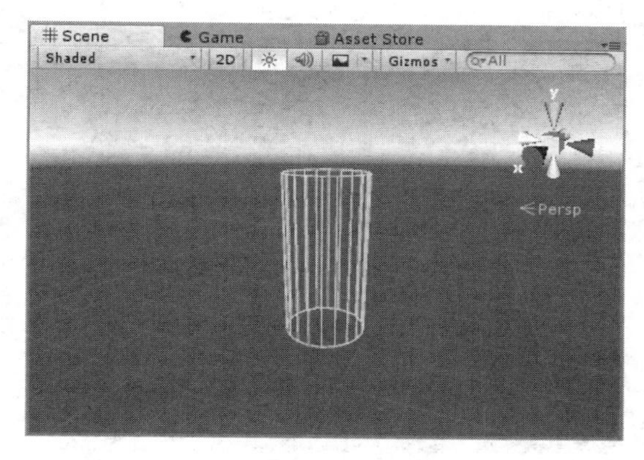

图 8.11 圆柱形网格碰撞器

比起使用复杂网格的基元，它的碰撞检测结果要准确得多。标记为凸面的网格碰撞器可以与其他网格碰撞器碰撞。

要使一个物体具有该类型碰撞器，只需添加 Mesh Collider 组件和设置 Mesh Collider 组件的 Mesh 属性即可，如图 8.12 所示。

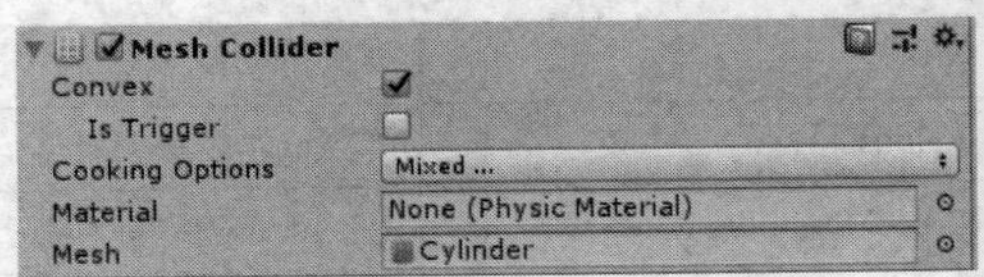

图 8.12　Mesh Collider 组件

下面具体介绍 Mesh Collider 组件包含的属性信息，如表 8.6 所示。

表 8.6　Mesh Collider 组件属性

属　性	功　能
Is Trigger	启用后，该碰撞体用于触发事件，并被物理引擎忽略
Material	参考物理材料，确定此碰撞器如何与其他物体交互
Mesh	引用用于碰撞的网格
Convex	勾选此复选框以启用 Convex。如果启用，则此网格碰撞器会与其他网格碰撞器发生碰撞。凸面网格碰撞器限制为 255 个三角形

8.1.3　关节

关节（Joint），在生活中是指骨与骨之间连接的地方，起到的是间接连接骨与骨的作用；Unity 中的关节的作用也一样，不同的是 Unity 中关节连接的是两个刚体对象，或者是一个刚体对象和空间中的一个固定点。

用户可以使用 Joint 组件将一个刚体对象附着到另一个刚体对象或空间中的一个固定点上。通常，用户希望关节能够有一些运动的自由度，因此 Unity 提供了不同的关节组件来强制执行不同的限制。例如，铰链关节允许围绕特定点和轴旋转，弹簧关节使物体保持分开，但让它们之间的距离有一定的伸缩度。

下面具体介绍这些关节。

1. 角色关节

角色关节（Character Joint）主要用于布娃娃效果，它是一个扩展的球窝关节，允许用户限制每个轴上的运动，如图 8.13 所示。

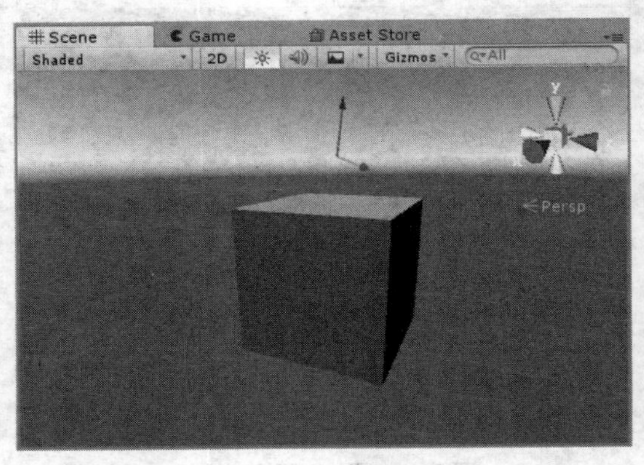

图 8.13　角色关节

要使一个物体具有角色关节，只需添加 Character Joint 组件即可，如图 8.14 所示。

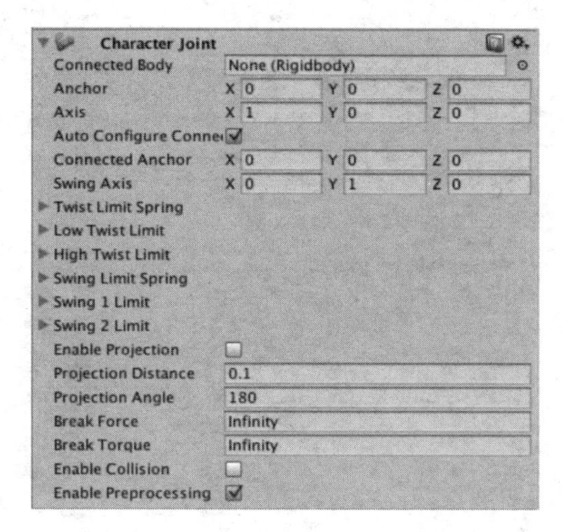

图 8.14　Character Joint 组件

下面具体介绍 Character Joint 组件包含的属性信息，如表 8.7 所示。

表 8.7　Character Joint 组件属性

属　性	功　能
Connected Body	可选关节所依附的刚体。如果没有设置，关节连接到世界
Anchor	定义关节中心的点。所有基于物理的模拟都将使用此点作为计算的中心
Axis	扭轴。用橙色小锥体可视化
Auto Configure Connected Anchor	如果启用此选项，则将自动计算 Connected Anchor 位置以匹配 Anchor 属性。默认启用。如果禁用此选项，则可以手动设定 Connected Anchor 的位置
Connected Anchor	手动设定 Connected Anchor 的位置
Swing Axis	摆动轴。用绿色小锥体可视化
Low Twist Limit	关节扭轴的下限
High Twist Limit	关节扭轴的上限
Swing 1 Limit	关节摆轴的下限参数
Swing 2 Limit	关节摆轴的上限参数
Break Force	如果以大于该值的力推动关节超出其约束，则关节将被永久“破坏”并被删除
Break Torque	如果以大于该值的扭矩旋转关节超出其约束，则关节将永久“断开”并被删除
Enable Collision	具有关节的物体是否能够与连接的物体碰撞（而不是仅仅相互穿过）
Enable Preprocessing	勾选该项，实现关节的稳定，防止其他物理特性对关节的影响

2. 可配置关节

可配置关节（Configurable Joint）是可根据需要自由定制的关节，该组件包含其他关节类型的所有功能，所以可以使用它创建从现有关节的改编版本到用户自己设计的高度专业化关节的任何东西。

要使一个物体具有可配置关节，只需添加 Configurable Joint 组件即可，如图 8.15 所示。

Configurable Joint			
Connected Body	None (Rigidbody)		
Anchor	X 0	Y 0.5	Z 0
Axis	X 1	Y 0	Z 0
Auto Configure Connecte	☑		
Connected Anchor	X 0	Y 0	Z 0
Secondary Axis	X 0	Y 1	Z 0
X Motion	Free		
Y Motion	Free		
Z Motion	Free		
Angular X Motion	Free		
Angular Y Motion	Free		
Angular Z Motion	Free		
▼ Linear Limit Spring			
Spring	0		
Damper	0		
▼ Linear Limit			
Limit	0		
Bounciness	0		
Contact Distance	0		
▼ Angular X Limit Spring			
Spring	0		
Damper	0		
▼ Low Angular X Limit			
Limit	0		
Bounciness	0		
Contact Distance	0		
▶ High Angular X Limit			
▼ Angular YZ Limit Spring			
Spring	0		
Damper	0		
▼ Angular Y Limit			
Limit	0		
Bounciness	0		
Contact Distance	0		
▶ Angular Z Limit			
Target Position	X 0	Y 0	Z 0
Target Velocity	X 0	Y 0	Z 0
▼ X Drive			
Mode	Disabled		
Position Spring	0		
Position Damper	0		
Maximum Force	3.402823e+38		
▶ Y Drive			
▶ Z Drive			
▶ Target Rotation			
Target Angular Velocity	X 0	Y 0	Z 0
Rotation Drive Mode	X and YZ		
▼ Angular X Drive			
Mode	Disabled		
Position Spring	0		
Position Damper	0		
Maximum Force	3.402823e+38		
▶ Angular YZ Drive			
▼ Slerp Drive			
Mode	Disabled		
Position Spring	0		
Position Damper	0		
Maximum Force	3.402823e+38		
Projection Mode	None		
Projection Distance	0.1		
Projection Angle	180		
Configured In World Spac	☐		
Swap Bodies	☐		
Break Force	Infinity		
Break Torque	Infinity		
Enable Collision	☐		
Enable Preprocessing	☑		

图 8.15　Configurable Joint 组件

下面具体介绍 Configurable Joint 组件包含的属性信息，如表 8.8 所示。

表 8.8　　Configurable Joint 组件属性

属　性	功　能
Connected Body	可选关节所附的刚体。如果没有设置，关节连接到世界
Anchor	定义关节中心的点。所有基于物理的模拟都将使用此点作为计算的中心
Axis	扭轴。用橙色小锥体可视化
Auto Configure Connected Anchor	如果启用此选项，则将自动计算 Connected Anchor 位置以匹配 Anchor 属性。默认启用。如果禁用此选项，则可以手动设定 Connected Anchor 的位置
Connected Anchor	手动设定 Connected Anchor 的位置
Secondary Axis	Axis 和 Secondary Axis 一起定义关节的局部坐标系。第三轴设定为与其他两个轴正交
X, Y, Z Motion	是否允许沿 x 轴、y 轴或 z 轴移动：自由、完全锁定或限制
Angular X, Y, Z Motion	是否允许围绕 x 轴、y 轴或 z 轴旋转：自由、完全锁定或限制
Linear Limit Spring	弹簧力用于在物体越过极限位置时将物体拉回
-Spring	如果此值设置为零，则限位无法逾越；除零以外的值将使限位具有弹性
-Damper	弹簧力的减小与关节运动的速度成比例。将值设置为大于零允许关节“抑制”振荡，否则振荡将无限期地进行
-Linear Limit	限制关节的线性运动（即往复，而不是旋转），指定距关节原点的距离
-Limit	从原点到极限的距离
-Bounciness	当物体到达极限位置时施加在物体上的反弹力
-Contact Distance	接触距离限制，用于避免抖动
Angular X Limit Spring	弹簧扭矩用于在物体超过关节的极限角度时将物体旋转回来
-Spring	如果此值设置为零，则限位无法逾越；除零以外的值将使限位具有弹性
-Damper	弹簧扭矩的减小与关节旋转的速度成比例。将值设置为大于零允许关节“抑制”振荡，否则振荡将无限期地进行
Low Angular X Limit	设定关节绕 x 轴向下旋转的极限，指定旋转的角度
-Limit	极限角度
-Bounciness	当物体的旋转达到极限角度时施加在物体上的反弹扭矩
-Contact Distance	将强制执行限制的最小角度公差（在关节角度和极限之间）。高容差使得在物体快速移动时不太可能违反限制。然而，这也需要更频繁地通过物理模拟来考虑限制，这将倾向于略微降低性能
High Angular X Limit	类似于 Low Angular X Limit 属性，设定关节向上旋转的极限
Angular YZ Limit Spring	类似于 Angular X Limit Spring 属性，适用于围绕 y 轴和 z 轴的旋转
Angular Y Limit	类似于 Angular X Limit 属性，适用于 y 轴并且将上旋角度极限和下旋角度极限视为相同
Angular Z Limit	类似于 Angular X Limit 属性，适用于 z 轴并且将上旋角度极限和下旋角度极限视为相同
Target Position	关节在驱动力作用下应该移动到的目标位置
Target Velocity	关节在驱动力作用下移动到目标位置的目标速度
XDrive	使关节沿其局部 x 轴线性移动的驱动力
-Mode	确定关节移动到达指定位置、指定速度或两者
-Position Spring	弹簧力将关节移向目标位置。仅在驱动模式设置为“位置”或“位置和速度”时使用

续表

属　性	功　能
-Position Damper	弹簧力的减小与关节运动的速度成比例。将值设置为大于零允许关节“抑制”振荡，否则振荡将无限期地进行。仅在驱动模式设置为“位置”或“位置和速度”时使用
-Maximum Force	用于将关节运动加速到其目标速度的力。仅在驱动模式设置为“速度”或“位置和速度”时使用
YDrive	类似于 XDrive 属性，适用于关节的 y 轴
ZDrive	类似于 XDrive 属性，适用于关节的 z 轴
Target Rotation	关节的旋转驱动应朝向的方向，指定为四元数
-Target Angular Velocity	关节的旋转驱动应达到的角速度，指定为失量，其数值定义旋转速度，其方向定义旋转轴
-Rotation Drive Mode	将驱动力应用于对象以将其旋转到目标位置的方式。如果模式设置为 X and YZ，则扭矩将围绕这些轴施加；如果使用 Slerp 模式，则 Slerp Drive 属性将决定驱动扭矩
Angular X Drive	指定关节如何在驱动扭矩作用下围绕其局部 x 轴旋转。仅当旋转驱动模式设置为 X and YZ 时使用
-Mode	确定关节移动到达指定的角度位置、指定的角速度或两者
-Position Spring	弹簧扭矩使关节朝向目标位置旋转。仅在驱动模式设置为“位置”或“位置和速度”时使用
-Position Damper	弹簧扭矩的减小与关节运动的速度成比例。将值设置为大于零允许关节“抑制”振荡，否则振荡将无限期地进行。仅在驱动模式设置为“位置”或“位置和速度”时使用
-Maximum Force	用于将关节加速到其目标旋转速度的扭矩。仅在驱动模式设置为“速度”或“位置和速度”时使用
Angular YZ Drive	类似于 Angular X Drive 属性，适用于关节的 y 轴和 z 轴
Slerp Drive	指定了如何通过围绕所有局部轴的驱动扭矩来旋转关节。仅在上述旋转驱动模式设置为“Slerp”时使用
-Mode	确定关节移动到达指定的角度位置、指定的角速度成两者
-Position Spring	弹簧扭矩使关节朝向目标住置旋转。仅在驱动模式设置为“位置”或“位置和速度”时使用
-Position Damper	弹簧扭矩的减小与关节运动的速度成比例。将值设置为大于零允许关节“抑制”振荡，否则振荡将无限期地进行。仅在驱动模式设置为“位置”或“位置和速度”时使用
-Maximum Force	用于将关节加速到其目标旋转速度的扭矩。仅在驱动模式设置为“速度”或“位置和速度”时使用
Projection Mode	定义了当关节意外超出约束时，关节将如何快速回到可接受的位置（由于物理引擎无法协调模拟中当前的力组合）。选项为“无”和“位置和旋转”
Projection Distance	在物理引擎尝试将其捕捉回可接受的位置之前，关节必须移动超出其约束的距离
Projection Angle	在物理引擎尝试将其捕捉回可接受的位置之前，关节必须旋转超出其约束的角度
Configured in World Space	是否应该在世界空间而不是对象的本地空间中计算由各种目标和驱动器属性设置的值
Swap Bodies	如果启用，将使关节表现得好像组件已连接到欲连接的刚体（即关节的另一端）
Break Force	如果以大于该值的力推动关节超出其约束，则关节将被永久“破坏”并被删除
Break Torque	如果以大于该值的扭矩旋转关节超出其约束，则关节将永久“断开”并被删除
Enable Collision	具有关节的物体是否能够与连接的物体碰撞（而不是仅仅相互穿过）
Enable Preprocessing	勾选该项，实现关节的稳定，防止其他物理特性对关节的影响

3. 固定关节

固定关节（Fixed Joint）限制对象的移动依赖于另一个对象，主要倾向于两物体距离固定不变。

这有点类似于父级和子级，但是通过物理而不是 Transform 层次结构实现。它的适用情况是，用户想要两个对象彼此能轻易分开，或者在没有父级的情况下关联两个对象的移动。

要使一个物体具有固定关节，只需添加 Fixed Joint 组件即可，如图 8.16 所示。

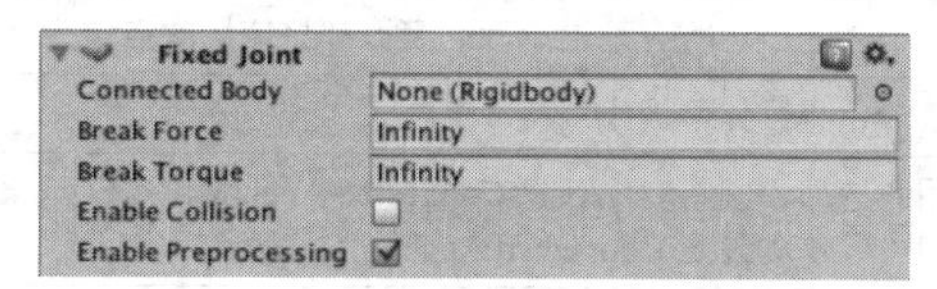

图 8.16　Fixed Joint 组件

下面具体介绍 Fixed Joint 组件包含的属性信息，如表 8.9 所示。

表 8.9　Fixed Joint 组件属性

属　性	功　能
Connected Body	可选关节所依附的刚体。如果没有设置，关节连接到世界
Break Force	如果以大于该值的力推动关节超出其约束，则关节将被永久“破坏”并被删除
Break Torque	如果以大于该值的扭矩旋转关节超出其约束，则关节将永久“断开”并被删除
Enable Collision	具有关节的物体是否能够与连接的物体碰撞（而不是仅仅相互穿过）
Enable Preprocessing	勾选该项，实现关节的稳定，防止其他物理特性对关节的影响

4. 铰链关节

铰链关节（Hinge Joint）将两个刚体组合在一起，使它们像通过铰链连接着一样移动。铰链关节适用于门、链条、钟摆等。

要使一个物体具有铰链关节，只需添加 Hinge Joint 组件即可，如图 8.17 所示。

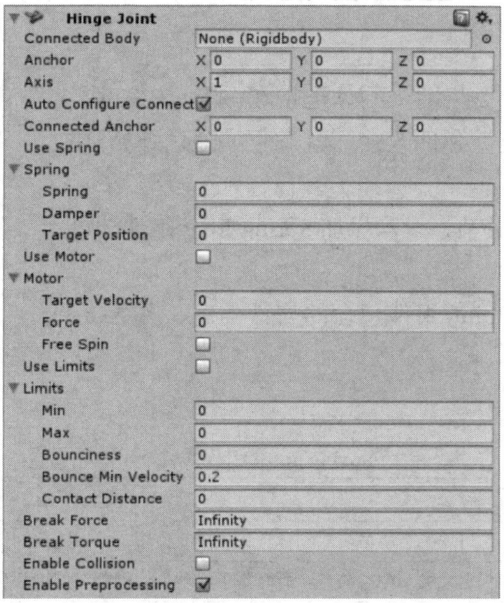

图 8.17　Hinge Joint 组件

下面具体介绍 Hinge Joint 组件包含的属性信息，如表 8.10 所示。

表 8.10 Hinge Joint 组件属性

属　　性	功　　能
Connected Body	可选关节所依附的刚体。如果没有设置，关节连接到世界
Anchor	定义关节中心的点。所有基于物理的模拟都将使用此点作为计算的中心
Axis	扭轴。用橙色小锥体可视化
Auto Configure Connected Anchor	如果启用此选项，则将自动计算 Connected Anchor 位置以匹配 Anchor 属性。默认启用。如果禁用此选项，则可以手动设定 Connected Anchor 的位置
Connected Anchor	手动设定 Connected Anchor 的位置
Use Spring	启用弹簧
Use Motor	使用电机使物体旋转
Motor	启用电机时使用的电机属性
-Target Velocity	设定目标速度
-Force	旋加的力
-Free Spin	如果启用，电机永远不会制动，只能加速
Use Limits	如果启用，铰链的活动角度将限制在最小值和最大值之内
Limits-Min	最小旋转角度
-Max	最大旋转角度
-Bounciness	弹簧到达极限时，带有该关节的物体产生的反弹力
-Contact Distance	接触距离限制，用于避免抖动
Break Force	如果以大于该值的力推动关节超出其约束，则关节将被永久“破坏”并被删除
Break Torque	如果以大于该值的扭矩旋转关节超出其约束，则关节将永久“断开”并被删除
Enable Collision	具有关节的物体是否能够与连接的物体碰撞（而不是仅仅相互穿过）
Enable Preprocessing	勾选该项，实现关节的稳定，防止其他物理特性对关节的影响

5. 弹簧关节

弹簧关节（Spring Joint）将两个刚体连接在一起，并在限定范围内允许它们之间的距离做弹性改变，就像它们通过弹簧连接一样。

要使一个物体具有弹簧关节，只需添加 Spring Joint 组件即可，如图 8.18 所示。

下面具体介绍 Spring Joint 组件包含的属性信息，如表 8.11 所示。

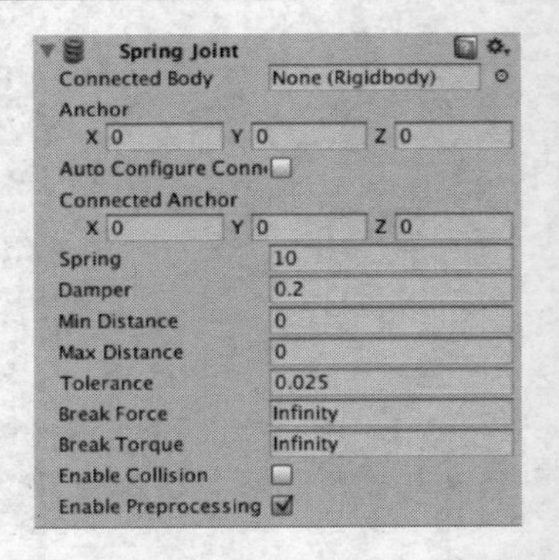

图 8.18　Spring Joint 组件

表 8.11 Spring Joint 组件属性

属　　性	功　　能
Connected Body	可选关节所依附的刚体。如果没有设置，关节连接到世界
Anchor	定义关节中心的点。所有基于物理的模拟都将使用此点作为计算的中心
Auto Configure Connected Anchor	如果启用此选项，则将自动计算 Connected Anchor 位置以匹配 Anchor 属性。默认启用。如果禁用此选项，则可以手动设定 Connected Anchor 的位置
Connected Anchor	手动设定 Connected Anchor 的位置

续表

属　性	功　能
Spring	弹力
Damper	弹簧的阻尼
Min Distance	距离小于该值弹簧失效
Max Distance	距离大于该值弹簧失效
Tolerance	更改容错，允许弹簧具有不同的常规状态下的长度
Break Force	如果以大于该值的力推动关节超出其约束，则关节将被永久“破坏”并被删除
Break Torque	如果以大于该值的扭矩旋转关节超出其约束，则关节将永久“断开”并被删除
Enable Collision	具有关节的物体是否能够与连接的物体碰撞（而不是仅仅相互穿过）

8.1.4 布料系统

布料系统（Cloth）组件与 Skinned Mesh Renderer（蒙皮的网格渲染器）组件一起使用，为模拟结构提供基于物理的解决方案。它专为角色服装设计，仅适用于蒙皮网格。如果将 Cloth 组件添加到未蒙皮的网格，Unity 将删除未蒙皮的网格并添加蒙皮网格。

Cloth 组件只能和 Skinned Mesh Renderer 搭配使用，但是这不代表创建简单的物体时还必须在 3D Max 中导出一个带有蒙皮信息的.fbx 文件。用户可以新建一个 GameObject 然后赋予它 Cloth 组件 Skinned Mesh Renderer 组件会自动添加，然后就可以在 Skinned Mesh Renderer 组件中的 Mesh 上赋予模型体网格并设置正确的材质。

要将 Cloth 组件附加到蒙皮网格，在编辑器中选择 GameObject，单击 Inspector 视图中的“Add Component”按钮，然后选择“physical→Cloth”，该组件出现在 Inspector 视图中，如图 8.19 所示。

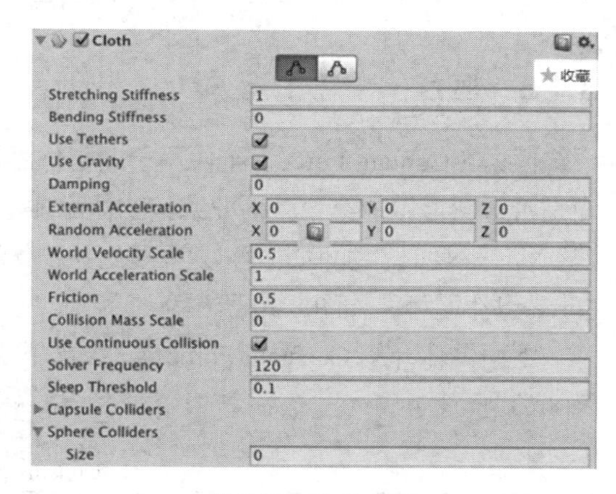

图 8.19　Cloth 组件

下面具体介绍 Cloth 组件包含的属性信息，如表 8.12 所示。

表 8.12　Cloth 组件属性

属　性	功　能
Stretching Stiffness	布料的拉伸刚度
Bending Stiffness	布料的弯曲刚度
Use Tethers	应用约束有助于防止移动的布料颗粒离固定的布料颗粒太远，这有助于创建合理的弹性
Use Gravity	是否对布料施加重力
Damping	运动阻尼系数
External Acceleration	施加在布料上的恒定外部加速度
Random Acceleration	随机外部加速度

续表

属　性	功　能
World Velocity Scale	角色在世界空间的速度影响布料顶点
World Acceleration Scale	角色在世界空间的加速度影响布料顶点
Friction	布料与角色碰撞时的摩擦力
Collision Mass Scale	粒子碰撞时质量增加的值
Use Continuous Collision	启用连续碰撞以提高碰撞稳定性
Use Virtual Particles	每个三角形添加一个虚拟粒子以提高碰撞稳定性
Solver Frequency	每秒求解器迭代次数
Sleep Threshold	布料活动间隙的阈值
Capsule Colliders	在布料上添加带有 Capsule Colliders 组件的物体，待发生碰撞时检测
Sphere Colliders	在布料上添加带有 Sphere Colliders 组件的物体，待发生碰撞时检测

布料不会对场景中的所有碰撞器做出反应，也不会将力反射回世界。添加 Cloth 组件不会对任何其他物体造成影响。因此，在用户手动将来自世界的碰撞器添加到 Cloth 组件之前，Cloth 组件和世界不会识别或关联到对方。布料系统的物理模拟是单向的，也就是说，布料可以接受外部影响，但完全不会将影响赋予外部刚体。

此外还有一点需要注意，用户只能使用 3 种类型的布料碰撞器：球体、胶囊和锥形胶囊碰撞器。

8.1.5　恒力

恒力（Contant Force）组件用于向刚体添加恒定力。比如用户不希望某个物体有较大的初速度，而是希望它慢慢加速，就需要给该物体添加恒定力。

给一个物体添加恒定力，只需要给该物体添加 Constant Force 组件即可，如图 8.20 所示。

下面具体介绍 Constant Force 组件包含的属性信息，如表 8.13 所示。

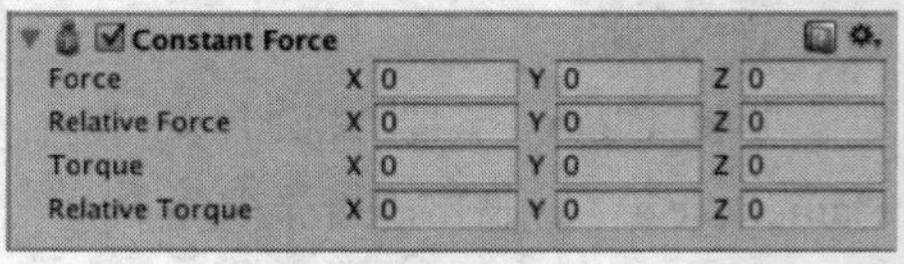

图 8.20　Constant Force 组件

表 8.13　Constant Force 组件属性

属　性	功　能
Force	要在世界空间中应用的力的矢量
Relative Force	要在对象的局部空间中应用的力的矢量
Torque	扭矩矢量，应用于世界空间。对象将围绕此矢量旋转。矢量越长，旋转越快
Relative Torque	扭矩矢量，应用于局部空间。对象将围绕此矢量旋转。矢量越长，旋转越快

8.1.6　物理材质

物理材质（Physical Material）用于调整碰撞物体的摩擦力和弹跳效果。创建一个物理材质，从菜单栏中选择“Assets→Create→Physic Material”选项即可。给一个物体添加物理材质，该物体必须包含 Collider 组件，将新建的 Physical Material 从 Project 视图拖动到场景中带有 Collider 组件的物体上，完成物理材质的添加。

用户可在 Inspector 视图调节物理材质的属性信息，如图 8.21 所示。

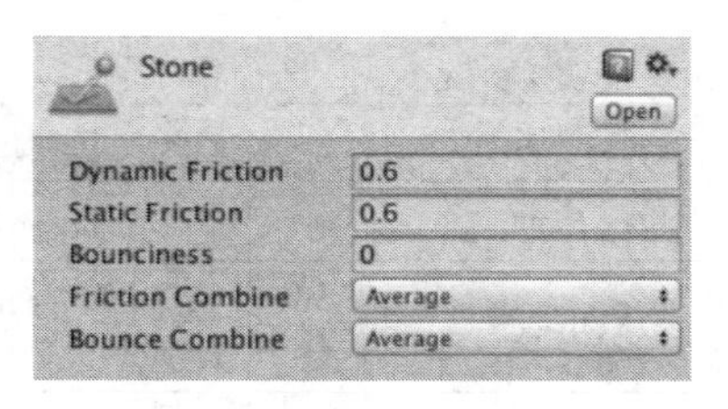

图 8.21　新建物理材质面板

下面具体介绍物理材质包含的属性信息，如表 8.14 所示。

表 8.14　物理材质属性

属　性	功　能
Dynamic Friction	物体已经移动时使用的摩擦力。通常是从 0 到 1 的值。值为 0 感觉像冰一样，值为 1 会使它非常快地停下来，除非有大量的力或重力推动物体
Static Friction	当物体静止在表面上时使用的摩擦力。通常是 0 到 1 之间的值。值为 0 感觉像冰一样，值为 1 会使移动对象变得非常困难
Bounciness	表面弹性程度，值为 0 不会反弹，值为 1 将在没有任何能量损失的情况下反弹
Friction Combine	如何组合两个碰撞物体的摩擦力
- Average	使用两个摩擦力的平均值
- Minimum	使用两个值中较小的一个
- Maximum	使用两个值中较大的一个
- Multiply	使用两个值的乘积
Bounce Combine	如何组合两个碰撞物体的弹性。它具有与摩擦组合模式相同的模式

8.1.7　角色控制器

角色控制器（Character Controller）主要用于不使用刚体物理特性的第三人称或第一人称控制器（可以理解成玩家）。

第一人称或第三人称游戏中的角色通常需要具备一些基于碰撞的物理性质，这样它就不会掉到地板上或穿过墙壁。但是，通常情况下，角色的加速度和移动在物理上并不真实，它可以在不受动量影响的情况下瞬间加速、制动或改变方向。在 3D 游戏中，可以使用角色控制器创建此类行为。

角色控制器的主要组件就是 Character Controller 组件，如图 8.22 所示。

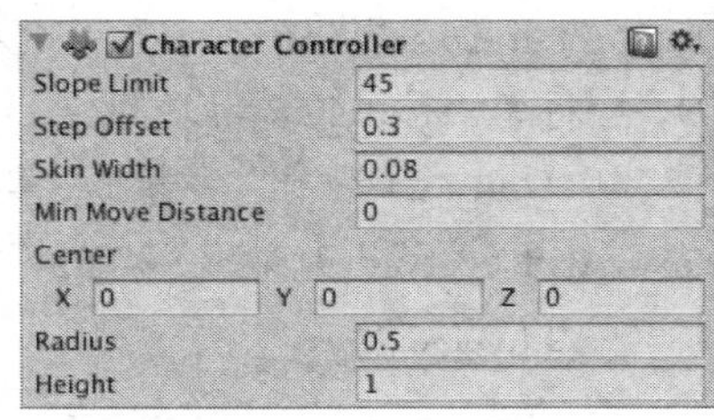

图 8.22　Character Controller 组件

该组件为角色提供了一个简单的胶囊碰撞器，它始终是直立的。控制器有自己的特殊功能来设置物体的速度和方向，但与真正的碰撞器不同，这里不需要刚体，动量效果也不实际。

角色控制器无法穿过场景中的静态碰撞器，因此将被地板承托并被墙壁阻挡。它可以在移动时将刚体对象推到一边但不会因碰撞加速。这意味着用户可以使用标准 3D 碰撞器来创建控制器活动的场景，但角色本身不受真实物理行为的限制。

下面具体介绍 Character Controller 组件包含的属性信息，如表 8.15 所示。

表 8.15　　Character Controller 组件属性

属　性	功　能
Slope Limit	将碰撞器限制为仅爬升比指示值更缓（以度为单位）的斜坡
Step Offset	只有当阶梯面比指示值更接近地面时，角色才会爬上楼梯。每阶高度不应该大于 Character Controller 的高度，否则会产生错误
Skin width	两个碰撞器可以在它们的皮肤宽度上穿透彼此。较大的皮肤宽度可减少抖动。皮肤宽度过小可能导致角色卡住。建议将此值设为 Radius 的 10%
Min Move Distance	如果角色试图移动的距离小于指示值，则角色根本不会移动。这可以用来减少抖动。 在大多数情况下，此值应保留为 0
Center	这将抵消世界空间中的胶囊碰撞器，并且不会影响角色的扭转方式
Radius	胶囊碰撞器的半径
Height	角色的胶囊碰撞器高度。更改此设置将沿 y 轴缩放碰撞器

学习了 Character Controller 组件属性信息的含义，用户可以自定义设置角色的大小、高度等参数，如图 8.23 所示。

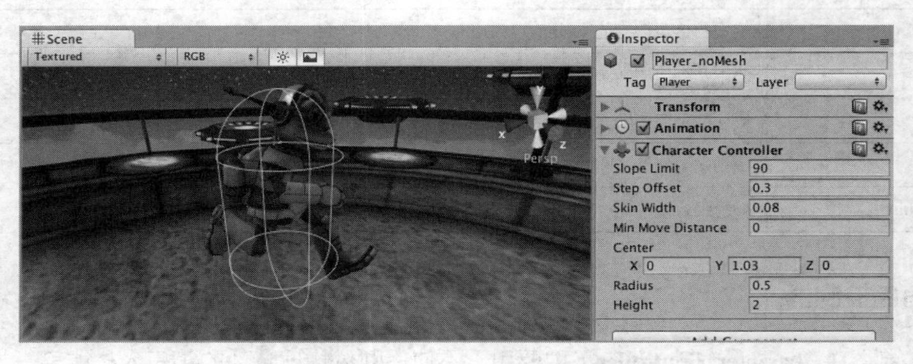

图 8.23　Character Controller 组件参数设置

8.2　物理射线的用法

射线是在三维世界中从一个点沿一个方向发射的一条无限长的线。射线在其轨迹上一旦与添加了碰撞器的模型发生碰撞，将停止发射。在 Unity 游戏开发中，可以利用射线实现子弹击中目标的检测、鼠标单击拾取物体等功能。

在 Unity 开发中，要想通过射线检测触发事件实现某个功能，主要用到的工具类有 Physic、RaycastHit（光线投射碰撞）和 Ray（射线），这些类中有好几种射线检测方法，接下来逐一进行介绍。

1. Physics.Ray

Ray 射线类用于创建射线实例对象，其语法示例如下。

```
//射线类 Ray，创建射线实例对象
Ray ray = new Ray(transform.position, transform.forward * 100);
//画出射线
Debug.DrawLine(transform.position,transform.position
 + transform.forward * 100, Color.red);
```

Ray 射线类实例化射线对象，其构造方法有 2 个参数：Vector3 origin、Vector3 direction，它们分别表示射线的起点位置和射线的发射方向。这里需要注意的是，射线的方向在设置时如果未单位化，Unity 会自动对其进行归一化处理。

2. Physics.Raycast

Raycast 是一个静态的返回值为 bool 类型的方法，其语法格式及参数如下。

```
1   public static bool Raycast(Vector3 origin, Vector3 direction, float
maxDistance = Mathf.Infinity, int layerMask = DefaultRaycastLayers,
QueryTriggerInteraction queryTriggerInteraction=
QueryTriggerInteraction.UseGlobal);
```

在上面的静态方法中，括号里的主要参数有 3 个：origin（射线的发射点）、direction（射线的方向）和 maxDistance（射线的最大距离）。

下面是一个完整的射线检测碰撞的脚本，如例 8-1 所示。

【例 8-1】

```
 1  using UnityEngine;
 2  using System.Collections;
 3
 4  public class Example8-1 : MonoBehaviour {
 5      void Start() {
 6
 7      }
 8      void Update() {
 9          Vector3 fwd = transform.TransformDirection(Vector3.forward);
10          if (Physics.Raycast(transform.position, fwd, 10)) {
11              //检测是否射线接触物体
12              print("There is something in front of the object!");
13          }
14      }
15  }
```

3. RaycastHit 类

RaycastHit 类用于存储发射射线后产生的碰撞信息。常用的成员变量有：collider（与射线发生碰撞的碰撞器）、distance（从射线起点到射线与碰撞器的交点的距离）、normal（射线射入平面的法向量）、point（射线与碰撞器交点的坐标，Vector3 对象）。RaycastHit 类代码示例如下。

```
//射线类 Ray，创建射线实例对象
Ray ray = new Ray(transform.position, transform.forward * 100);
//画一条线
Debug.DrawLine(transform.position,transform.position
 + transform.forward * 100, Color.red);
//射线碰撞点
RaycastHit hit;
//检测射线碰撞到物体，该物体信息返回到 hit 变量中，亦可输出该碰撞点信息
if (Physics.Raycast(ray, out hit, 10)) {
          print(hit.point);
          print(hit.transform.position);
          print(hit.collider.gameObject);
    }
```

在上述代码中，RaycastHit 类在调用 Physic.Raycast 方法之后，将射线碰撞到那个物体的信息返回给了 hit 变量。

下面具体介绍 hit 变量所包含的信息，如表 8.16 所示。

表 8.16　　hit 变量包含信息

属　性	功　能
point	在世界空间中，射线碰到碰撞器的碰撞点位置
normal	射线所碰到的表面的法线
barycentricCoordinate	所碰到的三角形的重心坐标
distance	射线的原点到碰撞点的距离
triangleIndex	碰到的三角形索引
textureCoord	碰撞点的 UV 纹理坐标
textureCoord2	碰撞点的第二个 UV 纹理坐标
lightmapCoord	碰撞点的光照图 UV 坐标
collider	碰到的碰撞器
rigidbody	碰到的碰撞器的刚体。如果该物体没有附件刚体，那么此项为 null
transform	碰到的刚体或碰撞器的变换

8.3　Helicopter 实战项目：直升机收集物资

8.3.1　打开游戏场景

启动 Unity，打开 Helicopter 项目，在 Scene 文件夹下双击打开 Game 场景。

8.3.2　直升机和物资添加碰撞和刚体

直升机高速飞在天空中，一只大鸟碰撞到直升机的旋翼，正常情况下直升机的旋翼有可能因为碰撞而发生损坏，在旋翼损坏的情况下，根据正常的物理现象，它必然会在重力作用下掉落地面，发生坠毁事件。

在 Unity 开发中，开发者需要赋予物体物理属性，要想让直升机和物资模型具有物理属性，就必须给它们添加刚体和碰撞器组件，如图 8.24 所示。

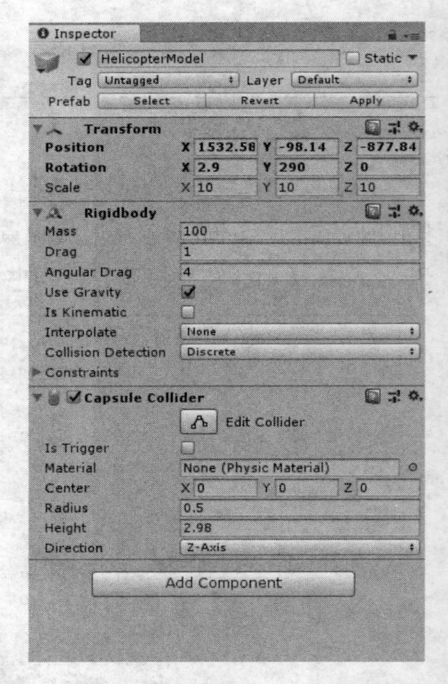

图 8.24　直升机模型添加刚体和碰撞器

8.3.3　实现直升机飞行控制功能

直升机添加刚体和碰撞器完成，表示其已具有了基本的物理特征，接下来就可以通过脚本来实现直升机的飞行控制功能，如例 8-2 所示。

【例 8-2】

HelicopterController.cs 类：

```
1  using UnityEngine;
2  using UnityEngine.UI;
3  //直升机控制类
4  public class HelicopterController : MonoBehaviour
5  {
6      public AudioSource HelicopterSound;     //音频源
7      public ControlPanel ControlPanel;       //飞行控制信息类
8      public Rigidbody HelicopterModel;       //刚体组件
9      public HeliRotorController MainRotorController;    //引擎主转速控制
10     public HeliRotorController SubRotorController;     //引擎子转速控制
11     public float TurnForce = 3f;                       //转动力
12     public float ForwardForce = 10f;                   //向前飞行力
13     public float ForwardTiltForce = 20f;               //向前倾斜力
14     public float TurnTiltForce = 30f;                  //转动倾斜力
15     public float EffectiveHeight = 100f;               //飞行有效高度
16     public float turnTiltForcePercent = 1.5f;          //转动倾斜力百分比
17     public float turnForcePercent = 1.3f;              //转动倾斜力百分比
18     private float _engineForce;                        //发动机力量
19     public float EngineForce                           //发动机力量属性
20     {
21        get { return _engineForce; }
22        set
23        {
24            MainRotorController.RotarSpeed = value * 80;
25            SubRotorController.RotarSpeed = value * 40;
26            HelicopterSound.pitch = Mathf.Clamp(value / 40, 0, 1.2f);
27            if (UIGameController.runtime.EngineForceView != null)
28               UIGameController.runtime.EngineForceView.text =
              string.Format("Engine value [ {0} ] ", (int)value);
29            _engineForce = value;
30        }
31     }
32     private Vector2 hMove = Vector2.zero;
33     private Vector2 hTilt = Vector2.zero;
34     private float hTurn = 0f;
35     public bool IsOnGround = true;        //是否离开地面
36      void Start ()
37      {
38         ControlPanel.KeyPressed += OnKeyPressed;
39      }
40      void FixedUpdate()        //固定更新函数，一般执行的是物理控制一类的代码
41      {
42         LiftProcess();         //直升机提升过程中执行
43         MoveProcess();         //直升机移动过程中执行
44         TiltProcess();         //直升机倾斜过程中执行
45      }
```

```
46      private void MoveProcess()
47      {
48          var turn = TurnForce * Mathf.Lerp(hMove.x, hMove.x *
(turnTiltForcePercent -Mathf.Abs(hMove.y)), Mathf.Max(0f, hMove.y));
49          hTurn = Mathf.Lerp(hTurn, turn, Time.fixedDeltaTime * TurnForce);
50          HelicopterModel.AddRelativeTorque(0f, hTurn * HelicopterModel.mass, 0f);
51          //某方向添加相对力
52          HelicopterModel.AddRelativeForce(Vector3.forward * Mathf.Max (0f,
hMove.y *ForwardForce * HelicopterModel.mass));
53      }
54      private void LiftProcess()
55      {
56          var upForce = 1 - Mathf.Clamp(HelicopterModel.transform.position.y /
EffectiveHeight, 0, 1);
57          upForce = Mathf.Lerp(0f, EngineForce, upForce) * HelicopterModel.mass;
58          //某方向添加相对力
59          HelicopterModel.AddRelativeForce(Vector3.up * upForce);
60      }
61      private void TiltProcess()
62      {
63          hTilt.x = Mathf.Lerp(hTilt.x, hMove.x * TurnTiltForce, Time.deltaTime);
64          hTilt.y = Mathf.Lerp(hTilt.y, hMove.y * ForwardTiltForce, Time.deltaTime);
65          //位置的调整
66          HelicopterModel.transform.localRotation = Quaternion.Euler(hTilt.y,
HelicopterModel.transform.localEulerAngles.y, -hTilt.x);
67      }
68      //按键对应直升机移动和转弯实现的具体方法
69      private void OnKeyPressed(PressedKeyCode[] obj)
70      {
71          float tempY = 0;
72          float tempX = 0;
73          // 稳定向前
74          if (hMove.y > 0)
75              tempY = - Time.fixedDeltaTime;
76          else
77              if (hMove.y < 0)
78                  tempY = Time.fixedDeltaTime;
79          // 稳定转弯
80          if (hMove.x > 0)
81              tempX = -Time.fixedDeltaTime;
82          else
83              if (hMove.x < 0)
84                  tempX = Time.fixedDeltaTime;
85          foreach (var pressedKeyCode in obj)
86          {
87              switch (pressedKeyCode)
88              {
89                  case PressedKeyCode.SpeedUpPressed:
90                      EngineForce += 0.1f;
91                      break;
92                  case PressedKeyCode.SpeedDownPressed:
93                      EngineForce -= 0.12f;
94                      if (EngineForce < 0) EngineForce = 0;
95                      break;
```

```
96                      case PressedKeyCode.ForwardPressed:
97                      if (IsOnGround) break;
98                      tempY = Time.fixedDeltaTime;
99                      break;
100 }
```

HelicopterController.cs 脚本主要实现了直升机的起飞、降落、转向、变速等控制，玩家以第三人称视角操控直升机进行游戏的核心功能基本实现。

8.3.4　实现直升机收集物资功能

要想驾驶直升机完成物资的收集，不但要给物资添加刚体和碰撞器，还需要将碰撞器改为触发器。将碰撞器组件的 Is Trigger 属性勾选即可，这样一来，直升机到达物资存放位置后，才会触发并执行指定的收集物资事件。具体代码如例 8-3 所示。

【例 8-3】

CheckpointController.cs 类：

```
1  public class CheckpointController : MonoBehaviour
2  {
3     public Checkpoint[] CheckpointsList;           //物资位置列表
4     public LookAtTargetController Arrow;           //指向下一个目标
5     private Checkpoint CurrentCheckpoint;          //当前物资位置
6     private int CheckpointId;                      //物资位置标记
7      void Start ()
8      {
9         if (CheckpointsList.Length==0) return;  //没有物资
10        for (int index = 0; index < CheckpointsList.Length; index++)
11           CheckpointsList[index].gameObject.SetActive(false);
12        CheckpointId = 0;
13        SetCurrentCheckpoint(CheckpointsList[CheckpointId]);
14     }
   //当前物资位置状态下的方法实现
15    private void SetCurrentCheckpoint(Checkpoint checkpoint)
16    {
17       if (CurrentCheckpoint != null)
18       {
19          CurrentCheckpoint.gameObject.SetActive(false);
20          //C# Action 委托，解锁物资触发事件
21          CurrentCheckpoint.CheckpointActivated -= CheckpointActivated;
22       }
23       CurrentCheckpoint = checkpoint;
24       //C# Action 委托，绑定物资触发事件
25       CurrentCheckpoint.CheckpointActivated += CheckpointActivated;
26       Arrow.Target = CurrentCheckpoint.transform;
27       CurrentCheckpoint.gameObject.SetActive(true);    //物资显示
28    }
29    //朝向物资位置
30     private void CheckpointActivated()
31     {
32       CheckpointId++;           //下一个物资位置
```

```
33          if (CheckpointId >= CheckpointsList.Length)
34          {
35              CurrentCheckpoint.gameObject.SetActive(false);
36              CurrentCheckpoint.CheckpointActivated -= CheckpointActivated;
37              Arrow.gameObject.SetActive(false);              //物资隐藏
38              return;
39          }
40          SetCurrentCheckpoint(CheckpointsList[CheckpointId]);
41      }
```

CheckpointController.cs 脚本主要实现了直升机到达物资位置、完成物资收集的步骤。

Helicopter 项目的物理模块更加详细的逻辑步骤，读者可以在本书附带资源的 Helicopter 项目中查看与学习。

8.4 本章小结

本章主要讲解 Unity 物理系统的多个重要的核心组件和它们在游戏开发中的使用方法，重点讲解了物理系统中的碰撞和触发特性，以及碰撞和触发事件实现的具体开发步骤。

8.5 习题

1. 填空题

（1）________引擎是目前使用最为广泛的物理运算引擎之一，Unity 的物理系统强大也是因为 Unity 内置该物理引擎。

（2）________组件是为物体启用物理行为的主要组件。

（3）Unity 内置的原始碰撞器可以分为两大类：________和________。

（4）________关节允许围绕特定点和轴旋转，________关节使物体保持分开，但让它们之间的距离有一定的伸缩度。

（5）在 Unity 开发中，要想通过射线检测触发事件实现某个功能，主要用到的工具类有________、________和________。

2. 选择题

（1）在 Unity 开发中，玩家角色的碰撞器通常就是（　　）。

A. Box Collider　　B. Capsule Collider
C. Sphere Collider　　D. Wheel Collider

（2）（　　）关节限制对象的移动依赖于另一个对象。

A. Fixed Joint　　B. Hinge Joint　　C. Spring Joint　　D. 以上都正确

（3）（　　）适用于门、链条、钟摆等。

A. Fixed Joint　　B. Hinge Joint　　C. Spring Joint　　D. 以上都正确

（4）物理材质用于调整碰撞物体的（　　）效果。

A. 摩擦力　　B. 弹跳　　C. 重力　　D. 摩擦力和弹跳

（5）在下面的选项中，（　　）类用于存储发射射线后产生的碰撞信息。

A. Physic　　B. Ray　　C. Collider　　D. RaycastHit

3. 思考题

（1）简述固定关节、铰链关节和弹簧关节之间的差异。

（2）Unity 布料系统可以模拟哪些现实物体？

4. 实战题

新建场景和物体，为其添加碰撞体和刚体，并实现碰撞触发事件。

09 第 9 章　Unity 动画系统

本章学习目标

- 掌握动画片段的创建和使用方法
- 掌握动画控制器的使用方法
- 掌握动画有限状态机的原理

每个人都会怀念自己的童年，每个人的童年记忆中也都会有一部动画片，动画给所有人的童年画上了浓墨重彩的一笔。使用 Unity 开发一款优秀的作品，少不了动画的添加，它不仅可以增强剧情的带入感，还可以让整个作品变得活灵活现。

在 Unity 引擎中，动画通常能够用两种方法来完成：Mecanim 动画系统和旧版动画系统。接下来具体介绍它们各自不同的用法。

9.1　Unity 动画系统概述

Unity 引擎内置了一个丰富而复杂的动画系统，它又被称为 Mecanim 动画系统。Mecanim 动画系统是 Unity 4.x 之后的新版动画系统，虽然 Unity 4.x 之前的旧版动画系统依然保留着，但是在当前 Unity 动画制作中，推荐在新项目中不再使用旧版动画系统。之所以如此建议，是因为 Unity 一直在逐步对旧版动画系统进行淘汰。

随着 Unity 版本的迭代，Mecanim 动画系统一直在不停地更新，不仅简化了动画制作的步骤，还提升了对动画细节的控制程度。

在 Unity 2018.1 中，Mecanim 动画系统有以下几大特点。

（1）工作流程简单，便于对 Unity 中所有元素进行动画设置，如对象、属性等。

（2）Animator 窗口方便预览动画片段，对动画片段之间的过渡条件设置简便。

（3）支持在 Unity 中创建和导入动画片段。

（4）具备人形动画重定的功能，可以将动画从一个角色模型应用到另一个角色模型。

（5）对角色模型的身体部位可以进行分层和屏蔽控制，也能对身体任意部位添加动画片段。

下面简单介绍 Mecanim 动画系统工作流程中的每个步骤，这样在后续的动画制作中，用户更容易理解 Unity 动画系统的具体制作流程。

（1）Unity 的动画系统建立在动画片段（Animation Clip）的基础上，可将动画片段进行组合，动画片段包含了特定对象的位置、旋转及其他属性信息。该动画片段可以是 Unity 内部创建的动画片段，也可以由外部第三方工具制作（如 3D Max、Maya 等），还可以来自动作捕捉工作室或其他来源。

（2）动画片段能够通过 Animator Controller（动画控制器）被组织在一起。动画控制器的角色好比是一个状态机，它跟踪当前应该播放的动画片段，对指定动画片段的播放时间和动画片段是否混合播放进行控制。

（3）Unity 动画系统具有许多处理人形角色的特殊功能，如肌肉设定、身体遮罩等。如果将某个人形角色的动画重新定位到其他的角色模型上，那么这个新的角色模型也会具有原角色所包含的动画。这些特殊功能都被包含在 Unity 动画系统的 Avatar（人形动画）模块中，在 Unity 中启用该模块，即可对人形角色进行操作。

（4）每一个 Animation Clip、Animator Controller 或 Avatar，都需要通过动画组件汇集在场景物体上。这个组件引用了 Animator Controller，并且引用了模型的 Avatar（如果需要）。反过来，Animator Controller 包含了它所使用的动画片段的引用。

下面以某个人形角色动画为例，构建 Animation Clip、Animator Controller 和 Avatar 的关系图，如图 9.1 所示。

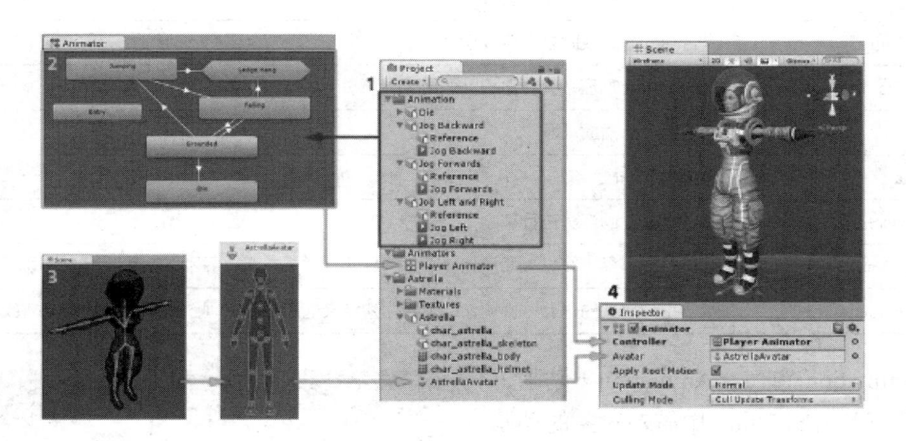

图 9.1　人形角色动画构建图

9.2　Unity Mecanim 动画系统

9.2.1　动画片段

动画片段（Animation Clip）是 Unity 动画系统的核心元素之一，它的制作有两种方式。

（1）创建 Animation 文件，通过 Unity 内置的 Animation Window（动画录制窗口）完成动画的制作。

（2）通过外部的动画制作软件，导出 Unity 所支持的动画格式，然后再导入 Unity 做最后调整。

1. Animation 内部制作

（1）为物体添加 Animation。双击打开 Unity 应用程序，新建 AnimationProject 项目，在 Project 视图中 Assets 文件夹下单击鼠标右键，弹出菜单栏，选择“Create→Folder”选项创建一个新文件夹，并将它命名为“Animations”。Animations 文件夹是为了动画资源管理起来方便而创建。

打开默认 SampleScene 场景，新建一个空物体，将其命名为“AnimationManager”，为该物体添加组件 Animation，如图 9.2 所示。

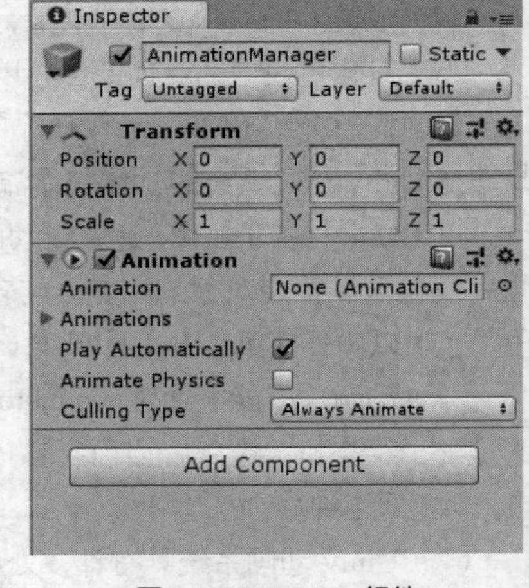

图 9.2　Animation 组件

（2）Animation 组件介绍。该组件是传统 Animation 组件，它在引入 Unity 当前动画系统之前用于动画目的。此组件仅在 Unity 中保留，用于向后兼容。对于新项目，推荐使用 Animator 组件。

下面具体介绍 Animation 组件包含的属性信息，如表 9.1 所示。

表 9.1　Animation 组件属性

属　性	功　能
Animation	启用“自动播放”时将播放的默认动画
Animations	可以从脚本访问的动画列表
Play Automatically	是否在开始游戏时自动播放动画
Animate Physics	动画是否与物理系统事件相互作用
Culling Type	确定何时不播放动画
Always Animate	总是播放动画
Based on Renderers	基于默认动画姿势进行剔除
Based on Clip Bounds	基于剪辑边界（在导入期间计算）进行剔除，如果剪辑边界不在视图范围内，则不会播放动画
Based on User Bounds	基于用户定义的边界进行剔除，如果用户定义的边界不在视图范围内，则不会播放动画

（3）Animation 窗口。Animation（动画）窗口用于预览和编辑 Unity 中游戏对象的动画片段。在 Unity 中单击 Unity 编辑器顶部菜单栏的“Window”按钮，弹出下拉菜单，选择“Animation”选项，即弹出 Animation 窗口，如图 9.3 所示。

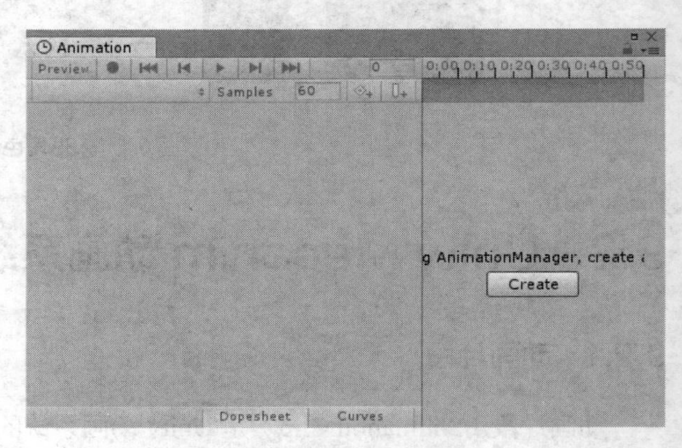

图 9.3　Animation 窗口

在 Animation 窗口中，单击右侧的“Create”按钮，在 Assets 文件夹下选择一个路径，用户即可在指定路径下创建一个新的动画片段。

在 Animation 窗口中录制动画的具体操作

方法，会在下面通过实例讲述，这里先介绍一下该窗口的界面布局，以及菜单栏的功能。

窗口的左侧是动画属性的列表。新创建的片段尚未记录任何动画，此列表为空。每个属性都可以折叠和展开，以显示每个关键帧记录的确切值。如果回放头（白线）位于关键帧之间，则值字段显示插值。用户可以直接编辑这些字段。如果在回放头位于关键帧上时进行了更改，则会修改关键帧的值；如果在回放头位于关键帧之间时进行更改，则会在该点创建一个新的关键帧，并使用用户输入的新值。

窗口的右侧是当前片段的时间轴。每个动画属性的关键帧都显示在此时间轴中。时间轴视图有两种模式，分别是 Dopesheet（直线模式）和 Curves（曲线模式）。

Dopesheet 模式提供更紧凑的视图，允许用户在单个水平轨道中查看每个属性的关键帧序列。用户可以查看多个属性或 GameObject 的关键帧时序的简单概述，如图 9.4 所示。

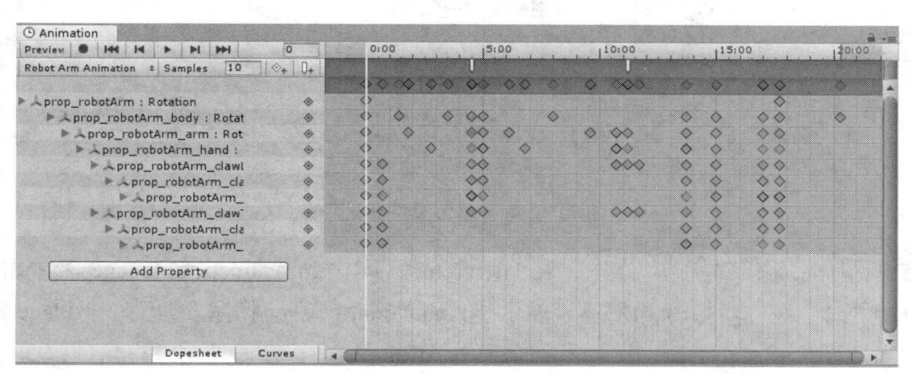

图 9.4　时间轴 Dopesheet 模式

Curves 模式显示一个可调整大小的图形，展示每个动画属性的值如何随时间变化。所有选定的属性都显示在同一图表视图中。通过此模式，用户可以很好地控制查看和编辑值，以及在两者之间进行插值。Curves 模式如图 9.5 所示。

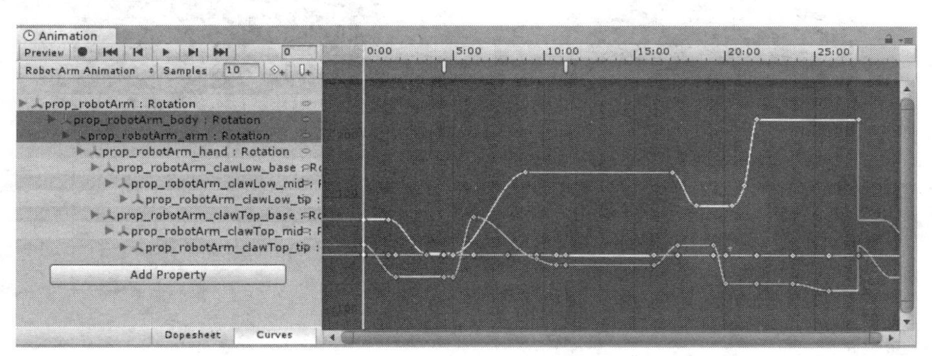

图 9.5　时间轴 Curves 模式

要在两种模式之间切换，单击动画属性列表区域底部的“Dopesheet”按钮或“Curves”按钮即可，如图 9.6 所示。

要控制动画片段的播放，可使用窗口左上角的播放工具栏，如图 9.7 所示。

图 9.6　时间轴模式切换

图 9.7　动画播放工具栏

（4）Animation 简单实例。下面在 AnimationProject 项目的基础上以一个开门动画为例描述动画制作的具体流程。

第 1 步，创建 Animation 文件。打开 Animations 文件夹，单击鼠标右键，弹出菜单栏，选择“Create→Animation”选项，创建出一个 Animation 文件，将其重命名为“OpenTheDoor”，如图 9.8 所示。

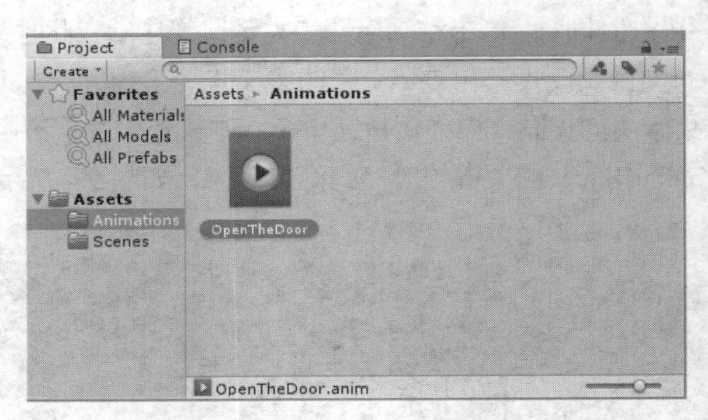

图 9.8　Animation 文件创建完成

第 2 步，制作一扇简易门。首先，在 Hierarchy 视图中的 AnimationManager 物体下创建一个 GameObject 空物体，将它命名为“Door”；然后在 AnimationManager 物体下创建一个 Plane 模型，Plane 模型用来充当地面；最后在 Door 物体下面创建一个 Cube 模型，该模型用来充当门，如图 9.9 所示。

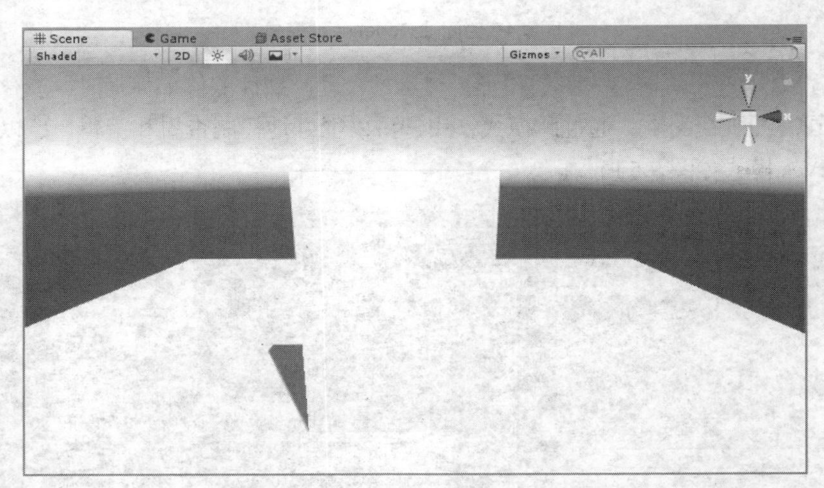

图 9.9　一扇简易门

第 3 步，OpenTheDoor 动画录制。在 Hierarchy 视图中，单击选中 AnimationManager 物体，查看该物体的 Animation 组件，将创建的 OpenTheDoor 动画文件拖到 Animation 组件第二行的 Animations 属性选框中，如图 9.10 所示。

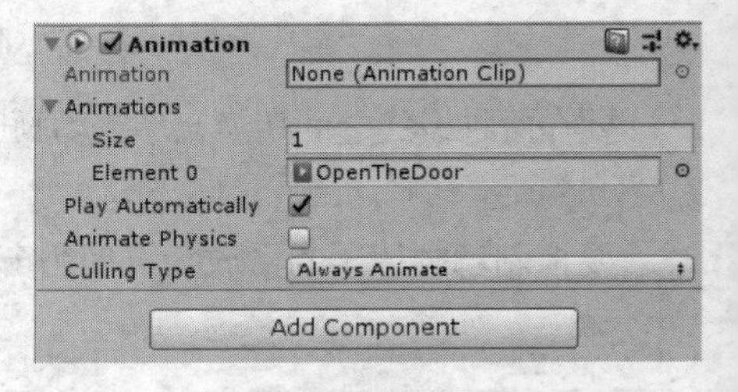

图 9.10　Animation 组件动画添加完成

在 Hierarchy 视图中，单击选中 AnimationManager 物体，使用快捷键“Ctrl+6”或者从顶部菜单栏中打开 Animation 窗口，如图 9.11 所示。

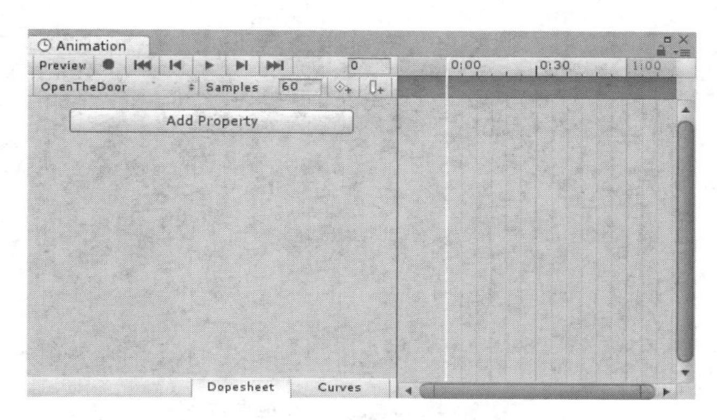

图 9.11 动画录制界面

接下来就是对开门动画的录制。要想实现开门动作，用户在这里只需要调整门的旋转即可。单击“Add Property”按钮，添加 Door 物体的 Transform 组件中的 Rotation 属性，如图 9.12 所示。

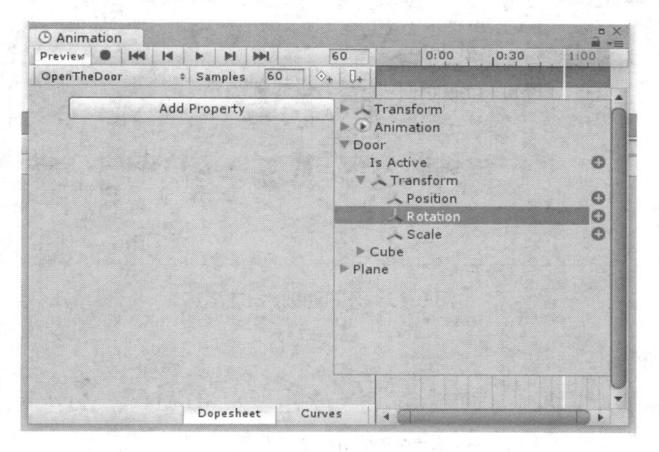

图 9.12 动画添加关键帧

在窗口中添加完 Door 物体的 Rotation 属性后，将白线移动到动画起始关键帧的位置，如图 9.13 所示。

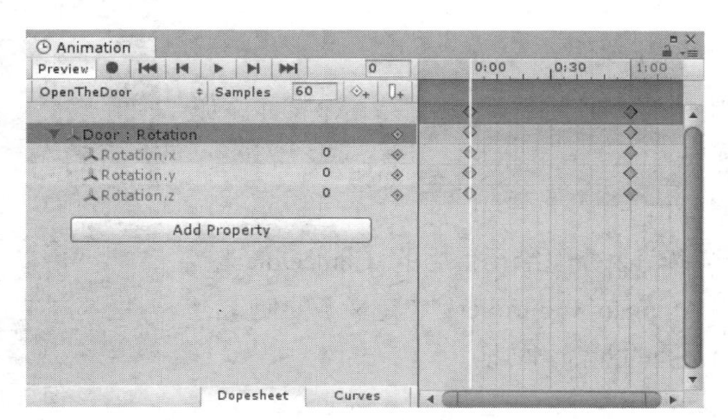

图 9.13 动画起始关键帧

因为门在起始位置旋转角度不需要改变，所以这里的 Rotation.y 的值为 0。接下来将白线移动到动画结束关键帧位置，并设置 Rotation.y 的值为−90，如图 9.14 所示。

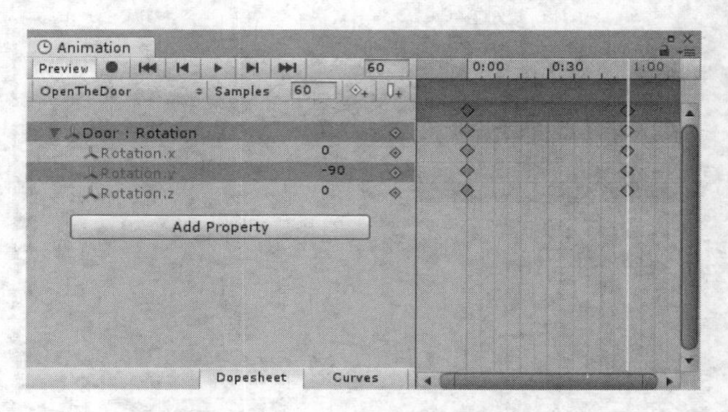

图 9.14　设置动画关键帧参数

至此，整个动画片段完成，对 Rotation.y 值的设置使得这扇门逆时针旋转了 90 度，看上去打开了。通过单击动画播放控制菜单中的播放按钮，可以看到 Scene 视图中的门缓慢打开，如图 9.15 所示。

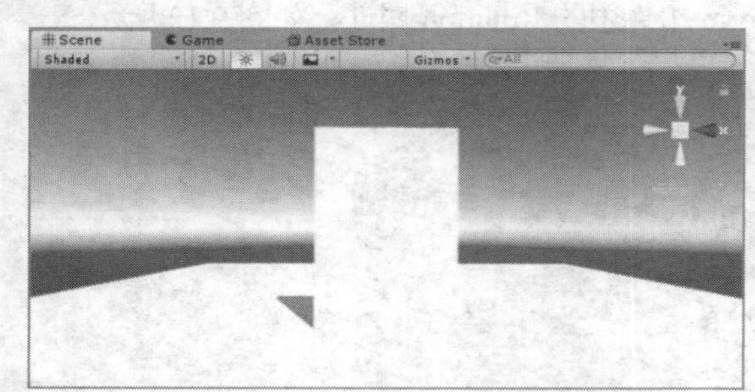

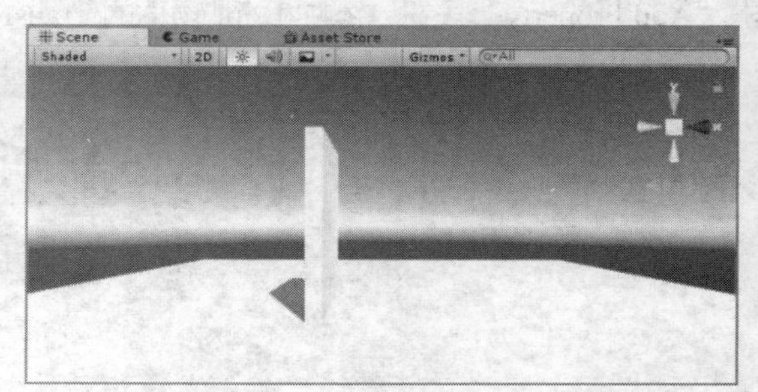

图 9.15　开门动画始末状态

2. Animation 外部导入

Unity 不仅支持内部制作动画，还支持第三方软件（如 3D Max、Maya 等）所创建的动画片段。Animation 外部导入的方法很简单，只需要将 Unity 所支持格式的模型及动画拖入或者复制到 Unity 的 Assets 文件夹下即可。

9.2.2　动画控制器

1. 为物体添加 Animator 组件

在 Hierarchy 视图中创建一个空物体，然后给这个物体添加 Animator 组件，如图 9.16 所示。

2. Animator 组件介绍

Animator 组件用于将动画分配给场景中的 GameObject。Animator 组件需要引用 Animator Controller，它定义了要使用的动画片段，并控制它们之间的混合和转换。

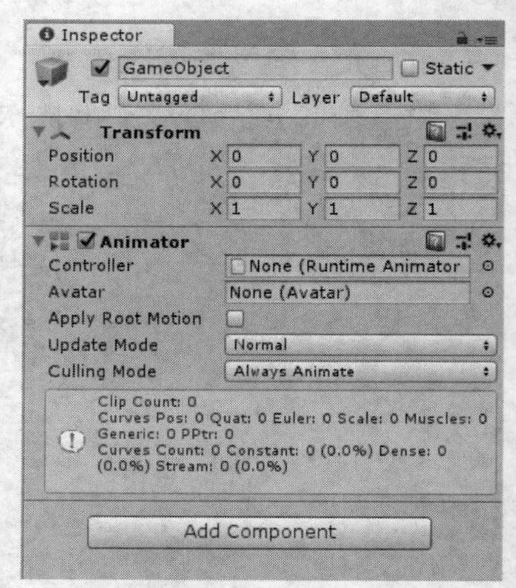

图 9.16　Animator 组件

下面具体介绍 Animator 组件包含的属性信息，如表 9.2 所示。

表 9.2　Animator 组件属性

属　性	功　能
Controller	附加到此角色的动画控制器

续表

属　性	功　能
Avatar	该角色的人形动画（使用 Animator 组件为人形角色制作动画）
Apply Root Motion	该设置决定从动画本身还是从脚本控制角色的位置和旋转
Update Mode	用户可选择 Animator 组件更新时间，以及它应该使用的时间刻度
Normal	动画控制器与 Update 函数调用同步更新，匹配当前时间刻度
Animate Physics	动画控制器与 FixedUpdate 函数调用同步更新
Unscaled Time	动画控制器与 Update 函数调用同步更新，但动画控制器的速度忽略当前时间刻度，无论如何都以 100%的速度播放动画
Culling Mode	剔除模式，用户可以选择动画
Always Animate	始终有动画，即使动画没有被渲染在屏幕上也不要剔除该动画
Cull Update Transforms	当渲染器不可见时，将禁用动画重定向，IK（人物骨骼动画绑定）和更新位置
Cull Completely	当渲染器不可见时，动画将完全禁用

3. **创建** Animator Controller

创建 Animator Controller 有多种方法。

（1）从 Project 视图中选择“Create→Animator Controller”选项。

（2）右键单击 Project 视图并选择“Create→Animator Controller”选项。

（3）从 Assets 菜单中选择“Assets→Create→Animator Controller”选项。

Animator Controller 创建完成后，在 Assets 文件夹下会出现一个“.controller”后缀的文件，如图 9.17 所示。

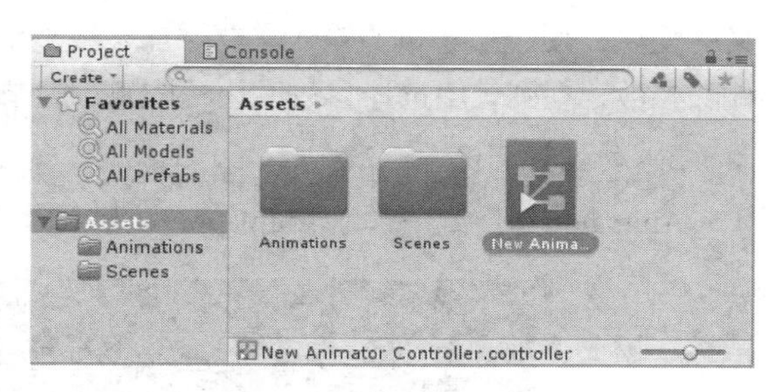

图 9.17　新建动画控制器

4. Animator **窗口指南**

动画控制器，顾名思义，就是对动画进行控制的管理器。

为方便读者理解后续动画控制流程，先介绍动画控制面板，如图 9.18 所示。

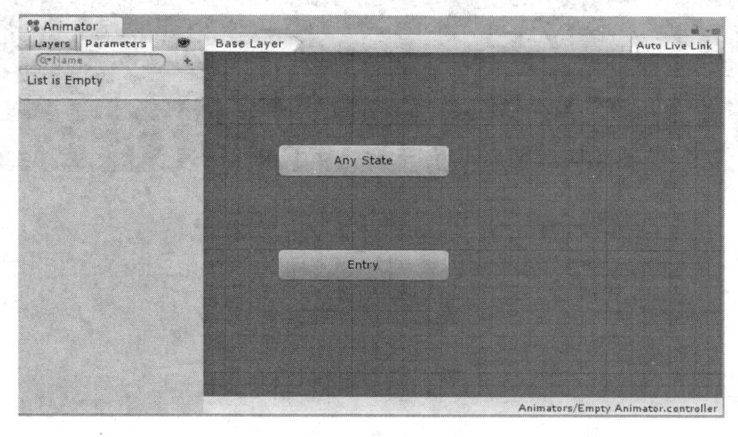

图 9.18　动画控制面板

Animator 窗口可分为两个主要部分：主网格布局区域（红色）和左侧“图层和参数”窗格（黄色），如图 9.19 所示。

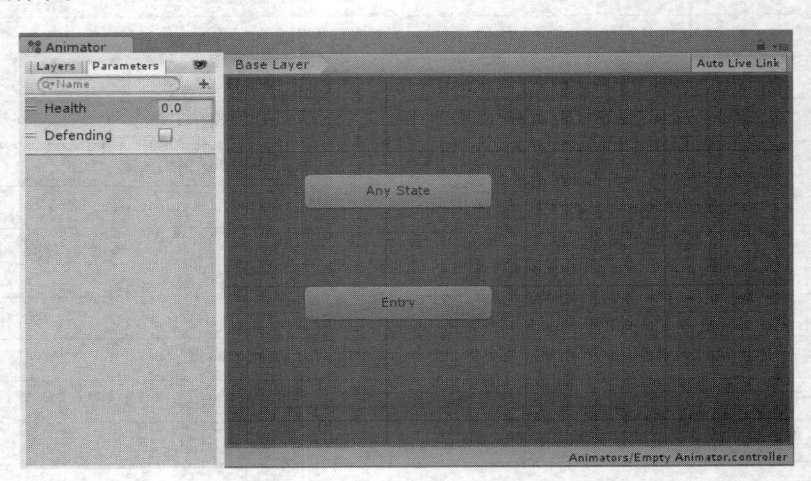

图 9.19　Animator 窗口

主网格布局区域主要用于 Animator Controller 中的动画片段的创建、排列和连接。

左侧的“图层和参数”窗格，允许用户创建、查看和编辑动画控制器中的参数。这些是用户定义的变量，用于状态机的输入。要添加参数，单击加号图标，然后从弹出菜单中选择参数类型。要删除参数，在列表中选择参数，然后按删除键删除。

5. 动画状态机

Animator 组件统一管理 Animation 及其逻辑状态，而 Animation 就是每一段动画，如图 9.20 所示。

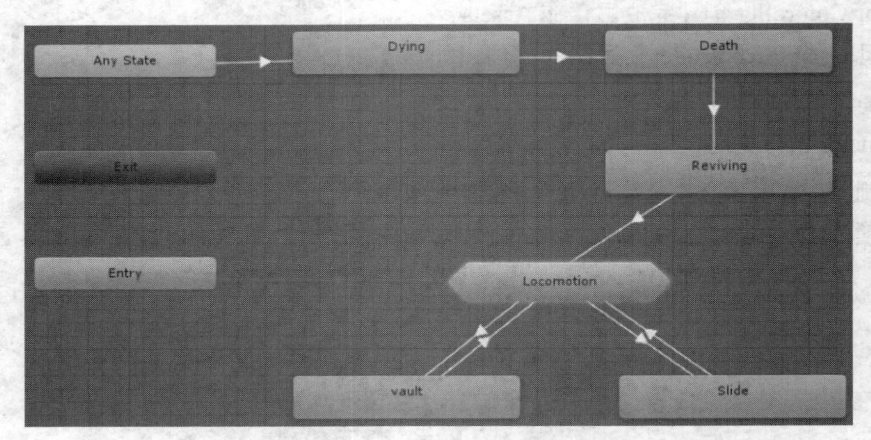

图 9.20　动画状态机

Animator 给了用户更方便的图形化状态管理界面，那就是 Animator 窗口。用户如果想对动画状态做到完整控制，还需要写一个脚本管理整个 Animator 的状态机，也就是角色执行动作的逻辑状态机。

6. Blend Trees

在 Unity 中要想混合使用多个动画，可以使用 Blend Trees（动画混合树）来进行配置。

动画混合树表示多个状态的混合调用，一般根据某些参数来实现这些动画状态的混合与切换。根据参数的个数可以分为 1D 混合、2D 混合和直接混合。

例如，有这样一个案例，人物行为状态需要切换，制作者通过控制 Float 参数 Speed（速度）实现了 Idle、Run、Walk 之间的过渡。这里使用混合树来实现更加方便。1D 混合如图 9.21 所示。

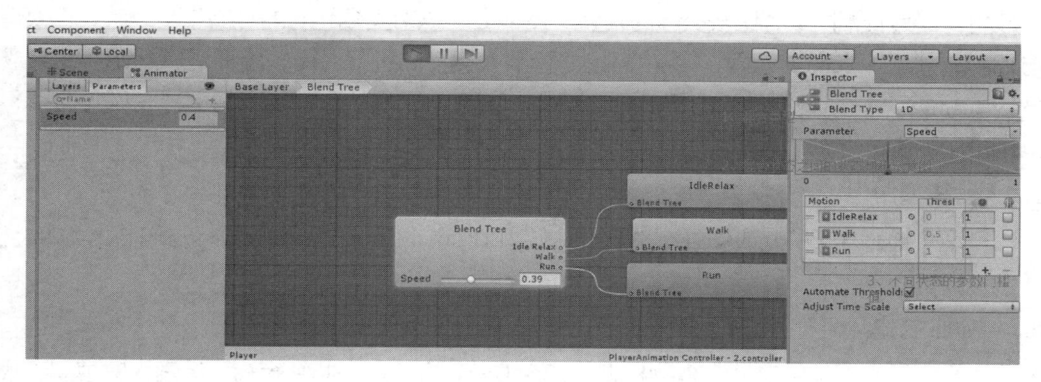

图 9.21　动画混合 1D 类型示例

该案例中，设定混合类型为 1D，添加混合参数 Speed，添加 Motion（动作），并设定 Motion 的门槛值，通过一个混合树就实现了三个状态切换并设定过渡条件的功能。

除了 1D 混合，还可以使用其他几种混合类型，如图 9.22 所示。

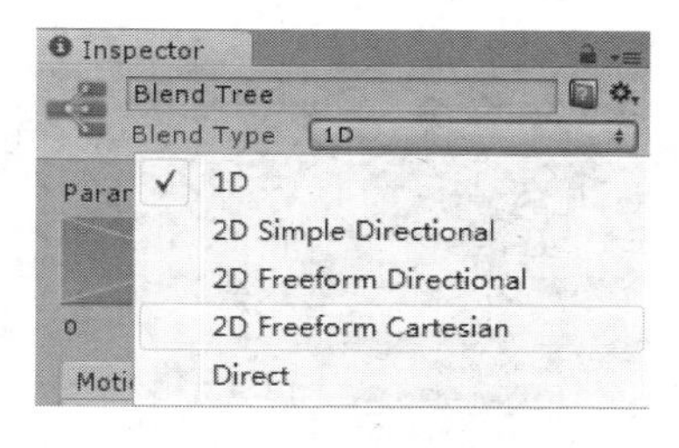

图 9.22　动画混合类型

我们可以看出 2D 混合类型有三种。下面具体介绍常用的 2D 混合类型的功能。

（1）2D Simple Directional：表示在二维空间每个方向只能有一个动作。

（2）2D Freedom Directional：表示在二维空间每个方向可以有两个动作，但是必须一个是 Idle。

（3）2D Freedom Cartesian：表示在二维空间各个方向可以随便设定动作。这个是最常用的。

如果用户想继续在上面的案例中增加左转、右转和后退的动作，1D 混合类型已经满足不了需求，需要用 2D 混合类型。通过 2D 类型可控制 6 个 Motion 的切换，如图 9.23 所示。

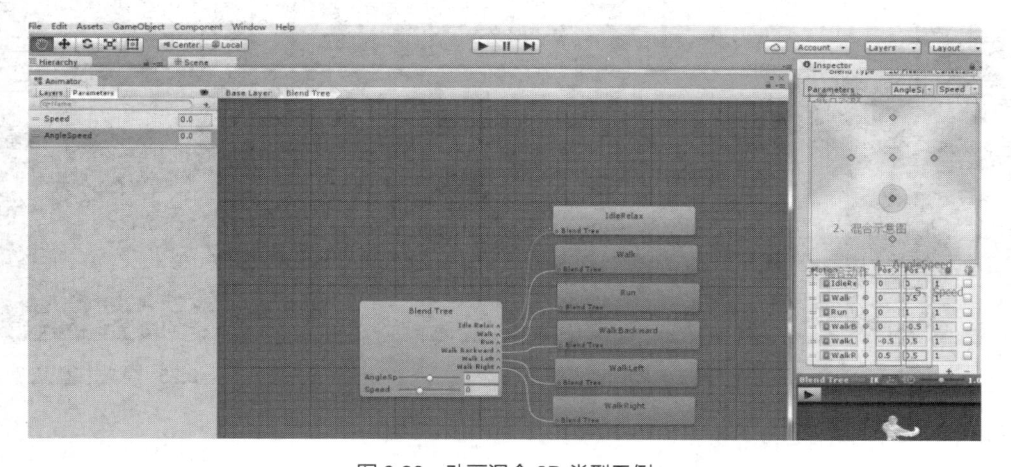

图 9.23　动画混合 2D 类型示例

9.2.3 人形动画

人形动画（Avatar）能够让用户达到使用骨骼操控实现动画的重利用目的，这也就是 Mecanim 动画系统中的动画重定向功能。

人形角色都具有相同或者比较类似的骨骼。Avatar 可以对角色包含的骨骼结构或者角色模型进行分析与识别，并与 Mecanim 动画系统中已有的标准人类骨骼进行对比，继而进行标示，使它成为一种可被 Mecanim 动画系统识别的通用的骨骼结构，以便把它的动作指定应用到另一副骨骼中，即实现 Retargeting（重定向）。

1. 人物模型制作

人物模型可通过 3D 模型或动画制作软件（如 3D Max、Maya 等）制作，将它们导出为.fbx 格式，最终导入 Unity。

2. Avatar 创建与配置

Avatar 的使用前提是要有一个人物模型。打开 Unity 的 Asset Store 窗口，搜索人物模型，找到人物模型资源，单击下载并导入 Unity，如图 9.24 所示。

人物角色资源导入完成后，在 Project 视图中，打开“asobi_chan_b→Assets→Meshes”文件夹，单击 asobi_chan_br 人物模型，并查看其 Inspector 视图的模型信息，如图 9.25 所示。

图 9.24 导入人物模型资源

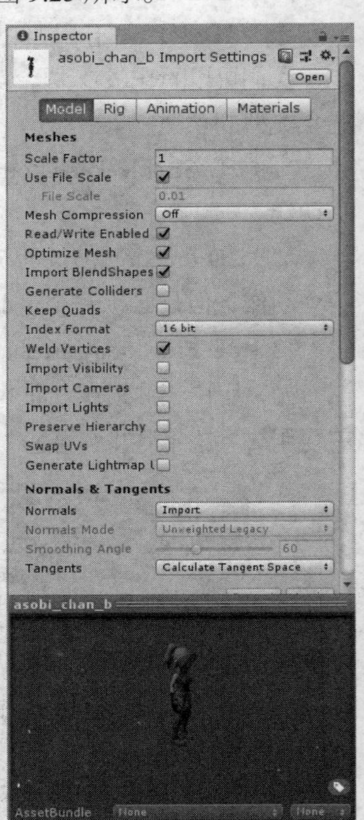

图 9.25 人物模型资源信息

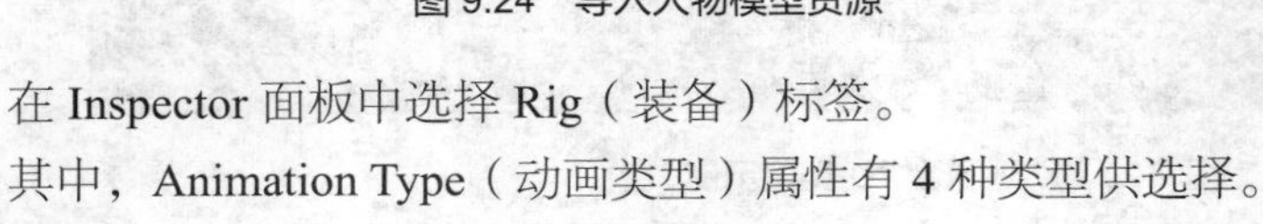

在 Inspector 面板中选择 Rig（装备）标签。

其中，Animation Type（动画类型）属性有 4 种类型供选择。

（1）None：无动画类型。

（2）Legacy：旧版动画类型。

（3）Generic：通用动画类型。

（4）Humanoid：人类的动画类型。

如果要应用 Avatar，则需要选择最后一个类型，即 Humanoid 类型选项，如图 9.26 所示。

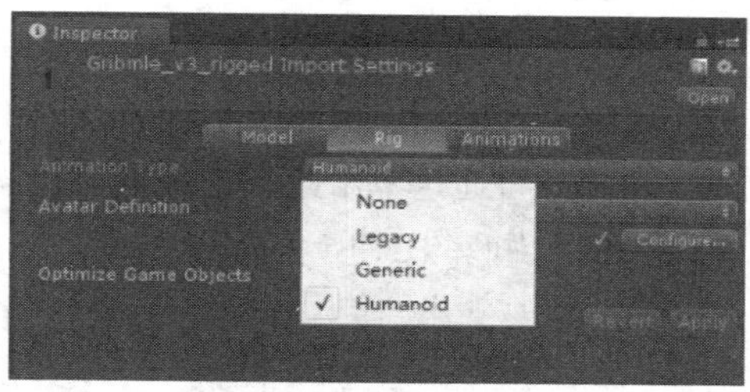

图 9.26　选择 Humanoid 类型

在 Project 视图中，打开“asobi_chan_b→Demo”文件夹，并单击打开 Demo 场景，可以看到使用该模型制作的人物角色，如图 9.27 所示。

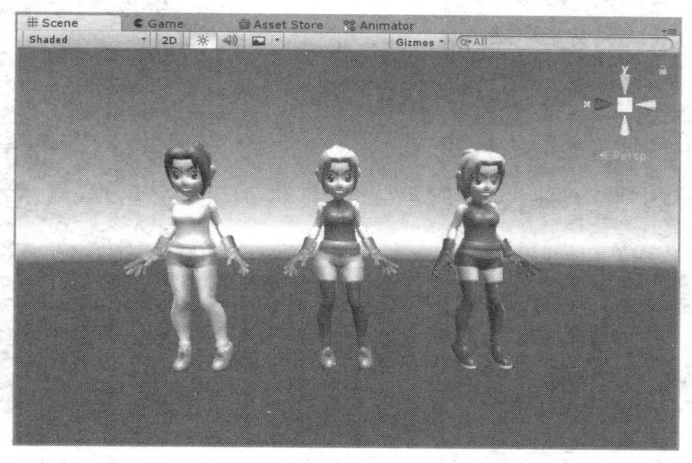

图 9.27　场景中的人物模型

在 Demo 场景中可以看到三个类似的人物角色，只是服装颜色略有不同。单击选中其中一个模型，查看其 Inspector 视图中的相关信息，如图 9.28 所示。

接下来单击 Animator 组件当中的 Avatar 属性后的人物角色模型，Unity 系统会自动查找到该角色模型在 Project 视图中的位置。单击 Project 视图中的人物角色模型，查看 Inspector 视图，如图 9.29 所示。

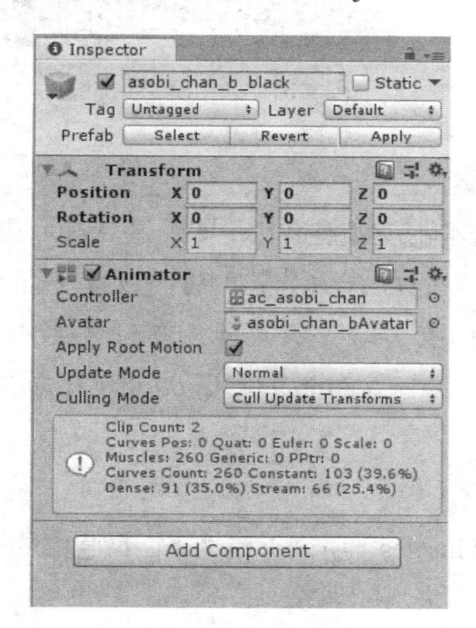

图 9.28　人物角色动画组件显示

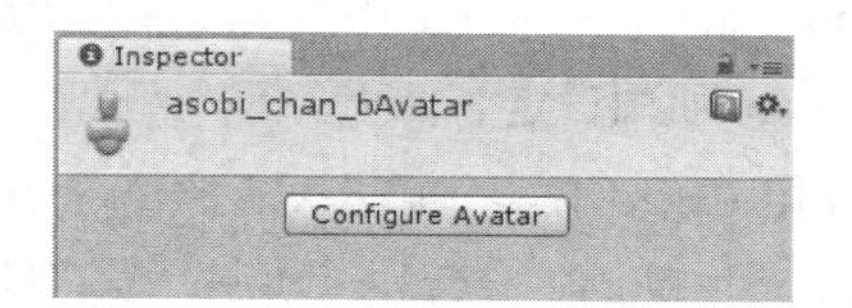

图 9.29　配置人物模型 Avatar

单击上图中的“Configure Avatar”按钮，即可打开该人物模型的 Avatar 系统。其 Inspector 视图显示了整个人物模型相关属性信息，并可以在此直接进行模型的属性参数修改，如图 9.30 所示。

用户还可通过单击此人物模型的某一部分（如手部、脚部等）来执行进一步设置。这里以单击手部为例，如图 9.31 所示。

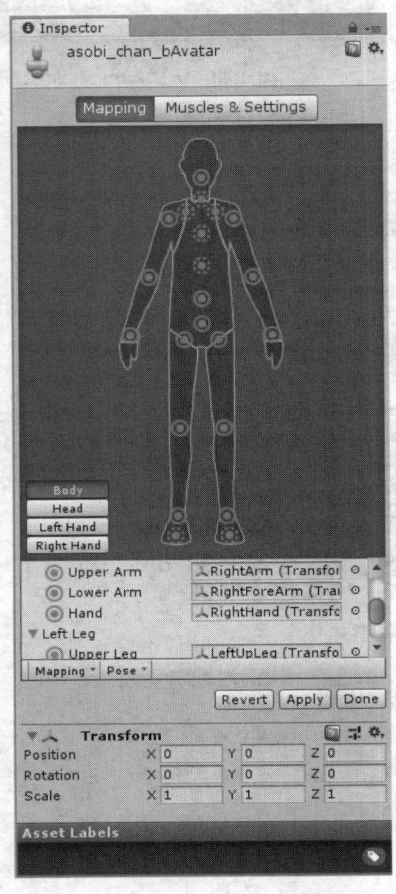

图 9.30　人物模型的 Avatar 系统

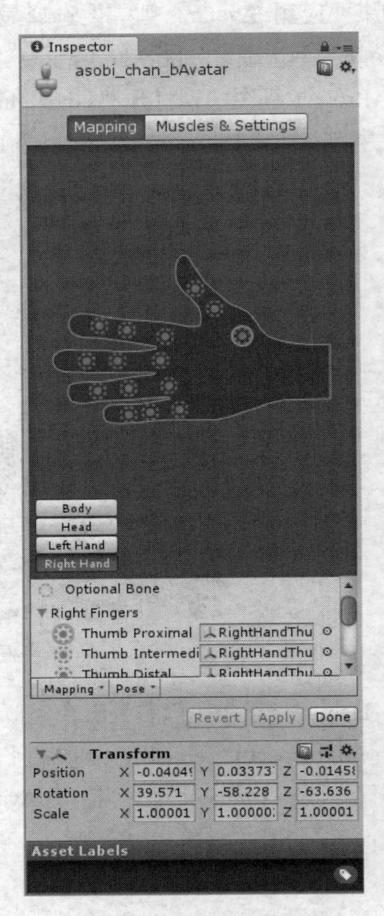

图 9.31　人物模型手部设置

3. Avatar 的重定向

通过 Avatar 处理过的骨骼（且必须为人类的骨骼）才能接受重定向，即经过 Avatar 处理的骨骼具有相同或类似的骨骼结构，便于在不同的角色中重用或者互用。*A* 人物的骨骼或者说动画片段可以应用在 *B* 人物模型上（*B* 人物可以有或没有自己的动画片段），使之具有 *A* 人物的动画行为，反之亦可。所以，骨骼经过 Avatar 处理后，只需要对每个模型添加一个 Animator Controller（动画控制器），在播放 Unity 工程时，不同的模型就具有了相同的动画。

4. Avatar 肌肉设定

人物角色模型不仅要正确匹配骨骼位置，还要通过 Muscles（肌肉）属性来微调骨骼的运动范围，如此做出的骨骼动画才会合理、协调，没有身体叠加或者失真的现象。

用户可以在 Inspector 视图的肌肉选项卡中对人物模型进行肌肉属性设置，如图 9.32 所示。

在这里，可以非常轻松地调整角色的活动范围，确保角色以逼真的方式做动作，避免过度造作或自我重叠。

5. Avatar **肌肉剪辑**

Avatar 不仅可以对人物模型肌肉的属性进行设定，还可以通过 Animation 标签栏建立肌肉剪辑（Muscle Clips），这是针对特定肌肉或肌肉组的动画编辑。用户可以在 Avatar 人物模型的肌肉剪辑面板上直接进行动画编辑。

6. **身体遮罩**

开发者可以通过身体遮罩对动画里面特定的身体部位进行激活或禁用。在 Inspector 视图的 Animaton 标签栏里面可以设置 BodyMask（身体遮罩）。身体遮罩让用户能根据角色需求精确地裁剪动画。例如，用户有一个常见的行走动画，包括手臂和腿的动作，现在一个角色的双手举着巨大的物体，用户当然不会希望她在行走时手臂来回摆动。而在其他情况下，用户可以通过身体遮罩的切换，继续使用常规的行走动画。

在 Inspector 视图的 Animation 标签栏里，用户会看到一个 Clips 列表，里面有当前对象的所有动画片段。用户从列表中选择一个条目后，会看到这个片段的选项，包括身体遮罩编辑器，如图 9.33 所示。

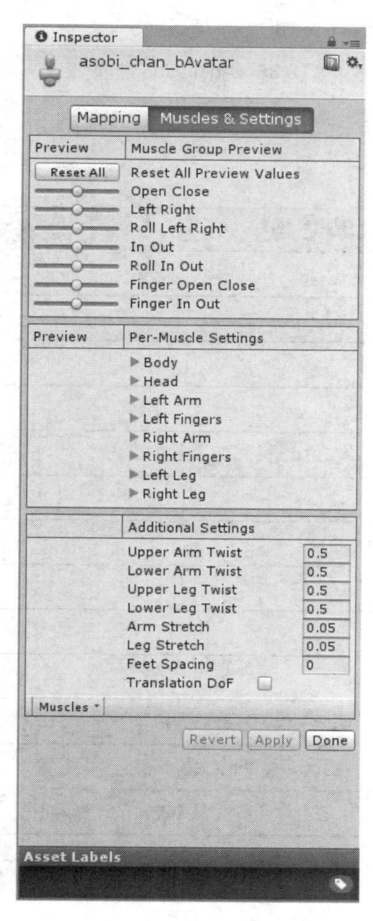

图 9.32　人物模型肌肉属性设置

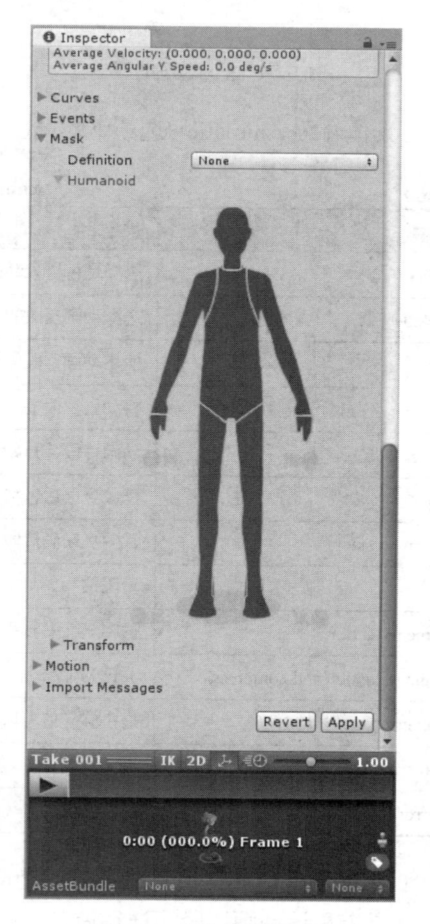

图 9.33　身体遮罩编辑器

9.3 Unity 旧版动画系统

要导入旧版动画，首先需要在 Inspector 视图的选项卡中进行设置，如图 9.34 所示。然后，单击菜单栏“Animation”选项，弹出新界面，如图 9.35 所示。

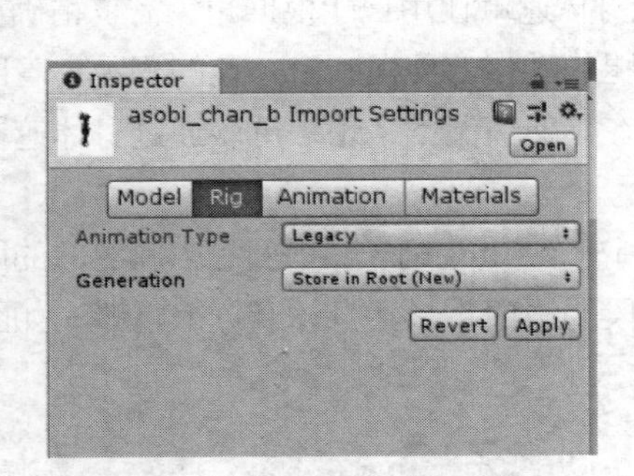

图 9.34 旧版动画选项

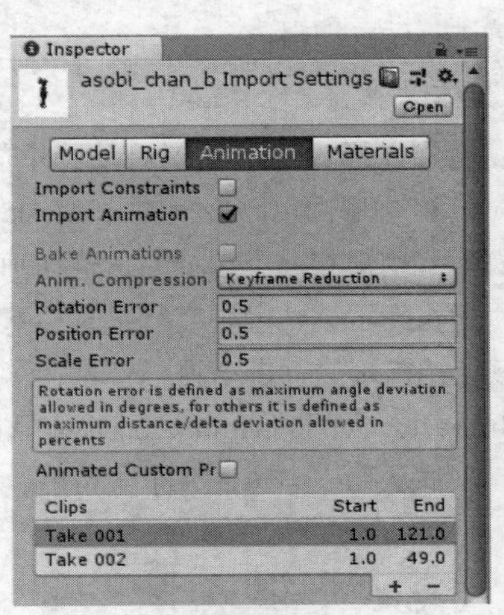

图 9.35 Animation 选项

下面具体介绍 Animation 选项下的属性信息，如表 9.3 所示。

表 9.3 Animation 选项属性

属　性	功　能
Controller	选择是否导入动画
Wrap Mode	选择动画播放的循环模式
Default	使用动画片段中指定的任何设置
Once	将动画片段播放到末尾后结束
PingPong	动画片段从开始到结尾，再从结尾到开始，如此进行循环播放的模式
Forever	播放到最后，持续循环最后一帧
Anim Compression	试图从动画片段中删除冗余信息的设置
Off	无压缩
Keyframe reduction	试图删除差异小而看不到的关键帧
Keyframe reduction and compression	关键帧缩减后，动画片段被一定程度压缩
Rotation error	最小旋转值（以度为单位），在此以下，两个关键帧被计算为相等
Position error	最小位置差（表示为坐标值的百分比），在此以下，两个关键帧被计算为相等
Scale error	最小比例尺差（表示为坐标值的百分比），在此以下，两个关键帧被计算为相等

位于 Animation 属性信息最下方的是动画片段的列表。单击列表中的动画片段，可在 Inspector 视图最下方查看该动画片段的详细信息，如图 9.36 所示。

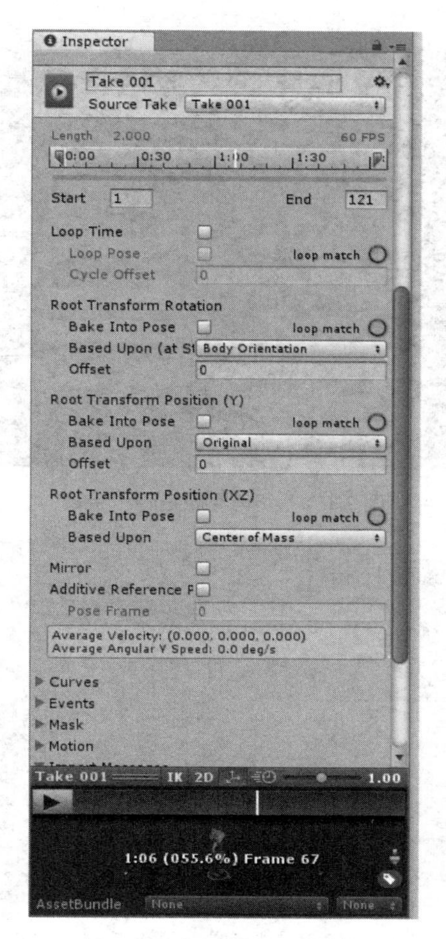

图 9.36　动画片段的详细信息

开发者也可以使用快捷键“Ctrl+6”打开 Animation 窗口，对此动画片段进行编辑修改。

9.4　Helicopter 实战项目：为直升机主旋翼添加动画

直升机为什么能够飞起来？最直观的回答就是：直升机能飞起来，是因为它“头顶”上有高速旋转的“翅膀”。想让直升机模型的旋翼转起来，在 Unity 中有多种实现方式，如动画录制、脚本控制等。

9.4.1　旋翼动画录制

为了游戏登录界面更加美观，我们在 Login 场景中添加一个直升机模型。从资源文件中找到预设文件 HelicopterModel_Login，拖入场景合适的位置，如图 9.37 所示。

首先从场景视图中找到物体 MainRotor，它是直升机模型的主旋翼部分，然后单击选中该物体，通过快捷键“Ctrl+6”（当然，也可以通过顶部菜单选择“Window→Animation”选项）打开 Animation 窗口，最后为直升机模型的主旋翼录制动画，如图 9.38 所示。

图 9.37 登录场景添加直升机完成

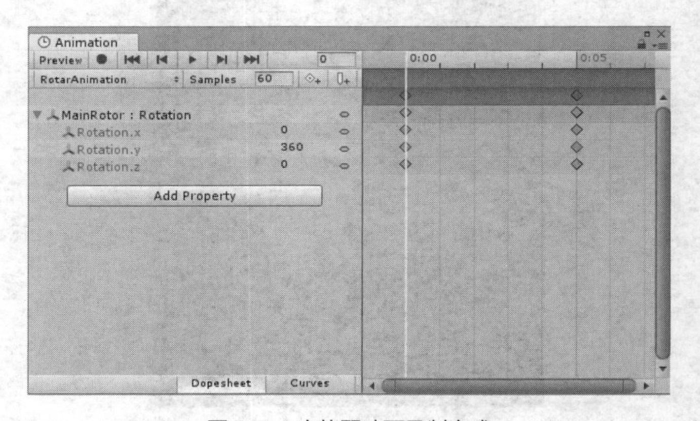

图 9.38 主旋翼动画录制完成

9.4.2 旋翼动画播放

旋翼动画录制完成后，要想播放它，首先要给物体 MainRotor 添加一个 Animation 组件，然后在组件中选择要播放的动画，如图 9.39 所示。

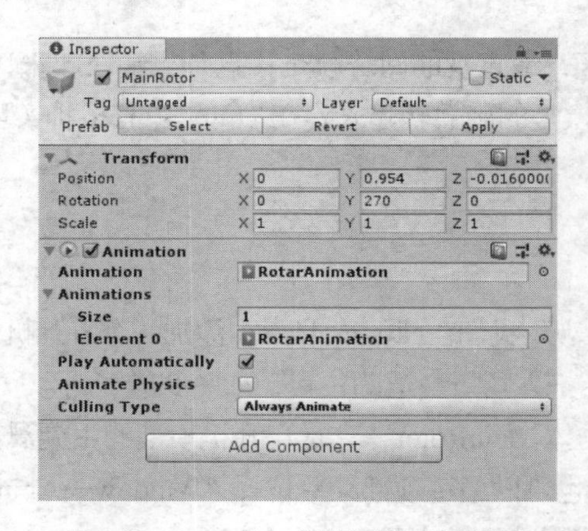

图 9.39 Animation 组件与动画片段绑定

接下来，运行 Unity，读者会发现动画只播放了一次，这是因为 Unity 创建的动画默认播放模式是 Once，从 Project 视图中选中 RotarAnimation 文件，在 Inspector 视图中更改它的 Wrap Mode 属性为 Loop 模式即可，如图 9.40 所示。

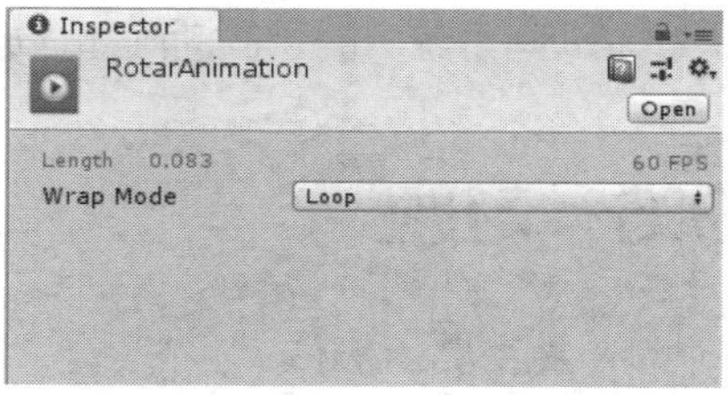

图 9.40　动画片段 Loop 模式

9.4.3　动画播放器

直升机项目的动画播放控制源代码可在 Helicopter 项目中具体学习，在项目脚本中有大量的注释以供参考和理解。下面展示动画播放管理的 C#脚本源代码，如例 9-1 所示。

【例 9-1】

```
1  using System.Collections;
2  using System.Collections.Generic;
3  using UnityEngine;
4  //动画播放管理类
5  //可在 Helicopter 项目的 AnimationTest 场景中测试
6  public class AnimationManager : MonoBehaviour {
7      private Animation animation;
8      void Start()
9      {
10         animation = GetComponent<Animation>();//找到 Animation 组件
11     }
12     void Update()
13     {
14         if (Input.GetMouseButtonDown(0))     //单击鼠标左键
15         {
16             //animation.Play();              //用于默认的动画
17             //animation.Play("donghua");     //动画瞬间变化
18             animation.CrossFade("donghua", 1f); //1s 之后淡出其他动画，淡入 donghua 动画
19         }
20         else if (Input.GetMouseButtonDown(1))     //单击鼠标右键
21         {
22             //animation.Play("donghua01");
23             animation.CrossFade("donghua01", 1f);
24         }
25         else if (Input.GetKeyDown(KeyCode.Space))   //敲击空格键
26         {
27            animation.Rewind("donghua");   //把动画倒放
28            //animation.Stop();//停止播放动画   动画停止之后再播放动画是从头开始播放
29         }
30     }
31 }
```

9.5　本章小结

本章主要介绍 Unity 动画系统的多个重要的核心组件，以及它们在游戏开发中的使用方法，重点

讲解了动画系统中的录制动画和播放控制动画的实现。

9.6 习题

1. 填空题

（1）Unity 引擎内置了一个丰富而复杂的动画系统，它又被称为________动画系统。

（2）________用于预览和编辑 Unity 中游戏对象的动画片段。

（3）把一副骨骼的动作指定应用到另一副骨骼中，即实现________（重定向）。

（4）Animator 组件需要引用________动画文件，它定义了要使用的动画片段，并控制它们之间的混合和转换。

（5）在 Unity 编辑器中，可以通过“________”快捷键打开动画录制窗口。

2. 选择题

（1）Mecanim 动画系统是 Unity（　　）版本之后的新版动画系统。

A. 4.x　　B. 5.x　　C. 2017.x　　D. 2018.x

（2）（　　）组件是新版动画组件。

A. Animation　　B. AnimationClip　　C. Animator　　D. 以上都正确

（3）（　　）系统能够让用户达到使用骨骼操控实现动画的重利用目的。

A. Animation　　B. Avatar　　C. Animator　　D. Animator Controller

（4）人物模型的 Animation Type 属性有（　　）种类型供选择。

A. 1　　B. 2　　C. 3　　D. 4

（5）Avatar 系统可以对人物模型的（　　）部位进行参数的设置。

A. 头　　B. 手、足　　C. 躯干　　D. 全身

3. 思考题

（1）简述 Animation Clip、Animator Controller 和 Avatar 之间的关系。

（2）简述 Animation 与 Animator 的区别。

4. 实战题

给 Login 场景中的直升机尾旋翼（物体 TailRotor）添加旋转动画。

10 第 10 章　Unity 音频系统

本章学习目标

- 熟练掌握 Unity 声音系统各功能模块的用法
- 掌握制作音频的流程和播放音频的方法

缺少了声音，无论是背景音乐还是音效，游戏都是不完整的。Unity 内置的音频系统灵活而强大，它可以导入大多数标准格式音频文件，并具有在 3D 空间中播放声音的复杂功能，可选择应用回声和滤波等效果。Unity 还可以记录用户计算机上任何可用话筒的音频，以便在游戏过程中使用或存储和传输。

10.1　音频系统概述

10.1.1　音频基本理论

在现实生活中，声音由物体发出并由听者听到，声音被感知的方式取决于许多因素，听者可以粗略地分辨出声音来自哪个方向，大体感知它的响度和质量。快速移动的声源（如坠落的炸弹或过往的警车）发出的声音会因多普勒效应而改变音高。此外，环境会影响声音的反射方式，因此洞穴内的声音会产生回声，但露天的声音却不会。

为了模拟位置的影响，Unity 要求声音来自附加到对象的音频源（Audio Source）。音频源播放的声音由连接到另一个物体（通常是主摄像机）的音频侦听器拾取。Unity 可以模拟因距离和位置产生的声音效果，并相应地将它们播放给用户。音频源和侦听器对象的相对位置也可用于模拟多普勒效应以增加真实感。

Unity 无法完全根据场景计算回波，但用户可以通过向对象添加音频过滤器来模拟它们。例如，用户可以将回声过滤器应用于应该来自洞穴内的声音。在物体移入和移出具有强回声的地方的情况下，用户可以向场景添加混响区。例如，用户的游戏可能涉及驾车穿过隧道，如果在隧道内放置一个混响区，那么汽车的发动机声音会在它们进入隧道时开始有回声，当它们从隧道另一侧出现时，回声会消失。

Unity Audio Mixer（混音器）允许用户混合各种音频，给它们添加效果以及执行母带制作。音频源、音频侦听器、混音器、音频效果和混响区的制作和使用将在下面的章节中具体介绍。

10.1.2 使用音频文件

Unity 可以像导入其他资源一样导入.aiff、.wav、.mp3 和.ogg 音频文件，只需将文件拖到 Project 视图中即可。导入音频文件会创建音频片段，然后开发者可以将其拖动到音频源或从脚本中使用。

在声音方面，Unity 还支持跟踪器模块，这些模块使用短音频片段绑定某一时刻事件进行音效播放。跟踪器模块可以从.xm、.mod、.it 和.s3m 等文件导入，其资源使用方式与普通音频片段的使用方式大致相同。

下面列出 Unity 目前所支持的音频文件格式，如表 10.1 所示。

表 10.1　　Unity 支持的音频文件格式

格　式	后缀名
MPEG layer 3	.mp3
Ogg Vorbis	.ogg
Microsoft Wave	.wav
Audio Interchange File Format	.aiff / .aif
Ultimate Soundtracker module	.mod
Impulse Tracker module	.it
Scream Tracker module	.s3m
FastTracker 2 module	.xm

10.2 音频系统核心介绍

10.2.1 音频片段

音频片段（Audio Clip）包含音频源使用的音频数据。Unity 支持单声道、立体声和多声道音频资源（最多 8 个频道）。Unity 可以导入的音频文件格式有.aif、.wav、.mp3、.ogg 等。Unity 还可以导入.xm、.mod、.it 和.s3m 格式的跟踪器模块，虽然资源导入检查器中没有它们的波形预览，但跟踪器模块资源的行为与 Unity 中任何其他音频资源的行为方式相同。

任何一个音频片段的具体信息都可以在 Inspector 视图查看，如图 10.1 所示。

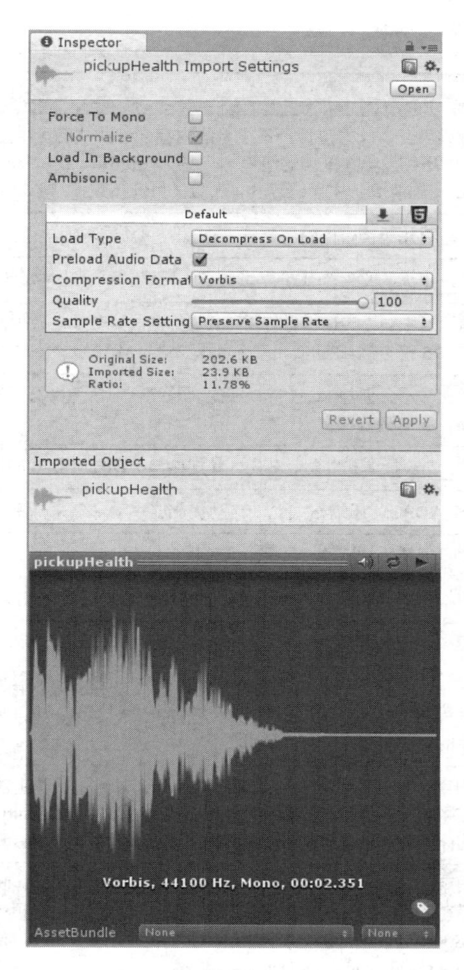

图 10.1　某音频片段信息

下面具体介绍音频片段资源包含的属性信息，如表 10.2 所示。

表 10.2　音频片段属性

属　性	功　能
Force To Mono	强迫单声道。启用此选项后，多声道音频将在打包前混合到单声道音轨
Normalize	启用此选项后，将在“Force To Mono”混音过程中获得标准化音频
Load In Background	启用此选项后，片段的加载将在单独的线程上的延迟时间发生，而不会阻止主线程
Ambisonic	Ambisonic 音频源以一种格式存储音频，该格式表示可以根据收听者的方向旋转的声场。它对 360 度视频和 XR 应用程序很有用。如果用户的音频文件包含 Ambisonic 编码的音频，启用此选项即可
Load Type	Unity 用于在运行时加载音频资源的方法
-Decompress On Load	音频文件加载后将立即解压缩。对较小的压缩声音文件使用此选项可以避免动态解压缩的性能开销。注意，在加载时解压缩 Vorbis 编码的声音将占用大约多 10 倍的内存（对于 ADPCM 编码约为 3.5 倍），因此请勿对大文件使用此选项
-Compressed In Memory	将声音压缩在内存中并在播放时解压缩。此选项具有轻微的性能开销（特别是对于 Ogg Vorbis 压缩文件），因此仅将其用于较大的文件，其中加载时的解压缩将使用大量的内存。解压缩发生在混音器线程上，可以在 Inspector 视图的音频窗格中的“DSP CPU”部分进行监视

续表

属　性	功　能
-Streaming	动态解码声音。此方法使用最少量的内存来缓冲从磁盘中逐步读取并在运行中解码的压缩数据。注意，解压缩发生在单独的线程上，可以在 Profiler 窗口的音频窗格的“Streaming CPU”部分监视其 CPU 使用情况。注意，若没有加载任何音频数据，流媒体片段的重载约为 200KB
Compression Format	在运行时将用于声音的特定格式。注意，可用选项取决于当前选定的构建目标
-PCM	此选项以更大的文件为代价提供更高的质量，适合非常短的声音效果
-ADPCM	这种格式对于包含大量噪音且需要大量播放的声音非常有用，如脚步声、撞击声、武器声。压缩比是 PCM 的 3.5 倍，但 CPU 使用率远低于 Vorbis/MP3 格式，这使其成为上述类别声音的首选格式
-Vorbis/MP3	压缩文件较小，但与 PCM 音频相比质量稍低。压缩量可通过“质量”滑块进行配置。此格式最适合中等长度的音效和音乐
-HEVAG	这是 PS Vita 上使用的原生格式。其规格与 ADPCM 格式的规格非常相似
Sample Rate Setting	PCM 和 ADPCM 压缩格式允许自动优化或手动降低采样率
-Preserve Sample Rate	此设置可保持采样率不变（默认值）
-Optimize Sample Rate	此设置根据最高频率内容自动优化采样率
-Override Sample Rate	此设置允许手动覆盖采样率，因此可以有效地将其用于丢弃频率内容
Force To Mono	如果启用，音频片段将向下混合为单声道声音。在向下混频之后，信号被峰值归一化，因为向下混合过程通常会产生比原始信号更安静的信号，因此峰值归一化信号通过 AudioSource 的音量属性为以后的调整提供了更好的余量
Load In Background	如果启用，音频片段将在后台加载，而不会导致主线程上的停顿。默认情况下，这是关闭的，以确保在场景开始播放时所有音频片段已完成加载的标准 Unity 行为。注意，仍会在后台加载的音频片段上的播放请求将被延迟，直到剪辑完成加载。可以通过音频片段的 LoadState 属性查询加载状态
Preload Audio Data	如果启用，则加载场景时将预加载音频片段。默认情况下，此选项反映标准 Unity 行为，其中所有音频片段在场景开始播放时已完成加载。如果未启用，则音频数据将加载到第一个 AudioSource.Play()/AudioSource.PlayOneShot() 上，或者可以通过 AudioSource.LoadAudioData() 加载，然后通过 AudioSource.UnloadAudioData()再次卸载
Quality	确定要应用于压缩片段的压缩量。不适用于 PCM/ADPCM/HEVAG 格式。可以在 Inspector 视图中查看有关文件大小的统计信息。调整此值的一个好方法是将滑块拖动到使播放“足够好”的位置，同时保持文件足够小以满足用户的分发要求。注意，原始大小与原始文件有关，因此如果这是一个.mp3 文件并且压缩格式设置为 PCM（即未压缩），则生成比率将大于 100%，新文件比原文件占用更多空间

10.2.2　音频源

音频源（Audio Source）是在场景中播放音频片段的位置，就像现实生活中的音响设备一样。音频片段可以播放给音频收听者或通过音频混合器播放。音频源可以播放任何类型的音频片段，并且可以设置为以 2D、3D 或混合（Spatial Blend）的形式播放这些音频片段。

此外，如果音频侦听器位于一个或多个混响区内，则会对音频源添加混响。可以将各个滤波器应用于每个音频源，以获得更丰富的音频体验。

1. 创建 Audio Source

音频源可以充当音频控制器，用于启动和停止所指定的音频片段的播放，以及修改其他音频属性。场景中添加了音频源，音频片段同样必不可少，否则也就没有了意义。

创建一个音频源，通常可以分为四个步骤。

（1）将音频文件导入 Unity 项目，它们就是音频片段。

（2）从菜单栏选择“GameObject→Create Empty”。

（3）选中新的 GameObject 后，选择“Component→Audio→Audio Source”。

（4）在 Inspector 视图中分配 Audio Source Component 的 Audio Clip 属性。

2. Audio Source 组件

音频源的主要组件是 Audio Source 组件，如图 10.2 所示。

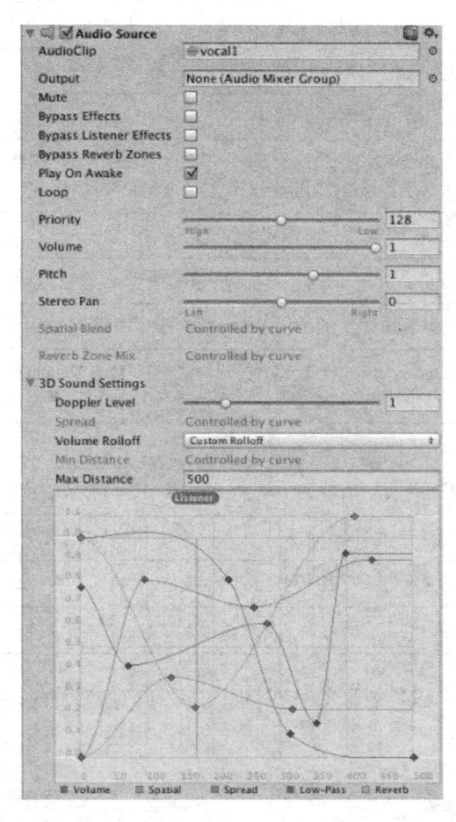

图 10.2　Audio Source 组件

下面具体介绍 Audio Source 组件包含的属性信息，如表 10.3 所示。

表 10.3　Audio Source 组件属性

属　性	功　能
Audio Clip	将要播放的声音片段文件
Output	声音可以通过音频侦听器或混音器输出
Mute	如果启用，声音将播放但静音
Bypass Effects	快速“绕过”应用于音频源的滤镜效果。打开/关闭所有效果的简单方法
Bypass Listener Effects	快速打开/关闭所有侦听器效果
Bypass Reverb Zones	快速打开/关闭所有混响

续表

属　　性	功　　能
Play On Awake	如果启用，声音将在场景启动时开始播放。如果禁用，则需要使用脚本中的 Play()命令启动它
Loop	启用此选项可对音频片段进行循环播放
Priority	确定此场景中共存的所有音频源的优先级。（优先级：0 =最重要，256 =最不重要，128 = 默认。）建议音乐曲目设为 0，以避免背景音乐中断
Volume	距离音频侦听器 1 个世界单位（1m）的声音音量
Pitch	由音频片段的减速/加速引起的音调变化量。值 1 是正常播放速度
Stereo Pan	设置 2D 声音在立体声场中的位置
Spatial Blend	设置 3D 引擎对音频源的影响程度
Reverb Zone Mix	设置路由到混响区的输出信号量。该量在 0～1 范围内是线性的，但允许在 1～1.1 范围内的 10dB 放大，这对于实现近场和远距离声音的效果是有用的
3D Sound Settings	与 Spatial Blend 参数成比例应用的设置
Doppler Level	确定将对此音频源应用多少多普勒效应（如果设置为 0，则不应用）
Spread	设置为音频源在世界空间中的 3D 立体声或多声道声音
Min Distance	在 Min Distance 内，声音将保持最大声。在 Min Distance 之外，它将开始减弱。增加声音的 Min Distance 可使其在 3d 世界中“更响亮”，减少它可使声音在 3D 世界中“更安静”
Max Distance	声音停止衰减的距离
Rolloff Mode	声音衰减的速度。值越高，听者在听到声音之前必须越接近音频源。（此项由图表确定）
- Logarithmic Rolloff	当听者靠近音频源时声音很大，当听者离开音频源时音量会快速下降
- Linear	距离音频源越远，听者听到的声音就越小
- Custom Rolloff	来自音频源的声音的行为与用户设置滚降图的方式相关

音频源 Rolloff 模式有 3 种：对数模式，线性模式和自定义模式。用户可以通过修改曲线来自定义声音衰减模式，如图 10.3 所示。

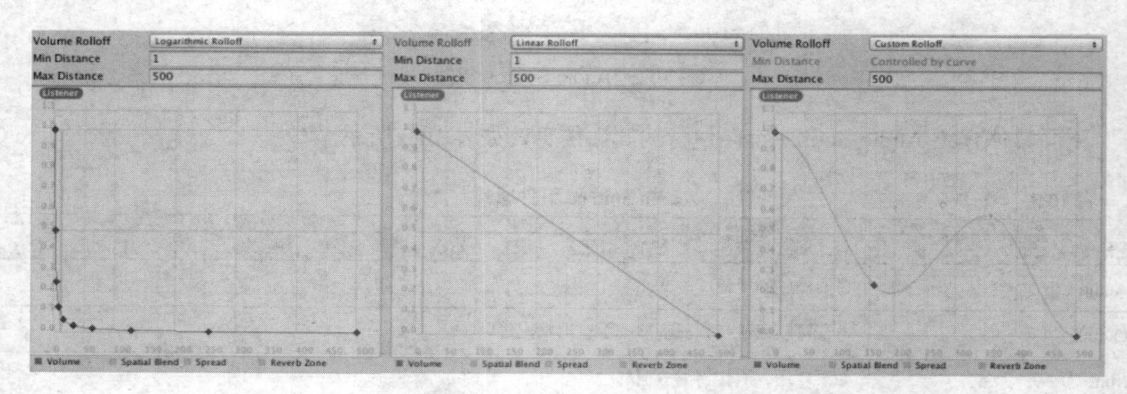

图 10.3　音频源 Rolloff 模式

从图中可以看出，音频的几个属性可以作为音频源和音频侦听器之间距离的函数进行修改。下面具体介绍音频源 Rolloff 模式自定义面板包含的属性信息，如表 10.4 所示。

表 10.4 **Rolloff 模式自定义面板属性**

属　性	功　能
Volume	音量随距离增大衰减
Spatial Blend	2D（原始通道映射）到 3D（所有通道下混为单声道并根据距离和方向衰减）
Reverb Zone	路由到混响区的信号量。注意，音量属性、距离和方向衰减首先应用于信号，因此会影响直接和混响信号

10.2.3 音频侦听器

音频侦听器（Audio Listener）类似话筒，它接收来自场景中任何给定音频源的输入，并通过计算机扬声器播放声音。对于大多数应用程序，将侦听器连接到主摄像机最有意义。如果音频侦听器位于混响区的边界内，则会将混响应用于场景中的所有可听声音。

音频侦听器的重要组件是 Audio Listener 组件，如图 10.4 所示。

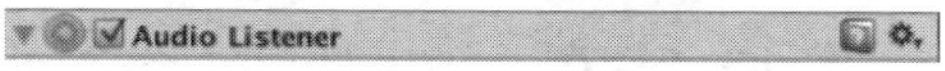

Audio Listener

图 10.4 Audio Listener 组件

音频侦听器没有属性，它必须添加到场景中，通常情况下，它始终添加到主摄像机上。

音频侦听器与音频源通常是组合配套使用，当音频侦听器连接到场景中的 GameObject 时，任何足够接近侦听器的音频源的声音将被拾取并输出到计算机的扬声器。需要注意的是，每个场景只能有 1 个音频侦听器正常工作。

对于 3D 音频源，侦听器将模拟 3D 世界中声音的位置、速度和方向（用户可以在音频源中详细调整衰减和 3D/2D 行为）；对于 2D 音频源，侦听器将忽略任何 3D 处理，比如游戏的背景音乐。

10.2.4 混音器

Unity 允许用户混合各种音频，可在混音器（Audio Mixer）编辑窗口对各个音频进行控制。

Unity 为混音器提供了专门的编辑窗口，如图 10.5 所示。

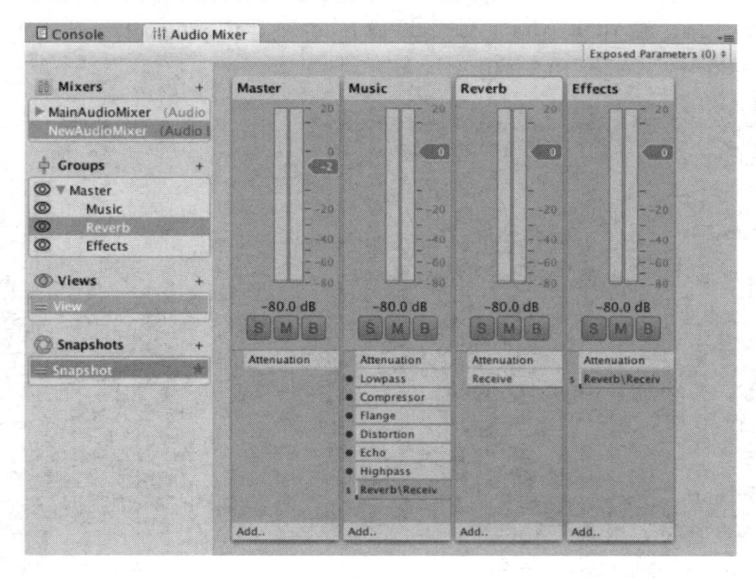

图 10.5 混音器编辑窗口

混音器组件本质上是音频的混合设备，多个混音器组织成了像树一样的结构，信号链允许用户应用音量衰减和音调校正，用户还可以插入处理音频信号的效果并更改效果的参数，混音器还有一个发送和返回机制将结果从一个总线传递到另一个总线。

1. **混音器列表**

混音器编辑窗口显示项目中所有 Audio Mixer 的完整列表，如图 10.6 所示。

图 10.6　Audio Mixer 列表

通过在此面板中选择混音器，可以快速切换它们，将一个 Audio Mixer 连接到另一个 Audio Mixer 的 AudioGroup 也在此窗口中执行。用户还可以在项目中创建新的 Audio Mixer，单击面板右上角的加号图标即可。

混音器是一种资源，用户可以随时创建一个或多个混音器并激活多个混音器。

2. **混音器连接**

Unity 支持在场景中同时使用多个 Audio Mixer。默认情况下，每个 Audio Mixer 将音频信号直接输出到 Audio Listener。

开发人员还可以选择将 Audio Mixer 的音频输出连接到另一个 Audio Mixer 的 AudioGroup。这提供了游戏运行时的灵活和动态路由层次结构。

将 Audio Mixer 路由到另一个 AudioGroup 有两种方式，一种是通过 Mixers 面板中的编辑器实现，另一种是在运行时使用 AudioMixer API 动态地实现。

要在编辑器中更改 Audio Mixer 的输出，只需单击混音器编辑窗口中的 Audio Mixer，然后将其拖到另一个 Audio Mixer 的顶部。

用户将看到一个对话框，允许用户选择要连接到的目标 Audio Mixer 的 AudioGroup。

选择输出 AudioGroup 后，窗口面板将显示 Audio Mixer 的父级关系，并且还会显示 Audio Mixer 名称旁边的目标 AudioGroup，如图 10.7 所示。

3. **混音器的层次结构面板**

层次结构视图用于定义 Audio Mixer 的声音类别和混合结构。如上所述，它允许用户自定义类别，连接 Audio Source 并播放，如图 10.8 所示。

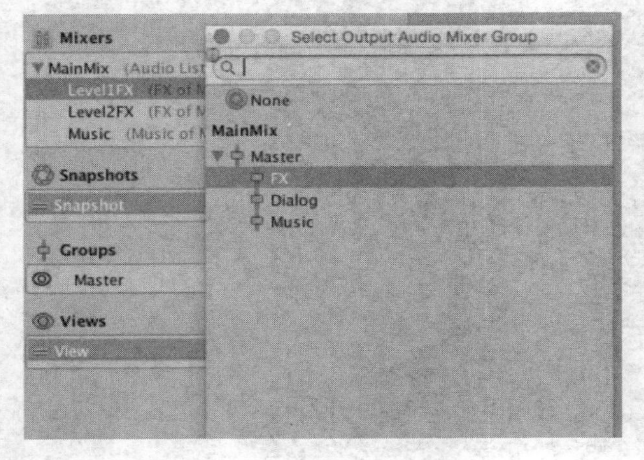

图 10.7　Audio Mixer 连接显示

图 10.8　混音器的层次结构

10.2.5　音频过滤器

用户可以通过音频过滤器（Audio Filter）来修改音频源和音频侦听器组件的输出。过滤器可以过滤声音的频率范围，或者应用混响和其他效果。

我们可以通过在包含音频源或音频侦听器组件的对象上添加不同的音频过滤器对音频进行处理。

Unity 中音频过滤器有很多种，包括 Audio Low Pass Filter、Audio Chorus Filter、Audio High Pass、Audio Echo、Audio Distortion 和 Audio Reverb。接下来具体介绍这几种音频过滤器。

1. Audio Low Pass Filter

Audio Low Pass Filter（音频低通过滤器）传递 Audio Source 的低频或所有声音到达 Audio Listener，同时消除频率高于截止频率的信号。

音频低通过滤器的主要组件为 Audio Low Pass Filter 组件，如图 10.9 所示。

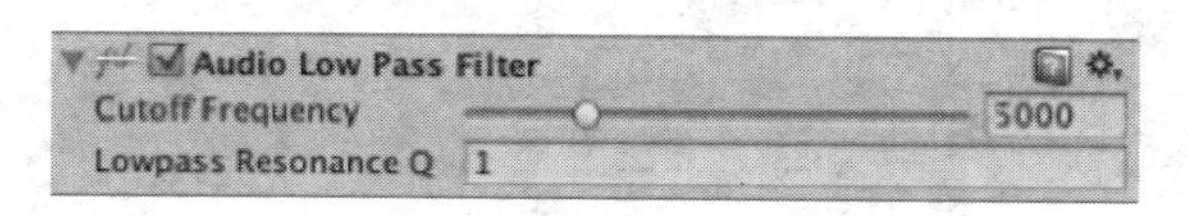

图 10.9　Audio Low Pass Filter 组件

下面具体介绍 Audio Low Pass Filter 组件包含的属性信息，如表 10.5 所示。

表 10.5　Audio Low Pass Filter 组件属性

属　性	功　能
Cutoff Frequency	低通截止频率，单位为 Hz（范围 0.0 到 22000.0，默认值= 5000.0）
Lowpass Resonance Q	低通谐振质量值（范围 1.0 到 10.0，默认值= 1.0）

低通谐振 Q（低通谐振质量因子的缩写）决定了滤波器的自谐振衰减程度。较低的低通谐振质量表明能量损失率较低，即振荡消失得更慢。

音频低通过滤器具有与之关联的滚降曲线，因此可以在 Audio Source 和 Audio Listener 之间设置截止频率。

在不同环境条件下，声音的传播方式各有特点。例如，为了对视觉雾效果加以补充，可以为音频侦听器添加一个微妙的低通；从门后发出的声音的高频部分将被门过滤掉，因此不会到达听者，要模拟这一点，只需在打开门时更改截止频率。

2. Audio High Pass Filter

Audio High Pass Filter（音频高通过滤器）传递 Audio Source 的高频声音，切断频率低于截止频率的信号。音频高通过滤器的主要组件为 Audio High Pass Filter 组件，如图 10.10 所示。

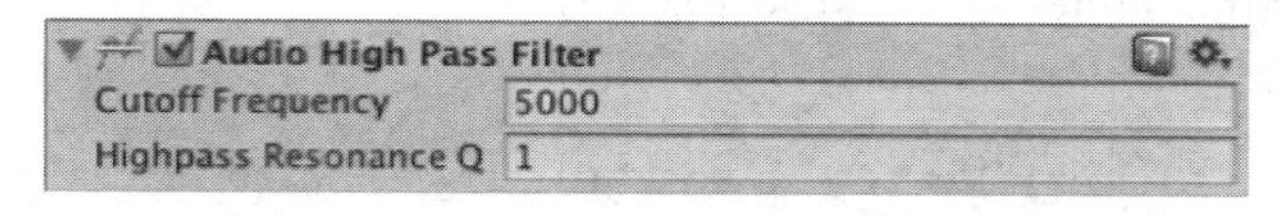

图 10.10　Audio High Pass Filter 组件

下面具体介绍 Audio High Pass Filter 组件包含的属性信息，如表 10.6 所示。

表 10.6　　Audio High Pass Filter 组件属性

属　性	功　能
Cutoff Frequency	高通截止频率，单位为 Hz（范围 10.0 到 22000.0，默认值= 5000.0）
Highpass Resonance Q	高通谐振质量值（范围 1.0 到 10.0，默认值= 1.0）

高通谐振 Q（高通谐振质量因子的缩写）决定了滤波器的自谐振衰减程度。较高的高通谐振质量表明能量损失率较低，即振荡消失得更慢。

3. Audio Echo Filter

Audio Echo Filter（音频回声过滤器）在给定延迟时间后重复声音，根据衰减比率衰减重复。音频回声过滤器的主要组件为 Audio Echo Filter 组件，如图 10.11 所示。

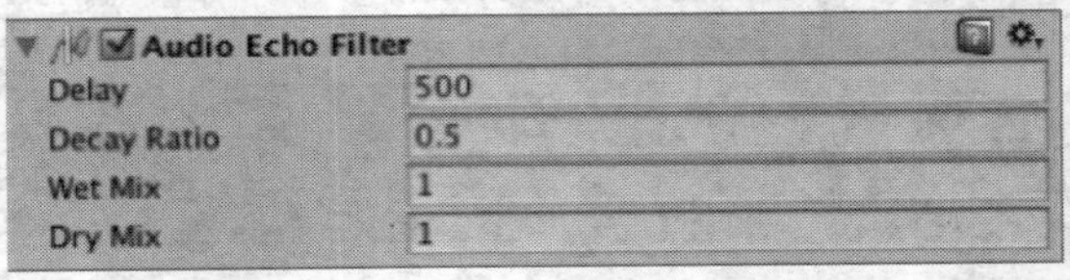

图 10.11　Audio Echo Filter 组件

下面具体介绍 Audio Echo Filter 组件包含的属性信息，如表 10.7 所示。

表 10.7　　Audio Echo Filter 组件属性

属　性	功　能
Delay	回声延迟时间，单位 ms。10 到 5000。默认值= 500
Decay Ratio	每次延迟回声衰减。0 到 1。1.0 =无衰减，0.0 =总衰减（即简单的 1 行延迟）。默认值= 0.5
Wet Mix	回声信号的音量传递给输出。0.0 到 1.0。默认值= 1.0
Dry Mix	原始信号的音量传递到输出。0.0 到 1.0。默认值= 1.0

Wet Mix 确定滤波信号的幅度，Dry Mix 确定未滤波信号的幅度。使用音频回声过滤器可以使大峡谷更具说服力。

声音比光传播慢，如众所周知的闪电和雷声。要模拟此现象，可将 Audio Echo Filter 添加到事件声音中，将 Wet Mix 设置为 0.0，并将 Delay 调制为声音传过 Audio Source 和 Audio Listener 之间的距离所需的时间。

4. Audio Distortion Filter

Audio Distortion Filter（音频失真过滤器）会扭曲来自 Audio Source 的声音。音频失真过滤器的主要组件为 Audio Distortion Filter 组件，如图 10.12 所示。

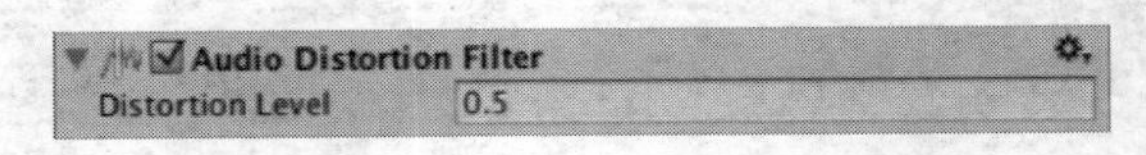

图 10.12　Audio Distortion Filter 组件

下面具体介绍 Audio Distortion Filter 组件包含的属性信息，如表 10.8 所示。

表 10.8 Audio Distortion Filter 组件属性

属　　性	功　　能
Distortion	失真的价值。（范围 0.0 到 1.0，默认值= 0.5）

通常情况下，开发者应用音频失真过滤器来模拟低质量无线电传输的声音。

5. Audio Reverb Filter

Audio Reverb Filter（音频混响过滤器）采用音频片段并对其进行扭曲以创建自定义混响效果。音频混响过滤器的主要组件为 Audio Reverb Filter 组件，如图 10.13 所示。

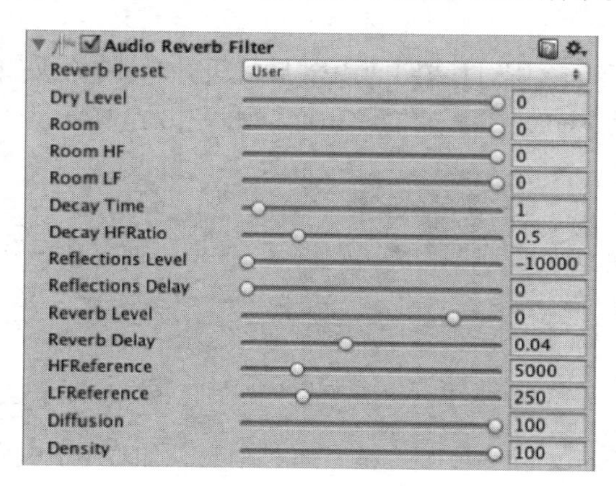

图 10.13　Audio Reverb Filter 组件

下面具体介绍 Audio Reverb Filter 组件包含的属性信息，如表 10.9 所示。

表 10.9 Audio Reverb Filter 组件信息

属　　性	功　　能
Reverb Preset	自定义混响预设，选择 User 可创建自己的自定义混响
Dry Level	混合输出干信号电平，单位为 mB。范围−10000.0 到 0.0。默认值为 0
Room	低频时的房间效应水平，单位为 mB。范围−10000.0 到 0.0。默认值为 0.0
Room HF	房间效应高频水平，单位为 mB。范围−10000.0 到 0.0。默认值为 0.0
Room LF	房间效应低频水平，单位为 mB。范围−10000.0 到 0.0。默认值为 0.0
Decay Time	混响在低频时的衰减时间，以 s 为单位。范围 0.1 到 20.0。默认值为 1.0
Decay HFRatio	衰减 HF 比率：高频到低频衰减时间比率。范围 0.1 到 2.0。默认值为 0.5
Reflections Level	早期反射水平相对于房间效应，单位为 mB。范围−10000.0 到 1000.0。默认值为−10000.0
Reflections Delay	早期反射水平相对于房间效应的延迟时间，以 s 为单位。范围 0 到 0.3。默认值为 0.0
Reverb Level	晚期混响水平相对于房间效应，单位为 mB。范围−10000.0 到 2000.0。默认值为 0.0
Reverb Delay	相对于第一次反射的混响延迟时间，以 s 为单位。范围 0.0 到 0.1。默认值为 0.04
HFReference	以 Hz 为单位的参考高频。范围 1000.0 到 20000.0。默认值为 5000.0

续表

属　　性	功　　能
LFReference	以 Hz 为单位的参考低频。范围 20.0 到 1000.0。默认值为 250.0
Diffusion	混响扩散（回声密度）百分比。范围 0.0 到 100.0。默认值为 100.0
Density	混响密度（模态密度）百分比。范围 0.0 到 100.0。默认值为 100.0

这里需要注意的是，只有在用户的混响预设设置为 User 时才能修改这些值，否则这些值将显示为灰色默认值。

6. Audio Chorus Filter

Audio Chorus Filter（音频合唱过滤器）采用音频片段并对其进行处理，从而创建合唱效果。音频合唱过滤器的主要组件为 Audio Chorus Filter 组件，如图 10.14 所示。

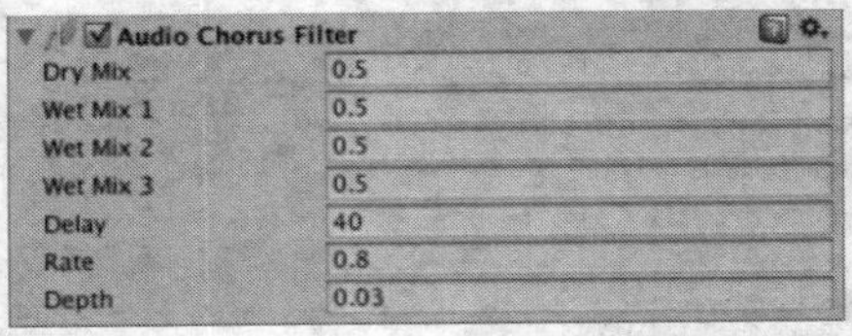

图 10.14　Audio Chorus Filter 组件

下面具体介绍 Audio Chorus Filter 组件包含的属性信息，如表 10.10 所示。

表 10.10　　Audio Chorus Filter 组件属性

属　　性	功　　能
Dry Mix	原始信号的音量传递到输出。0.0 到 1.0。默认值= 0.5
Wet Mix 1	第 1 合唱的音量。0.0 到 1.0。默认值= 0.5
Wet Mix 2	第 2 合唱的音量。0.0 到 1.0。 默认值= 0.5
Wet Mix 3	第 3 合唱的音量。0.0 到 1.0。 默认值= 0.5
Delay	LFO 以 ms 为单位的延迟。0.1 到 100.0。默认值= 40.0
Rate	LFO 的调制速率，单位为 Hz。0.0 到 20.0。默认值= 0.8
Depth	合唱调制深度。0.0 到 1.0。默认= 0.03
Feed Back	合唱反馈。控制多少湿信号反馈到过滤器的缓冲区。0.0 到 1.0。默认值= 0.0

合唱过滤器通过正弦低频振荡器（LFO）调制原始声音，输出信号听起来像有多个声源发出相同的声音，类似合唱的效果。

用户可以通过降低反馈和减少延迟来调整合唱过滤器以创建镶边效果，镶边是合唱的变体。通过将 Rate 和 Depth 设置为 0，并调整混音和 Delay，可以创建简单干燥的回声。

10.2.6　音频效果

用户可以通过应用音频效果（Audio Effect）修改混音器组件的输出，比如过滤声音的频率范围或应用混响和其他效果。

将效果组件添加到音频混合器的相关部分即可应用音频效果。组件的排序很重要，它反映了效果应用于音频的顺序。例如，混音器的音乐部分首先通过低通效果修改，然后通过压缩器效果、法兰效果等进行修改，如图 10.15 所示。

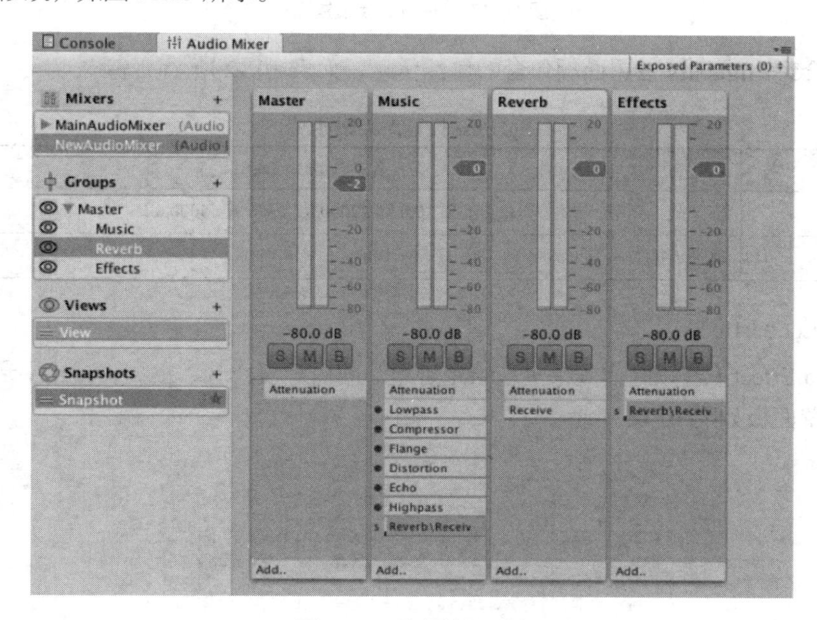

图 10.15　音频效果示例

在 Unity 音频系统中，音频效果有很多种，它们对音频的处理也不尽相同，接下来具体介绍这些效果。

1. Audio Low Pass Effect

Audio Low Pass Effect（音频低通效果）让音频混音器组的低频信号通过，同时消除频率高于截止频率的信号。音频低通效果的设置面板如图 10.16 所示。

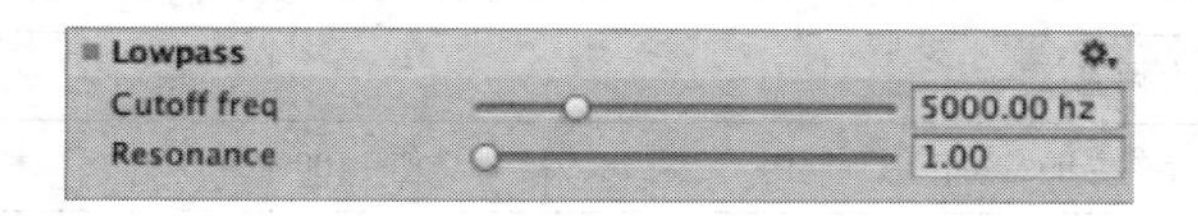

图 10.16　Lowpass 设置面板

下面具体介绍 Lowpass 设置面板包含的属性信息，如表 10.11 所示。

表 10.11　Lowpass 设置面板属性

属性	功能
Cutoff freq	低通截止频率，单位为 Hz（范围 10.0 到 22000.0，默认值= 5000.0）
Resonance	低通谐振质量值（范围 1.0 到 10.0，默认值= 1.0）

2. Audio High Pass Effect

Audio High Pass Effect（音频高通效果）让混音器组的高频信号通过，并切断频率低于截止频率的信号。音频高通效果的设置面板如图 10.17 所示。

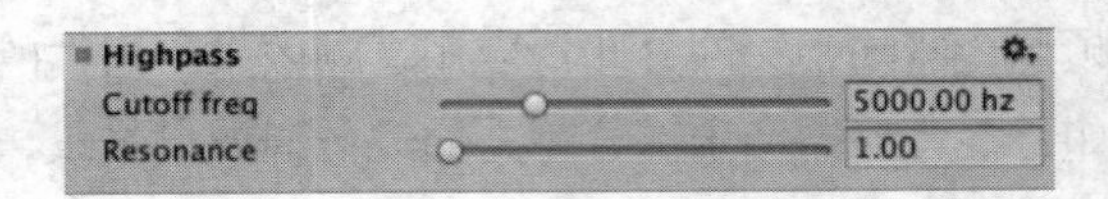

图 10.17 Highpass 设置面板

下面具体介绍 Highpass 设置面板包含的属性信息，如表 10.12 所示。

表 10.12 **Highpass 设置面板属性**

属 性	功 能
Cutoff freq	高通截止频率，单位为 Hz（范围 10.0 到 22000.0，默认值= 5000.0）
Resonance	高通谐振质量值（范围 1.0 到 10.0，默认值= 1.0）

3. Audio Echo Effect

Audio Echo Effect（音频回声效果）在给定延迟时间后重复声音，根据衰减比率衰减重复。音频回声效果的设置面板如图 10.18 所示。

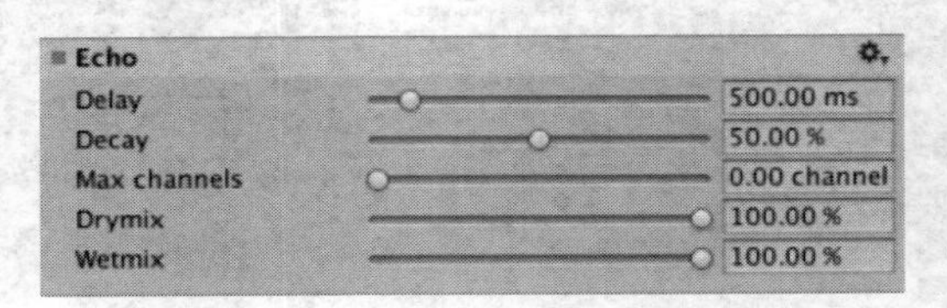

图 10.18 Echo 设置面板

下面具体介绍 Echo 设置面板包含的属性信息，如表 10.13 所示。

表 10.13 **Echo 设置面板属性**

属 性	功 能
Delay	回声延迟时间，单位 ms。10 到 5000。默认值= 500
Decay	每次延迟回声衰减。0 到 100%。100%=无衰减，0%=总衰减（即简单的 1 线延迟）。默认值= 50%
Max channels	最大频道
Drymix	原始信号的音量传递到输出。0 到 100%。默认值= 100%
Wetmix	回声信号的音量传递给输出。0 到 100%。默认值= 100%

4. Audio Flange Effect

Audio Flange Effect（音频轮缘效果）通过将两个相同的信号混合在一起而产生特殊效果，一个信号延迟一个逐渐变化的短周期，通常小于 20ms。音频轮缘效果的设置面板如图 10.19 所示。

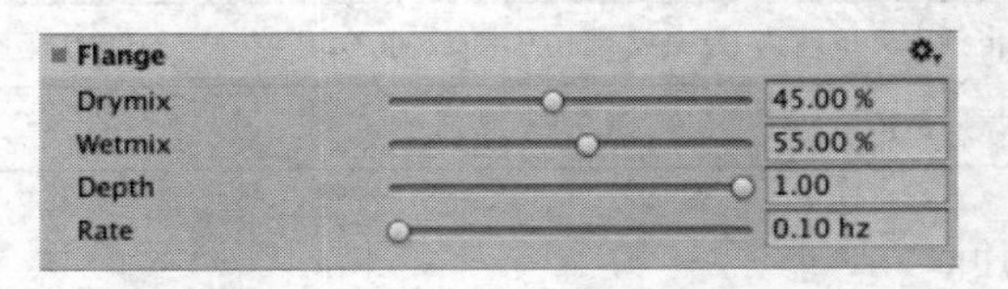

图 10.19 Flange 设置面板

下面具体介绍 Flange 设置面板包含的属性信息，如表 10.14 所示。

表 10.14 **Flange 设置面板属性**

属性	功能
Drymix	传递给输出的原始信号的百分比。0.0 到 100.0%。默认值= 45%
Wetmix	传递到输出的轮缘信号的百分比。0.0 到 100.0%。默认值= 55%
Depth	深度值。0.01 到 1.0。默认值= 1.0
Rate	声音传播频率。0.1 到 20 赫兹。默认值= 10 Hz

5. Audio Distortion Effect

Audio Distortion Effect（音频失真效果）会扭曲来自混音器组的声音。音频失真效果的设置面板如图 10.20 所示。

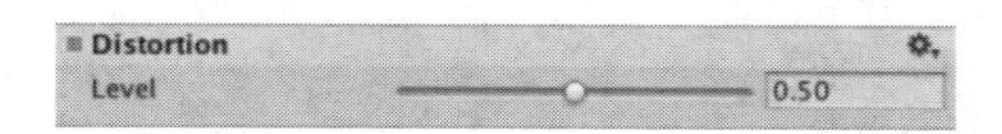

图 10.20 Distortion 设置面板

Flange 设置面板包含的属性信息只有一个，就是 Level 属性，它表示音频失真的程度，取值范围为 0.0 到 1.0，默认值为 0.5。

6. Audio Normalize Effect

Audio Normalize Effect（音频标准化效果）将恒定的增益量应用于音频流，以使平均或峰值幅度达到目标水平。音频标准化效果的设置面板如图 10.21 所示。

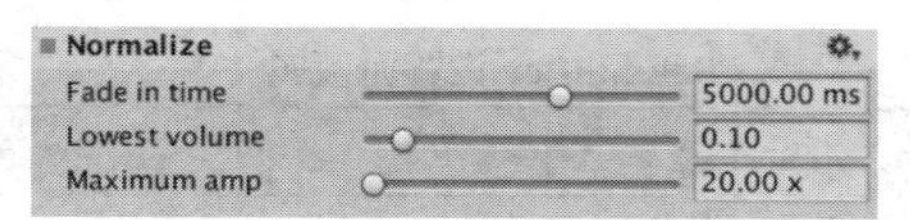

图 10.21 Normalize 设置面板

下面具体介绍 Normalize 设置面板包含的属性信息，如表 10.15 所示。

表 10.15 **Normalize 设置面板属性**

属性	功能
Fade in time	淡出效果的时间，单位 ms。范围 0 到 20000.0，默认值= 5000.0
Lowest volume	最低音量。范围 0.0 到 1.0，默认值= 0.10
Maximum amp	最大放大倍数。范围 0.0 到 100000.0，默认值= 20

7. Audio Parametric Equalizer Effect

Audio Parametric Equalizer Effect（音频参数均衡器效果）用于改变使用线性滤波器的音频系统的频率响应。音频参数均衡器效果的设置面板如图 10.22 所示。

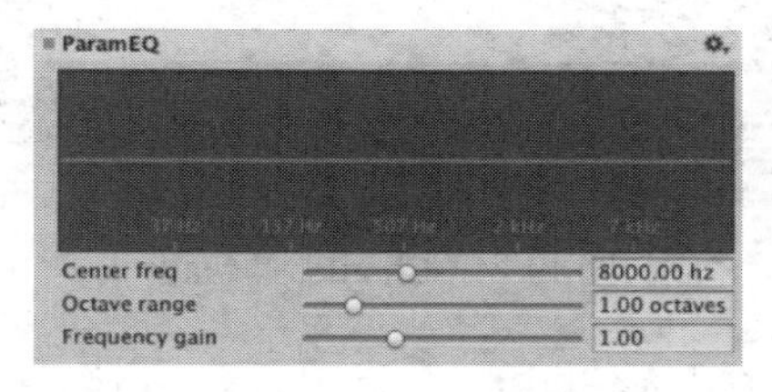

图 10.22 ParamEQ 设置面板

下面具体介绍 ParamEQ 设置面板包含的属性信息，如表 10.16 所示。

表 10.16　ParamEQ 设置面板属性

属　性	功　能
Center freq	应用增益的频率，单位 Hz。范围 20.0 到 22000.0，默认值= 8000.0
Octave Range	应用增益的八度数（以 Centerfreq 为中心）。范围 0.20 到 5.00，默认值= 1.0
Frequency Gain	应用的增益。范围 0.05 到 3.00，默认值= 1.00（未应用增益）

8. Audio Pitch Shifter Effect

Audio Pitch Shifter Effect（音频音高变换器效果）用于向上或向下移动信号的音高。音频音高变换器效果的设置面板如图 10.23 所示。

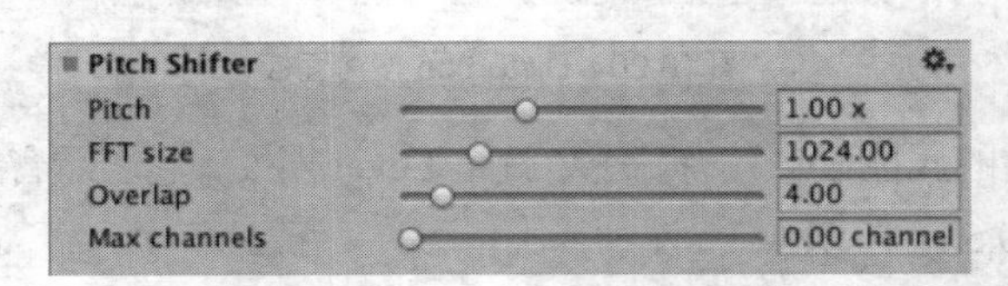

图 10.23　Pitch Shifter 设置面板

下面具体介绍 Pitch Shifter 设置面板包含的属性信息，如表 10.17 所示。

表 10.17　Pitch Shifter 设置面板属性

属　性	功　能
Pitch	音高倍增器。范围 0.5 到 2.0，默认值=1.0
FFT Size	FFT 大小。范围 256.0 到 4096.0，默认值= 1024.0
Overlap	重叠。范围 1 到 32，默认值= 4
Max channels	最大通道数。范围 0 到 16，默认值= 0

9. Audio Chorus Effect

Audio Chorus Effect（音频合唱效果）采用混音器组输出信号并处理它们以创建合唱效果。音频合唱效果的设置面板如图 10.24 所示。

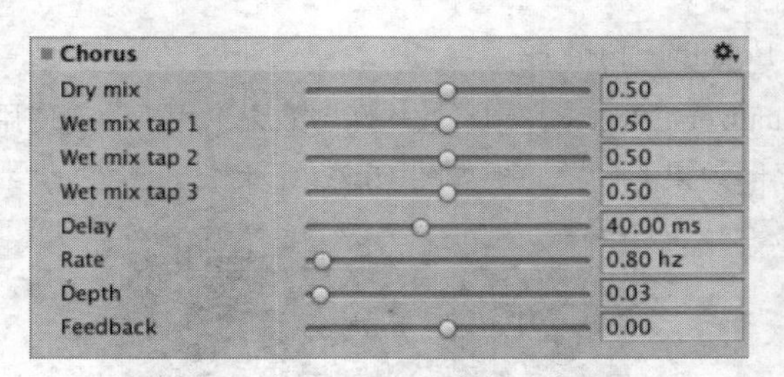

图 10.24　Chorus 设置面板

下面具体介绍 Chorus 设置面板包含的属性信息，如表 10.18 所示。

表 10.18　　Chorus 设置面板属性

属　性	功　能
Dry mix	原始信号的音量传递到输出。0.0 到 1.0。默认值= 0.5
Wet mix tap 1	第 1 合唱的音量。0.0 到 1.0。默认值= 0.5
Wet mix tap 2	第 2 合唱的音量。0.0 到 1.0。默认值= 0.5
Wet mix tap 3	第 3 合唱的音量。0.0 到 1.0。默认值= 0.5
Delay	LFO 以 ms 为单位的延迟。0.1 到 100.0。默认值= 40.0
Rate	LFO 的调制速率，单位为 Hz。0.0 到 20.0。默认值= 0.8
Depth	合唱调制深度。0.0 到 1.0。默认值= 0.03
Feedback	合唱反馈。控制多少湿信号反馈到过滤器的缓冲区。0.0 到 1.0。默认值= 0.0

10. Audio Compressor Effect

Audio Compressor Effect（音频压缩器效果）通过缩小或“压缩”音频信号的动态范围来减少大音量声音或放大小音量声音。音频压缩器效果的设置面板如图 10.25 所示。

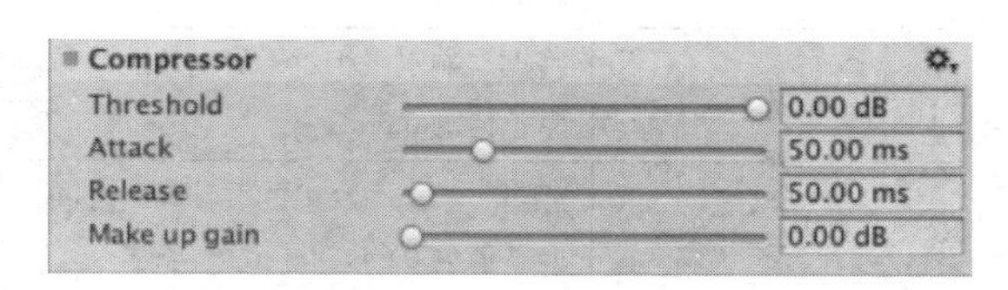

图 10.25　Compressor 设置面板

下面具体介绍 Compressor 设置面板包含的属性信息，如表 10.19 所示。

表 10.19　　Compressor 设置面板属性

属　性	功　能
Threshold	阈值电平，单位为 dB（范围 0 到–60，默认值= 0）
Attack	应用效果的速率，单位为 ms（范围 10.0 到 200.0，默认值= 50.0）
Release	释放效果的速率，单位为 ms（范围 20.0 到 1000.0，默认值= 50.0）
Make up gain	补偿增益级别，单位为 dB（范围 0 到 30，默认值= 0）

11. Audio SFX Reverb Effect

Audio SFX Reverb Effect（SFX 效果）采用混音器组的输出并对其进行扭曲以创建自定义混响效果。SFX Reverb Effect 的设置面板如图 10.26 所示。

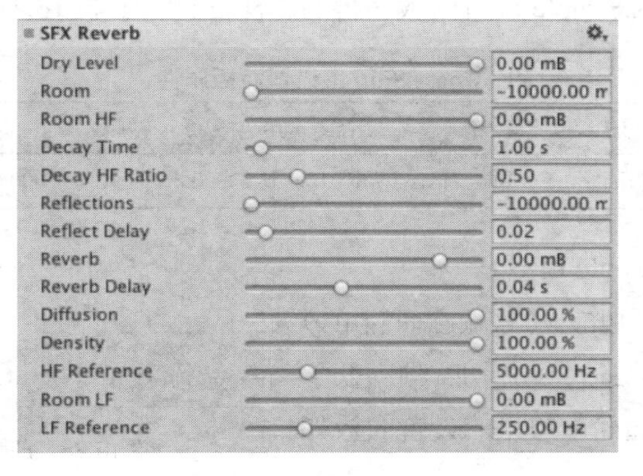

图 10.26　SFX Reverb 设置面板

下面具体介绍 SFX Reverb 设置面板包含的属性信息，如表 10.20 所示。

表 10.20　SFX Reverb 设置面板属性

属　性	功　能
Dry Level	混合输出干信号电平，单位为 mB。范围-10000.0 到 0.0。默认值为 0
Room	低频时的房间效应水平，单位为 mB。范围-10000.0 到 0.0。默认值为-10000.0
Room HF	房间效应高频水平，以 mB 为单位。范围-10000.0 到 0.0。默认值为 0.0
Decay Time	混响在低频时的衰减时间，以 s 为单位。范围 0.1 到 20.0。默认值为 1.0
Decay HF Ratio	衰减 HF 比率：高频到低频衰减时间比率。范围 0.1 到 2.0。默认值为 0.5
Reflections	早期反射水平相对于房间效应，单位为 mB。范围-10000.0 到 1000.0。默认值为-10000.0mB
Reflect Delay	早期反射相对于房间效应的延迟时间，以 s 为单位。范围-10000.0 到 2000.0。默认值为 0.02
Reverb	晚期混响水平相对于房间效应，单位为 mB。范围-10000.0 到 2000.0。默认值为 0.0mB
Reverb Delay	相对于第一次反射的混响延迟时间，以 s 为单位。范围 0.0 到 0.1。默认值为 0.04
Diffusion	混响扩散（回声密度）百分比。范围 0.0 到 100.0。默认值为 100.0%
Density	混响密度（模态密度）百分比。范围 0.0 到 100.0。默认值为 100.0%
HFReference	参考高频，以 Hz 为单位。范围 20.0 到 20000.0。默认值为 5000.0
Room LF	房间效应低频水平，单位为 mB。范围-10000.0 到 0.0。默认值为 0.0
LFReference	参考低频，以 Hz 为单位。范围 20.0 到 1000.0。默认值为 250.0

12. Audio Lowpass Simple Effect

Audio Lowpass Simple Effect（音频低通简单效果）让混音器组的低频信号通过，同时消除频率高于截止频率的信号。音频低通简单效果的设置面板如图 10.27 所示。

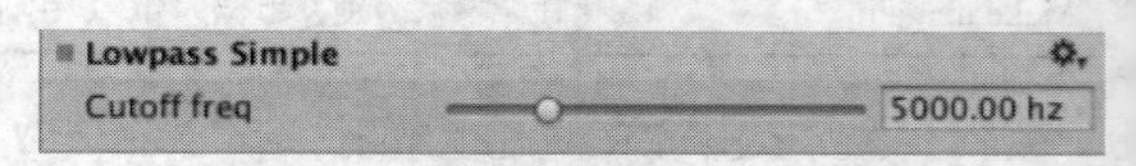

图 10.27　Lowpass Simple 设置面板

下面具体介绍 Lowpass Simple 设置面板包含的属性信息，如表 10.21 所示。

表 10.21　Lowpass Simple 设置面板属性

属　性	功　能
Cutoff freq	低通截止频率，单位为 Hz（范围 10.0 到 22000.0，默认值= 5000.0）

13. Audio Highpass Simple Effect

Audio Highpass Simple Effect（音频高通简单效果）让混音器组的高频信号通过，并切断频率低于截止频率的信号。音频高通简单效果的设置面板如图 10.28 所示。

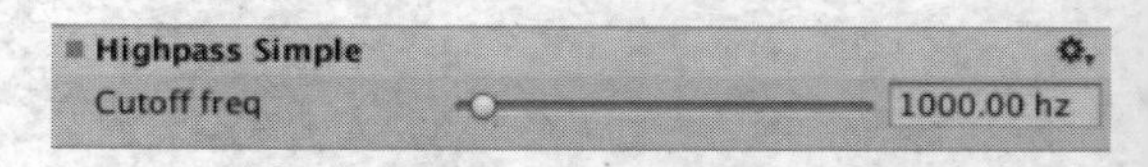

图 10.28　Highpass Simple 设置面板

下面具体介绍 Highpass Simple 设置面板包含的属性信息，如表 10.22 所示。

表 10.22　　Highpass Simple 设置面板属性

属　性	功　能
Cutoff freq	高通截止频率，单位为 Hz（范围 10.0 到 22000.0，默认值= 5000.0）

10.2.7　混响区

混响区（Reverb Zones）采用音频片段并根据音频侦听器位于混响区域内的位置对其进行扭曲。当角色从没有环境效果的地方来到有环境效果的地方时（例如，人们刚进入洞穴时），可以使用混响区来进行模似。

混响区的重要组件是 Audio Reverb Zone 组件，如图 10.29 所示。

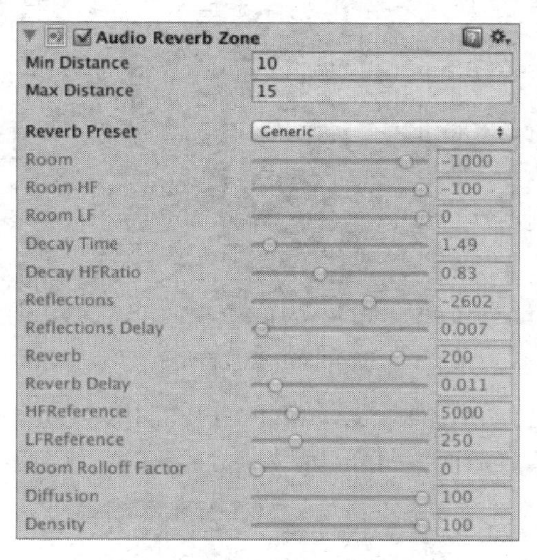

图 10.29　Audio Reverb Zone 设置

下面具体介绍 Audio Reverb Zone 组件包含的属性信息，如表 10.23 所示。

表 10.23　　Audio Reverb Zone 组件属性

属　性	功　能
Min Distance	表示 Gizmo 中内圆的半径，这决定了逐渐开始应用混响的区域和完整的混响区域
Max Distance	表示 Gizmo 中外圆的半径，这决定了没有效果的区域以及逐渐开始应用混响的区域
Reverb Preset	确定混响区域将使用的混响效果

10.3　Helicopter 实战项目：为游戏场景添加声音

10.3.1　为直升机飞行添加声音

在场景中要想听到声音，有两个基础条件：一是要有提前录制好的音频文件导入 Unity，二是场景中要有音频源。

（1）音频文件：通过录音设备创建的 Unity 所支持格式（如.mp3、.ogg 等）的音频文件。

（2）音频源：Unity 内置的组件 Audio Source 是播放音频的主要组件，它所在的位置就是声音发出的位置。

接下来在 Helicopter 项目的 Game 场景中添加多个音频源，将它们放到合适的位置，例如，波浪声和蛙叫声放到河边，鸟叫虫鸣放到森林里面。这里以直升机引擎发动的声音为例，来讲解添加音频源和播放音频。

在 Hierarchy 视图中单击“Create”按钮，依次选择“Audio→AudioSource”选项，即可完成音频源的添加。接着调整直升机音频源在场景中的位置，如图 10.30 所示。

图 10.30　添加音频源

在 Project 视图中查找名为“Helicopter.wav”的直升机引擎发动音频文件，然后将它拖到 Audio Source 组件下的 AudioClip 属性后面，即可完成需播放的音频文件的添加，如图 10.31 所示。

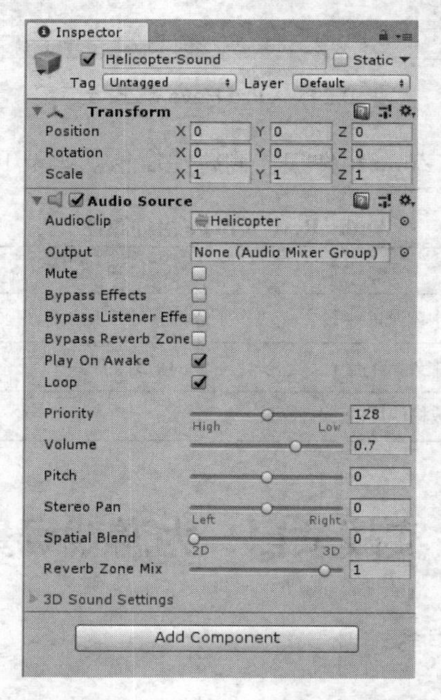

图 10.31　音频片段与音频源组件绑定

10.3.2　音频控制脚本

直升机飞行时才会发出"嗡……"的声音，停止时没有声音，飞行得越快声音也越大。如何控制声音的播放、起止、音量大小？开发者需要在脚本中写代码。关于直升机项目的音频控制源代码，项目脚本中有着大量的注释以供参考和理解。下面展示声音管理类的 C#脚本源代码，如例 10-1 所示。

【例 10-1】

```
1  using System.Collections;
2  using System.Collections.Generic;
3  using UnityEngine;
4  //声音管理器
5  public class AudioManager : MonoBehaviour {
6     public static AudioManager Instance;
7     public AudioSource bg_music_player;       //背景音乐
8     public AudioSource action_music_player;  //音效
9     private void Awake()
10    {
11       Instance = this;     //单例模式，确保项目中的声音管理器唯一
12    }
13    //播放背景音乐（选择存放在 Resource 文件夹下的音乐片段）
14    public void PlayBgMusic(string name)
15    {
16       if (!bg_music_player.isPlaying)
17       {
18           AudioClip audioClip = Resources.Load<AudioClip>(name);
19           bg_music_player.clip = audioClip;
20           bg_music_player.Play();
21       }
22       else
23       {
24           Debug.LogError("正在播放中不能切换");
25       }
26    }
27    //停止背景音乐播放
28    public void StopBgMusic()
29    {
30       if (bg_music_player.isPlaying)
31       {
32           bg_music_player.Stop();
33       }
34    }
35    //播放音效（选择存放在 Resource 文件夹下的音效片段）
36    public void PlayActionSound(string name)
37    {
38       AudioClip audioClip = Resources.Load<AudioClip>(name);
39       action_music_player.PlayOneShot(audioClip);
40    }
41    //停止播放音效
```

```
42    public void StopActionSound(string name)
43    {
44        action_music_player.Stop();
45    }
46 }
```

AudioManager.cs 脚本主要实现了直升机项目游戏时的背景音乐以及其他场合下（例如，起飞和飞行在场景不同位置或者不同时间段播放不同声音）的声音播放控制管理功能。

10.4　本章小结

本章主要介绍 Unity 音频系统的基本原理和多个重要的核心组件，以及它们在游戏中的使用方法，重点讲解了音频系统中的音效之间的不同，以及如何实现它们在游戏运行当中的播放控制管理。

10.5　习题

1. 填空题

（1）为了模拟位置的影响，Unity 要求声音来自附加到对象的________。

（2）Unity 支持________、________和________音频资源（最多 8 个频道）。

（3）音频源的主要组件是________组件。

（4）Unity 允许用户混合各种音频源，可在________窗口对各个音频进行控制。

（5）我们可以通过使用音频源或音频侦听器向对象添加不同的________来应用音频效果。

2. 选择题

（1）Unity 可以导入的音频文件格式有（　　）。

A. .mp3 和.ogg　　B. .aif　　C. .wav　　D. 以上都正确

（2）Audio Source 组件的 Rolloff 模式有（　　）。

A. 对数模式　　B. 线性模式　　C. 自定义模式　　D. 以上都正确

（3）（　　）接收来自场景中任何给定音频源的输入。

A. 音频源　　B. 音频侦听器　　C. 音频片段　　D. 话筒

（4）用户可以随时创建（　　）个混音器并激活多个混音器。

A. 1 或多　　B. 2 或多　　C. 3 或多　　D. 多

（5）（　　）在给定延迟时间后重复声音，根据衰减比率衰减重复。

A. 音频低通过滤器　　B. 音频回声滤波器

C. 音频高通过滤器　　D. 音频混响过滤器

3. 思考题

（1）简述 Audio 与 Audio Clip 的区别。

（2）游戏音效常用哪种格式的音频资源？

4. 实战题

新建场景，在游戏场景中添加音频片段，并通过脚本实现其播放控制功能。

11

第 11 章　Unity 特效基础

本章学习目标

- 熟练使用粒子特效
- 熟练使用拖尾特效
- 熟练使用线特效
- 了解 Unity 不同特效的应用场景

在日常生活中，人们经常看到的科幻大片以及各种 3D 游戏场景都离不开特效，正是它们给大家带来不一样的视觉享受。一款优秀的游戏必定会使用许多的游戏特效，它们就像雨夜里的一道道闪电，夺目而璀璨。

Unity 内置的特效有 3 大类：粒子特效（Particle Effect）、Trail Effect（拖尾特效）、Line Effect（线特效）。

11.1　粒子特效

在 Unity 开发中，要想实现绚丽的粒子特效，单靠材质比较困难。以传统的方式进行建模（如烟、尘、火花、雨雪等特效）耗时费力，而 Unity 引擎内置的粒子系统（Particle System）有效地优化了粒子特效的制作，不仅画面优美，还提高了效率。

11.1.1　粒子系统概述

粒子系统在三维空间渲染出二维图像，通过在场景中生成和动画化大量小二维图像来模拟流体实体。

11.1.2　创建粒子特效

在 Unity 2018 中，创建粒子特效有 3 种方式。

（1）单击 Unity 顶部菜单栏的“GameObject”按钮，弹出下拉菜单后，选择“Effect→Particle System”选项。

（2）单击 Hierarchy 视图左上角的“Create”按钮，弹出下拉菜单后，选择“Effect→Particle System”选项。

（3）单击 Hierarchy 视图左上角的“Create”按钮，弹出下拉菜单后，单击“GameObject Empty”选项，此时就创建了一个空物体；接着选中新创建的空物体，在 Inspector 视图最下方单击“Add Component”按钮，弹出下拉框后，在搜索栏中输入“Particle System”，搜索到该组件并添加它；最后新建一个材质，加入到该组件中的材质选择框位置。Add Component 组件所弹出的下拉框如图 11.1 所示。

至此，粒子特效创建完成，如图 11.2 所示。

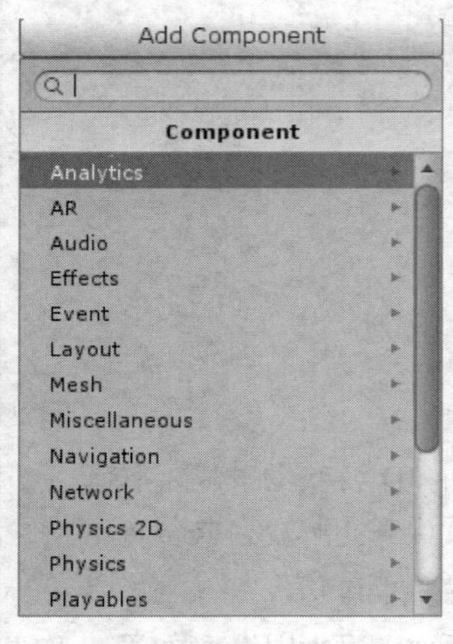

图 11.1　添加组件

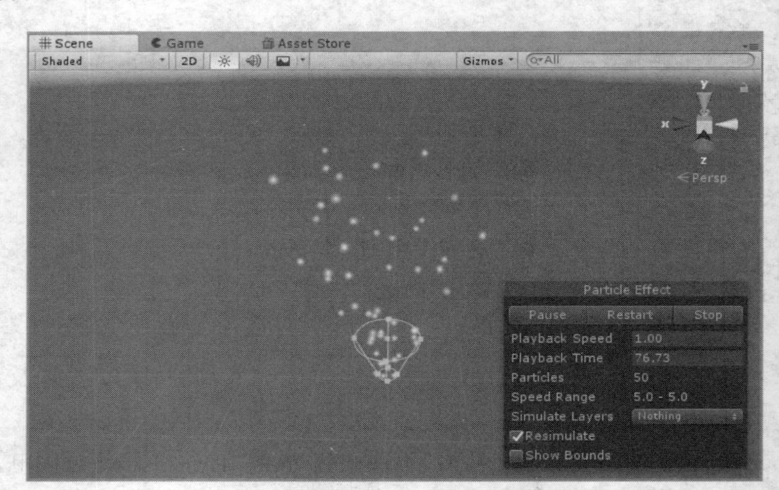

图 11.2　粒子特效

11.1.3　粒子系统组成

粒子系统除了每个物体都有的基本组件 Transform 之外，还有一个 Particle System 组件，该组件是粒子系统的控制面板，如图 11.3 所示。

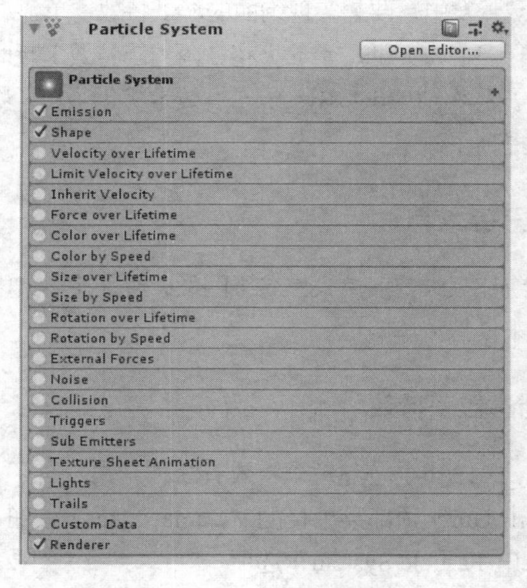

图 11.3　粒子系统控制面板

粒子系统控制面板默认有 4 个模块：Particle System（主模块）、Emission（发射模块）、Shape（形状模块）、Renderer（渲染器模块）。下面具体介绍 4 个默认模块及其他可选模块的功能。

1. Particle System 模块

该模块包含了影响整个粒子系统的全局属性，主要用来初始化粒子系统，例如，设置粒子初始化时间、循环方式、初始速度、颜色、大小等基本参数。主模块的控制面板如图 11.4 所示。

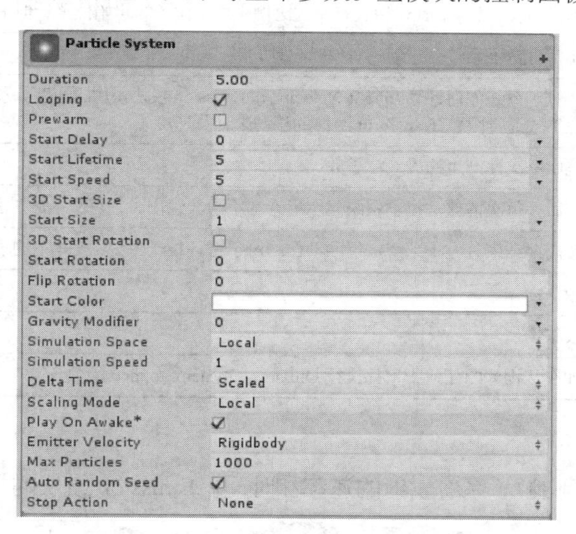

图 11.4　Particle System 模块

下面具体介绍 Particle System 模块包含的属性信息，如表 11.1 所示。

表 11.1　Particle System 模块属性

属　性	功　能
Duration	系统运行的时间长度
Looping	启用后，系统将在一个周期结束时再次启动并继续重复该循环
Prewarm	启用后，系统会初始化至已经完成一个完整周期时的状态（仅在启用 Looping 时有效）
Start Delay	启用后，系统将执行开始发射前的延迟
Start Lifetime	粒子的初始存在时间
Start Speed	每个粒子的初始速度
3D Start Size	启用后，将可以分别控制每个坐标轴的大小
Start Size	每个粒子的初始大小
3D Start Rotation	启用后，将可以分别控制每个坐标轴的旋转
Start Rotation	每个粒子的初始旋转角度
Flip Rotation	使一些粒子以相反的方向旋转
Start Color	每个粒子的初始颜色
Gravity Modifier	设置重力值（值为零会关闭重力）
Simulation Space	控制粒子在父对象的局部空间中移动（因此与父对象一起移动），或在世界空间中移动，或相对于自定义对象移动（使用自己选择的自定义对象）

续表

属　性	功　能
Simulation Speed	调整整个系统粒子产生粒子的速度
Delta Time	在 Scaled 和 Unscaled 之间选择，其中 Scaled 使用 Time Manager 中的 Time Scale 值，而 Unscaled 会忽略它
Scaling Mode	选择使用变换比例，可设置为 Hierarchy、Local 或 Shape 模式。Local 模式仅应用粒子系统变换比例，忽略任何父对象。Shape 模式将一定比例应用于粒子的起始位置，但不影响其大小
Play on Awake	启用后，粒子系统会在创建对象时自动启动
Emitter Velocity	选择粒子系统如何计算 Inherit Velocity 和 Emission 模块使用的速度。系统可以使用 Rigidbody 组件（已存在）或通过跟踪 Transform 组件的移动来计算速度
Max Particles	系统中一次性产生的最大粒子数
Auto Random Seed	启用后，每次播放时粒子系统显示形态都不同。禁用时，每次播放时系统都完全相同
Stop Action	一个周期结束时粒子系统执行的动作。对于循环粒子系统，只有在通过脚本停止时才执行这些动作
-Disable	禁用该物体
-Destroy	销毁该物体
-Callback	附加在该物体的任何脚本都执行 OnParticleSystemStopped 函数

2. Emission 模块

该模块中的属性会影响粒子系统发射的速率和时间。Emission 模块的控制面板如图 11.5 所示。

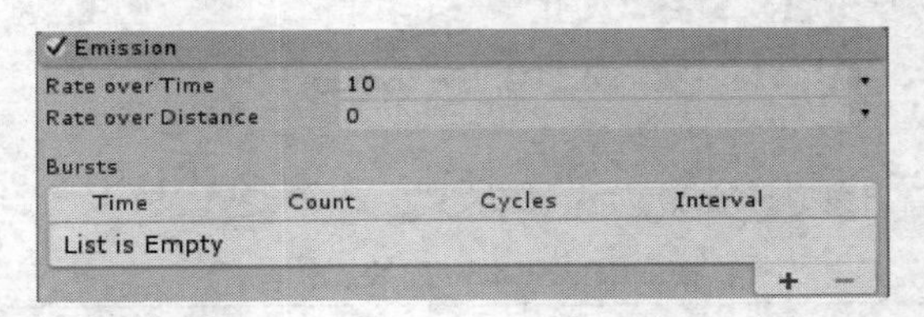

图 11.5　Emission 模块

下面具体介绍 Emission 模块包含的属性信息，如表 11.2 所示。

表 11.2　Emission 模块属性

属　性	功　能
Rate over Time	单位时间发射的粒子数
Rate over Distance	单位距离发射的粒子数
Bursts	该设置允许在指定时间发射粒子，效果类似粒子的爆发状态
Time	设置发射脉冲串的时间（以粒子系统开始播放后的秒数表示）
Count	设置发射的粒子数的约值
Cycles	设置播放爆发次数的值
Interval	设置触发每个脉冲周期的时间间隔（单位：s）

3. Shape 模块

该模块定义了发射粒子区域（几何体或平面）的形状，以及起始速度的方向。Shape 属性定义发射区域的形状，其余模块属性也会根据选择的 Shape 而变化。

下面是粒子系统选择不同 Shape 的效果展示。

一个球体向各个方向发射粒子，如图 11.6 所示。

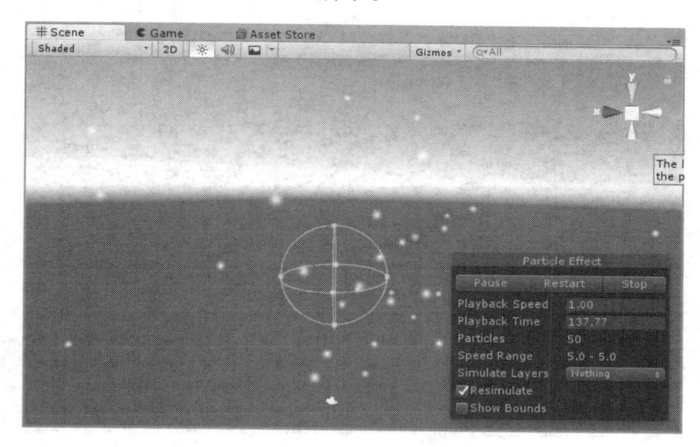

图 11.6　粒子发射区域（球体）

一个半球体向各个方向发射粒子，如图 11.7 所示。

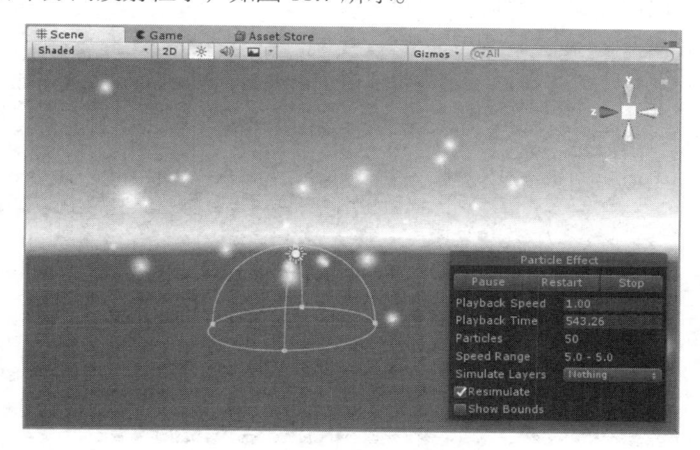

图 11.7　粒子发射区域（半球体）

一个锥体发出发散的粒子流，如图 11.8 所示。

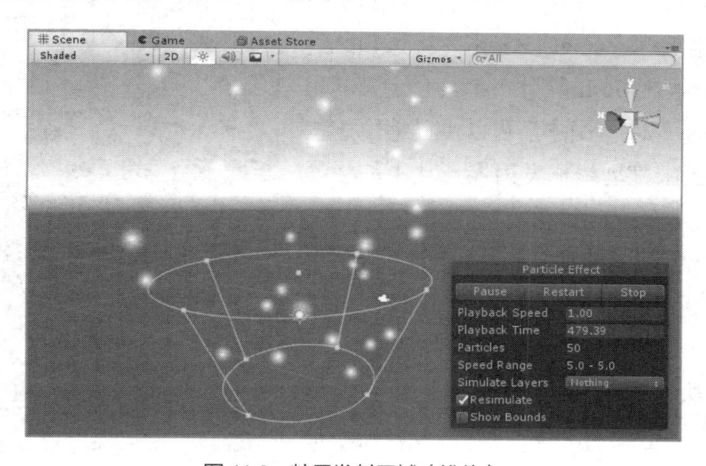

图 11.8　粒子发射区域（锥体）

一个边缘（线段）发射器向某个方向以平面形式发射粒子，如图 11.9 所示。

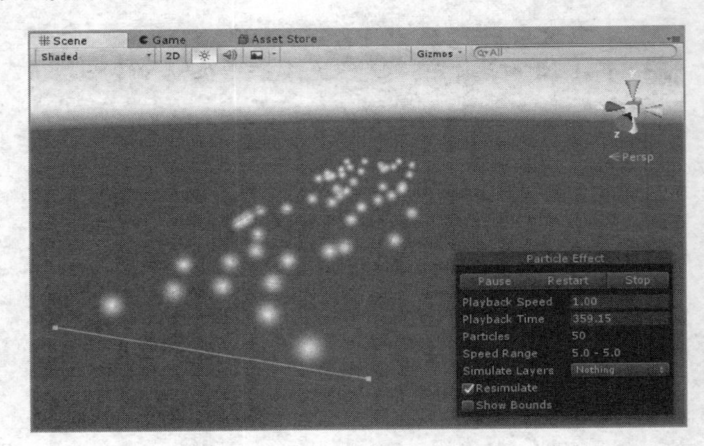

图 11.9　粒子发射区域（线段）

一个环形发射器向圆环周围发射粒子，如图 11.10 所示。

图 11.10　粒子发射区域（环形）

除了上述效果之外，粒子发射区域形状还有 Box（方体）、Mesh（网格）、Rectangle（矩形）等选项，这里不再赘述。所有形状（Mesh 除外）都具有定义其尺寸的属性，如 Radius 属性。用户还可以手动编辑这些形状，在 Scene 视图中拖动线框发射器形状上的手柄即可。

下面以粒子系统创建时的默认形状 Cone（锥体）为例展示 Shape 模块的控制面板，如图 11.11 所示。

Cone Shape 模块包含的属性信息如表 11.3 所示。

4. Renderer 模块

该模块将确定粒子渲染的图像或网格，以及粒子被其他粒子替换、着色和穿透的属性设置。Renderer 模块

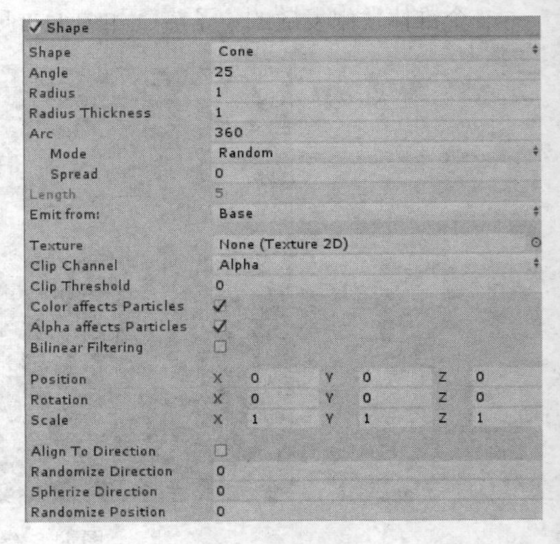

图 11.11　Shape 模块

的控制面板如图 11.12 所示。

表 11.3　　Cone Shape 模块属性

属　性	功　能
Shape	选择粒子发射区域的形状
Cone	从锥体的基部或主体发射粒子
Angle	锥体在其顶点处的角度，角度为 0 时以圆柱体发射粒子，角度为 90 时以圆盘发射粒子
Radius	该形状的圆形部分的半径
Radius Thickness	发射粒子的区域体积比例。值为 0 时，从锥体的外表面发射粒子；值为 1 时，从整个锥体中发射粒子
Arc	形成发射器形状的整圆部分的角度偏移，将影响粒子发射角度
Length	锥体的长度。仅当 Emit from 属性设置为 Volume 时适用
Emit from	锥形部分从以下部位发射粒子：基部或体积
Texture	用于着色和丢弃粒子的纹理
Clip Channel	纹理中用于丢弃粒子的通道
Clip Threshold	将粒子映射到纹理上的位置时，丢弃任何像素颜色低于此阈值的像素
Color affects Particles	启用后，材质纹理图片的颜色会影响粒子
Alpha affects Particles	启用后，材质纹理图片的透明度会影响粒子
Bilinear Filtering	在读取纹理时，无论纹理尺寸如何，组合 4 个相邻样本以获得更平滑的粒子颜色变化
Position	将偏移应用于生成粒子的发射器形状
Rotation	旋转用于产生粒子的发射器形状
Scale	更改用于生成粒子的发射器大小
Align to Direction	根据粒子的初始行进方向定向粒子。如果用户想要模拟汽车油漆块在碰撞过程中飞出汽车车身，这将非常有用。如果方向不满意，用户还可以通过在主模块中应用“开始旋转”值来覆盖它
Randomize Direction	将粒子朝随机方向发射。设置为 0 时，此项无效。设置为 1 时，粒子方向完全随机
Spherize Direction	将粒子朝球面方向发射。设置为 0 时，此项无效。设置为 1 时，粒子方向与 Shape 设置为 Sphere 时相同
Randomize Position	粒子产生位置随机。设置为 0 时，此项无效

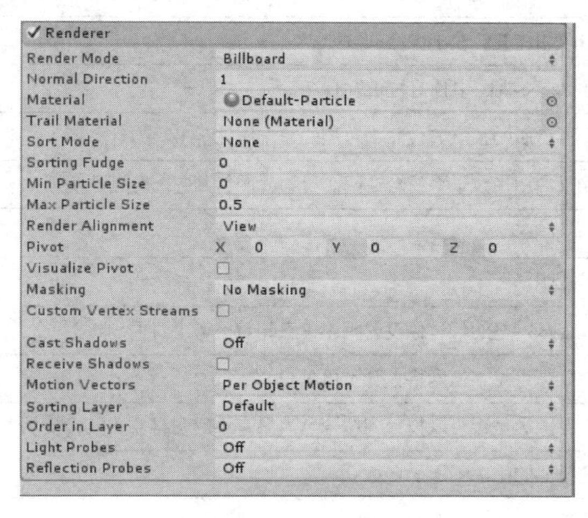

图 11.12　Renderer 模块

下面具体介绍 Renderer 模块包含的属性信息，如表 11.4 所示。

表 11.4 Renderer 模块属性

属　性	功　能
Render Mode	从图形图像（或网格）生成渲染图像
-Billboard	粒子始终面向摄像机
-Stretched Billboard	粒子面向摄像机，但应用了各种缩放
Camera Scale	根据摄像机移动拉伸粒子（设置为 0 可禁用摄像机移动拉伸）
Velocity Scale	按比例拉伸粒子的速度（设置为 0 可根据速度禁用拉伸）
Length Scale	沿着粒子的发射方向按比例拉伸粒子的当前尺寸。设置为 0 会使粒子消失，有效长度为 0
-Horizontal Billboard	粒子平面平行于 x、z 坐标轴组成的平面
-Vertical Billboard	粒子平面垂直于世界坐标 y 轴，并面向摄像机
-Mesh	粒子通过三维网格而不是纹理进行渲染
-None	隐藏默认渲染
Normal Direction	用于粒子图形的照明法线的偏差。值为 1.0 指向摄像机的法线，值为 0.0 指向屏幕中心（仅限 Billboard 模式）
Material	用于渲染粒子的材质
Trail Material	用于渲染粒子轨迹的材质。此选项仅在启用 Trails 模块时可用
Sort Mode	绘制粒子（因此重叠）的顺序
Sorting Fudge	粒子系统排序的偏差。较低的值会增加粒子系统在其他透明 GameObject（包括其他粒子系统）上绘制的相对几率。此设置仅影响整个系统在场景中的显示位置，不对系统中的单个粒子执行排序
Min Particle Size	最小粒径（无论其他设置如何），表示为视口大小的一小部分。注意，此设置仅在 Render Mode 设置为 Billboard 时应用
Max Particle Size	最大粒径（无论其他设置如何），表示为视口大小的一部分。注意，此设置仅在 Render Mode 设置为 Billboard 时应用
Render Alignment	使用下拉列表选择粒子 Billboard 面向的方向
Enable GPU Instancing	控制是否使用 GPU Instancing 渲染粒子系统。需要使用网格渲染模式，并使用兼容的着色器
Pivot	修改用作旋转粒子中心的轴心点
Visualize Pivot	在 Scene 视图中预览粒子轴心点
Custom Vertex Streams	配置材质的顶点着色器中可用的粒子属性
Cast Shadows	如果启用，粒子系统会在阴影投射光照射到它上时创建阴影
On	启用阴影
Off	禁用阴影
Two-Sided	允许从网格的任一侧投射阴影（意味着不考虑背面剔除）
Shadows Only	使阴影可见，但网格本身不可见
Receive Shadows	决定阴影是否可以投射到粒子上。只有不透明材质才能接收阴影
Sorting Layer	渲染器的排序图层的名称
Order in Layer	此渲染器在排序图层中的顺序

续表

属　　性	功　　能
Light Probes	基于探头的光照插值模式
Reflection Probes	如果启用并且场景中存在反射探头，则会为此 GameObject 拾取反射纹理并将粒子纹理设置为内置的着色器对应变量
Anchor Override	用于确定使用光探测器或反射探头系统时的插值位置的变换

5. Velocity over Lifetime 模块

该模块允许用户控制粒子在其生命周期内的速度。Velocity over Lifetime 模块的控制面板如图 11.13 所示。

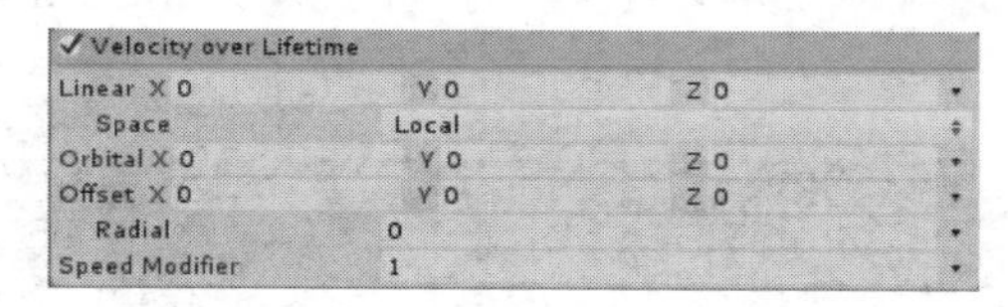

图 11.13　Velocity over Lifetime 模块

下面具体介绍 Velocity over Lifetime 模块包含的属性信息，如表 11.5 所示。

表 11.5　Velocity over Lifetime 模块属性

属　　性	功　　能
Linear X, Y, Z	x、y 和 z 坐标轴上的粒子线速度
Space	指定线性 x、y、z 坐标轴是指本地空间还是世界空间
Orbital X, Y, Z	x、y 和 z 坐标轴周围的粒子轨道速度
Offset X, Y, Z	轨道中心的位置，作用于沿轨道运行的粒子
Radial	粒子的径向速度，远离或朝向中心位置
Speed Modifier	在当前行进方向上或周围，应用乘数到粒子的速度

6. Limit Velocity over Lifetime 模块

该模块控制粒子在其生命周期内的速度降低情况。Limit Velocity over Lifetime 模块的控制面板如图 11.14 所示。

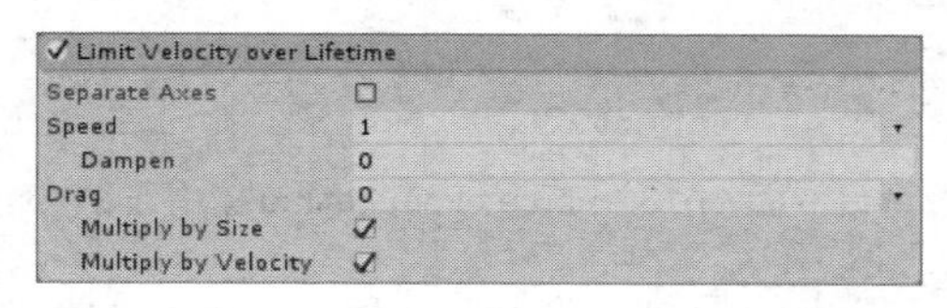

图 11.14　Limit Velocity over Lifetime 模块

下面具体介绍 Limit Velocity over Lifetime 模块包含的属性信息，如表 11.6 所示。

表 11.6　Limit Velocity over Lifetime 模块属性

属　　性	功　　能
Separate Axes	启用后，将坐标轴拆分为单独的 x、y 和 z 组件，即分离轴
Speed	设置粒子的速度限制

续表

属　　性	功　　能
Space	选择速度限制是指本地空间还是世界空间。此选项仅在启用分离轴时可用
Dampen	当粒子速度超过速度限制时，粒子速度降低的数值
Drag	对粒子速度应用线性拖动
Multiply by Size	启用后，较大的粒子会受到阻力系数的影响
Multiply by Velocity	启用后，较快的粒子会受到阻力系数的影响

7. Inherit Velocity 模块

该模块控制粒子的速度如何响应其父对象随时间的移动。Inherit Velocity 模块的控制面板如图 11.15 所示。

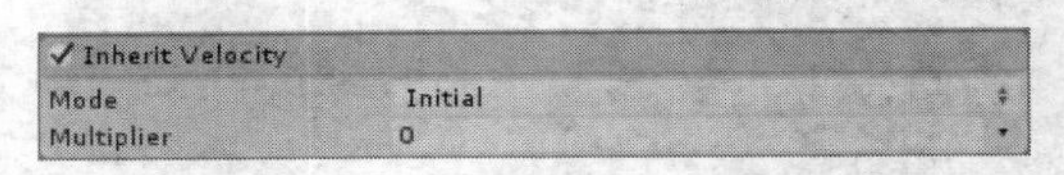

图 11.15　Inherit Velocity 模块

下面具体介绍 Inherit Velocity 模块包含的属性信息，如表 11.7 所示。

表 11.7　**Inherit Velocity 模块属性**

属　　性	功　　能
Mode	指定发射器速度应用于粒子的不同模式
Current	发射器的当前速度将应用于每帧上的所有粒子。例如，如果发射器减速，所有粒子也将减速
Initial	当每个粒子生成时，发射器的速度将被应用一次。粒子产生后，发射器速度的任何改变都不会影响该粒子
Multiplier	粒子需要继承的发射器速度的比例

8. Force over Lifetime 模块

该模块可以指定一个方向的力（如风、吸引力等）为粒子加速。Force over Lifetime 模块的控制面板如图 11.16 所示。

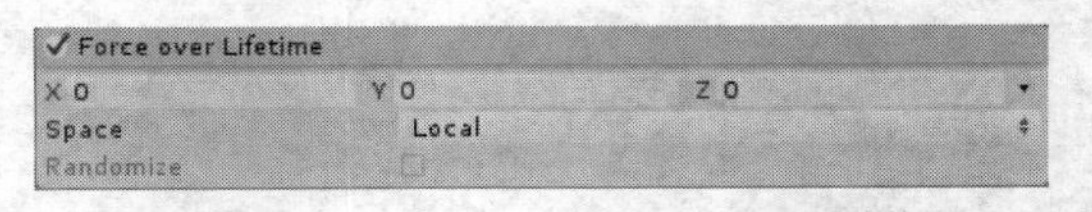

图 11.16　Force over Lifetime 模块

下面具体介绍 Force over Lifetime 模块包含的属性信息，如表 11.8 所示。

表 11.8　**Force over Lifetime 模块属性**

属　　性	功　　能
X, Y, Z	给每个粒子施加的 x 轴、y 轴和 z 轴方向上的力
Space	选择是在局部空间还是在世界空间中施加力
Randomize	该选项会造成不稳定的粒子运动

9. Color over Lifetime 模块

该模块指定粒子的颜色和透明度在其生命周期中的变化情况。Color over Lifetime 模块的控制面板如图 11.17 所示。

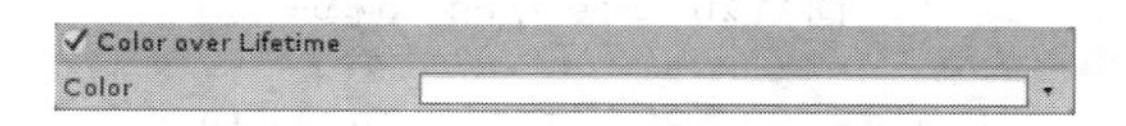

图 11.17 Color over Lifetime 模块

下面具体介绍 Color over Lifetime 模块包含的属性信息，如表 11.9 所示。

表 11.9 Color over Lifetime 模块属性

属性	功能
Color	粒子在其生命周期内的颜色梯度。渐变条的左端表示粒子寿命的起点，渐变条的右端表示粒子寿命的终点

10. Color by Speed 模块

该模块根据粒子的速度改变来设置粒子的颜色。Color by Speed 模块的控制面板如图 11.18 所示。

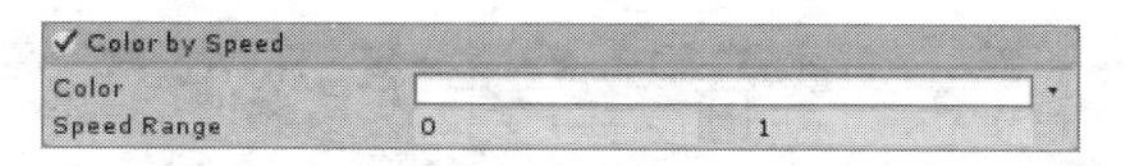

图 11.18 Color by Speed 模块

下面具体介绍 Color by Speed 模块包含的属性信息，如表 11.10 所示。

表 11.10 Color by Speed 模块属性

属性	功能
Color	在速度范围内定义的粒子的颜色梯度
Speed Range	颜色梯度映射到的速度范围的低端和高端（超出范围的速度将映射到渐变的终点）

11. Size over Lifetime 模块

该模块用来设置那些涉及根据曲线改变粒子大小的特殊效果。Size over Lifetime 模块的控制面板如图 11.19 所示。

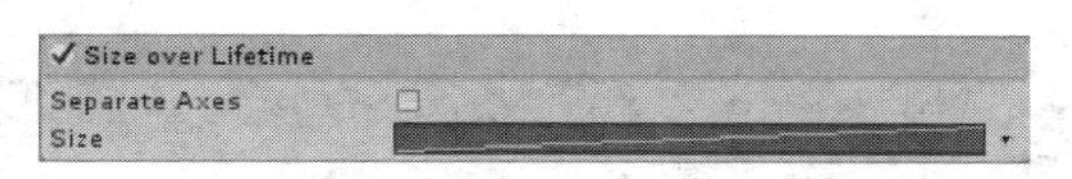

图 11.19 Size over Lifetime 模块

下面具体介绍 Size over Lifetime 模块包含的属性信息，如表 11.11 所示。

表 11.11 Size over Lifetime 模块属性

属性	功能
Separate Axes	在每个坐标轴上独立控制粒子路径
Size	定义粒子尺寸在其生命周期内的变化曲线

12. Size by Speed 模块

该模块根据速度更改粒子的大小。Size by Speed 模块的控制面板如图 11.20 所示。

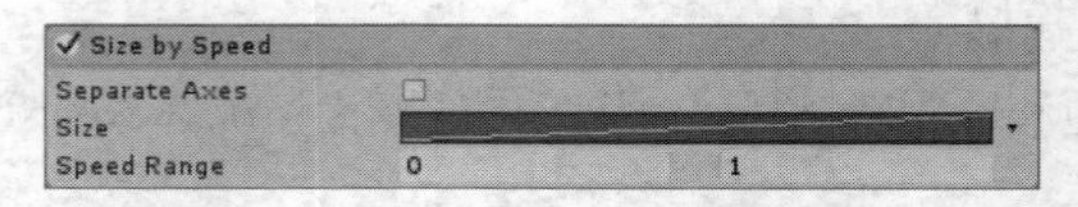

图 11.20　Size by Speed 模块

下面具体介绍 Size by Speed 模块包含的属性信息，如表 11.12 所示。

表 11.12　Size by Speed 模块属性

属　性	功　能
Separate Axes	在每个坐标轴上独立控制粒子路径
Size	定义粒子尺寸在速度范围内的变化曲线
Speed Range	粒子尺寸曲线映射到的速度范围的低端和高端（超出范围的速度将映射到曲线的终点）

13. Rotation over Lifetime 模块

该模块用来配置粒子在移动时的旋转情况。Rotation over Lifetime 模块的控制面板如图 11.21 所示。

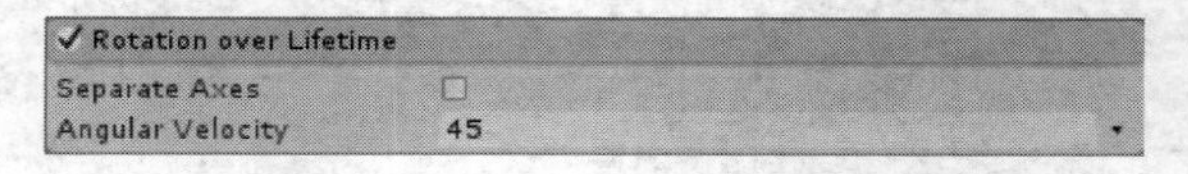

图 11.21　Rotation over Lifetime 模块

下面具体介绍 Rotation over Lifetime 模块包含的属性信息，如表 11.13 所示。

表 11.13　Rotation over Lifetime 模块属性

属　性	功　能
Separate Axes	启用后，可以为 *x*、*y* 和 *z* 坐标轴设置旋转
Angular Velocity	旋转速度，以度/s 为单位

14. Rotation by Speed 模块

该模块根据粒子的移动速度改变来设置粒子的旋转速度。Rotation by Speed 模块的控制面板如图 11.22 所示。

图 11.22　Rotation by Speed 模块

下面具体介绍 Rotation by Speed 模块包含的属性信息，如表 11.14 所示。

表 11.14　Rotation by Speed 模块属性

属　性	功　能
Separate Axes	为每个旋转轴独立控制旋转
Angular Velocity	旋转速度，以度/s 为单位
Speed Range	粒子旋转速度映射到的移动速度范围的低端和高端（超出范围的旋转速度将映射到渐变的终点）

15. External Forces 模块

该模块用来修改风区对系统发出的粒子的影响。External Forces 模块的控制面板如图 11.23 所示。

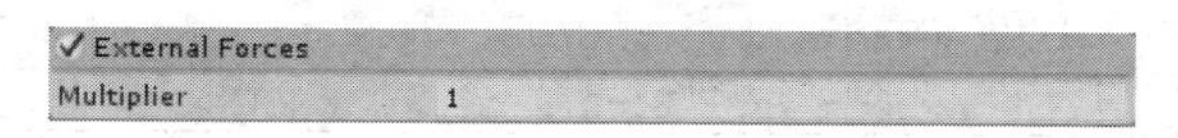

图 11.23 External Forces 模块

下面具体介绍 External Forces 模块包含的属性信息，如表 11.15 所示。

表 11.15 External Forces 模块属性

属　性	功　能
Mode	与风区力量相对应的比例值

16. Noise 模块

该模块用来给粒子移动添加湍流，它采用噪声算法来改变粒子的运动轨迹。Noise 模块的控制面板如图 11.24 所示。

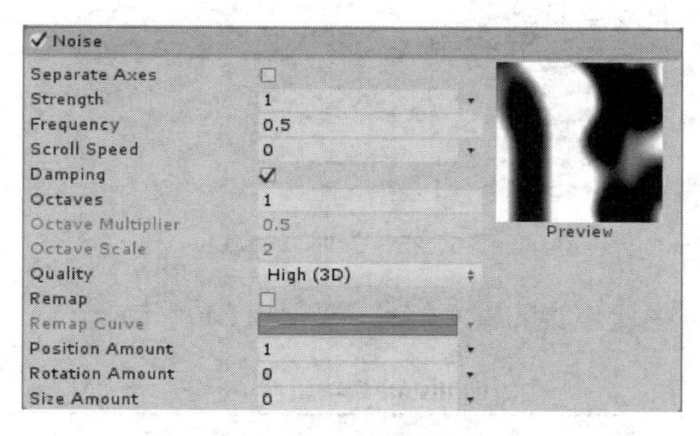

图 11.24 Noise 模块

下面具体介绍 Noise 模块包含的属性信息，如表 11.16 所示。

表 11.16 Noise 模块属性

属　性	功　能
Separate Axes	控制强度并在每个坐标轴上进行独立映射
Strength	一条曲线，用于定义粒子在其生命周期内的噪声影响有多强。值越高，粒子移动越快
Frequency	低值会产生柔和、平滑的噪声，而高值会产生快速变化的噪声。这可以控制粒子改变行进方向的噪声场，以及方向变化的突然程度
Scroll Speed	随着时间的推移，该设置会导致不可预测和不稳定的粒子运动
Damping	启用后，强度与噪声成正比
Octaves	指定组合多少层重叠噪声场以产生最终频率值。越复杂，性能成本越高
Octave Multiplier	对每个额外的噪声层按比例降低强度
Octave Scale	对每个附加噪声层通过此乘数调整频率
Quality	较低的质量设置会显著降低性能成本，但也会影响噪声的有趣程度
Remap	将最终噪声值重新映射到不同的范围

续表

属　性	功　能
Remap Curve	描述最终噪声值如何变换的曲线。例如，用户可以使用此选项来选择噪声场的较低范围，并通过创建从高处开始并以零结束的曲线来忽略更高的范围
Position Amount	用于控制噪声对粒子位置影响程度的乘数
Rotation Amount	用于控制噪声影响粒子旋转的乘数，以度/s 为单位
Size Amount	用于控制噪声对粒子路径影响程度的乘数

17. Collision 模块

该模块控制粒子与场景中的物体是否会产生碰撞。Collision 模块的控制面板如图 11.25 所示。

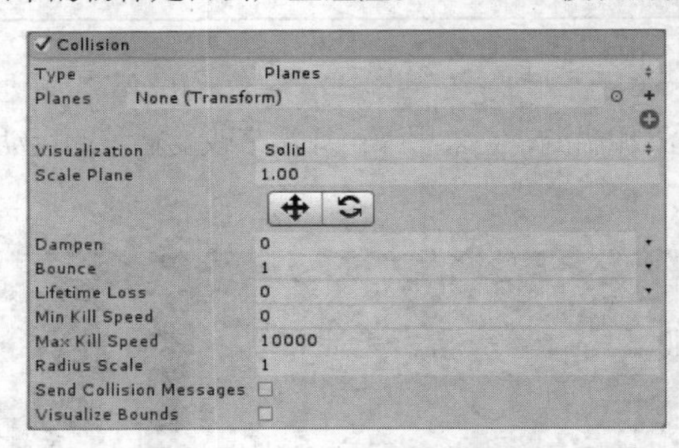

图 11.25　Collision 模块

下面具体介绍 Collision 模块包含的属性信息，如表 11.17 所示。

表 11.17　　Collision 模块属性

属　性	功　能
Type	选择平面模式或世界空间模式
Planes	可扩展的转换列表，用于定义碰撞平面
Visualization	选择是否将 Scene 视图中的碰撞平面 Gizmo 显示为线框网格或实体平面
Scale Plane	用于可视化的平面大小
Dampen	碰撞后失去的粒子速度的分值
Bounce	碰撞后从表面反弹的粒子速度的分值
Lifetime Loss	粒子在碰撞时失去的总生命周期的分值
Min Kill Speed	碰撞后行进速度低于此速度的颗粒将从系统中移除
Max Kill Speed	碰撞后行进速度超过此速度的颗粒将从系统中移除
Radius Scale	允许用户调整粒子碰撞球体的半径，使其更贴近粒子图形的可视边缘
Send Collision Messages	启用后，可以通过 OnParticleCollision 函数从脚本检测粒子碰撞
Visualize Bounds	在 Scene 视图中将每个粒子的碰撞边界渲染为线框形状

18. Triggers 模块

粒子系统能够在与场景中的一个或多个碰撞器交互时触发回调。粒子进入或离开碰撞器时，或者粒子位于碰撞器内部或外部时，可以触发回调。

用户可以使用回调作为一种简单的方法来在粒子进入碰撞器时消除它（例如，防止雨滴穿透屋顶），或者此模块用来修改任何或所有粒子的属性。

Triggers 模块还提供了 Kill 选项以自动删除粒子，而 Ignore 选项表示忽略碰撞事件，如图 11.26 所示。

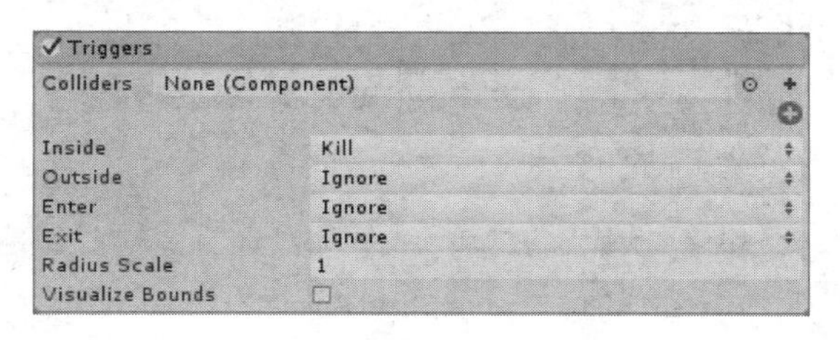

图 11.26 Triggers 模块

下面具体介绍 Triggers 模块包含的属性信息，如表 11.18 所示。

表 11.18 Triggers 模块属性

属 性	功 能
Inside	选择 Callback，粒子位于碰撞器内部时触发事件。选择 Ignore，粒子位于碰撞器内部时不触发事件。选择 Kill 以消除碰撞器内部的粒子
Outside	选择 Callback，粒子位于碰撞器外部时触发事件。选择 Ignore，粒子位于碰撞器外部时不触发事件。选择 Kill 以消除碰撞器外部的粒子
Enter	选择 Callback，粒子进入碰撞器时触发事件。选择 Ignore，粒子进入碰撞器时不触发事件。选择 Kill，当粒子进入碰撞器时消除它们
Exit	选择 Callback，粒子离开碰撞器时触发事件。选择 Ignore，粒子离开碰撞器时不触发事件。选择 Kill，当粒子离开碰撞器时消除它们
Radius Scale	此参数设置粒子的碰撞器边界，允许事件在粒子接触碰撞器之前或之后出现。例如，用户可能希望粒子在弹回之前看起来稍微穿透碰撞对象的表面，在这种情况下，用户可以将此参数设置为略小于 1，注意，当事件实际发生时，此设置不会更改触发器，但可以延迟或优化触发器的视觉效果。输入 1 表示事件在粒子碰到碰撞器时出现；输入一个小于 1 的值，事件在粒子穿透碰撞器表面后出现；输入一个大于 1 的值，事件在粒子穿透碰撞器表面之前出现
Visualize Bounds	允许在编辑器窗口中显示粒子的碰撞器边界

19. Sub Emitters 模块

该模块用来设置子发射器。它们是在某粒子生命周期的指定阶段重新在粒子位置处生成粒子的发射器。Sub Emitters 模块的控制面板如图 11.27 所示。

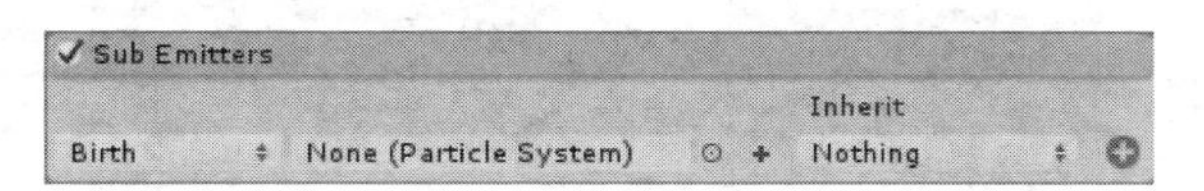

图 11.27 Sub Emitters 模块

下面具体介绍 Sub Emitters 模块包含的属性信息，如表 11.19 所示。

表 11.19 Sub Emitters 模块属性

属 性	功 能
Sub Emitters	配置子发射器列表并选择它们的触发条件以及它们从其父粒子继承的属性

20. Texture Sheet Animation 模块

该模块将纹理视为动画帧播放的单独子图像的网格。Texture Sheet Animation 模块的控制面板如图 11.28 所示。

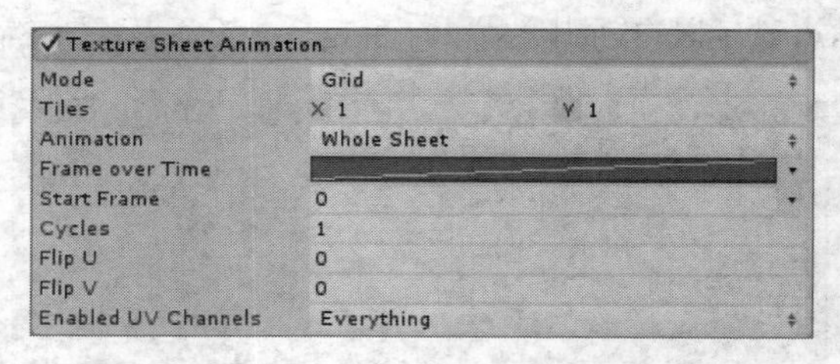

图 11.28　Texture Sheet Animation 模块

下面具体介绍 Texture Sheet Animation 模块包含的属性信息，如表 11.20 所示。

表 11.20　Texture Sheet Animation 模块属性

属　性	功　能
Mode	选择网格或纹理图像
Tiles	纹理在水平和垂直方向上划分的平铺数量
Animation	动画模式可以设置为整张或单行（即工作表的每一行代表一个单独的动画序列）
Random Row	随机从工作表中选择一行以生成动画。此选项仅在选择单行作为动画模式时可用
Whole Sheet	从工作表中选择特定行以生成动画，此选项仅在选择单行模式且禁用随机行时可用
Frame over Time	一条曲线，指定动画帧随着时间的推移如何增加
Start Frame	允许用户指定粒子动画从哪一帧开始（对于在每个粒子上随机定向动画非常有用）
Cycles	动画序列在粒子生命周期内重复的次数
Flip U	在一定比例的粒子上水平镜像纹理。较高的值会翻转更多的粒子
Flip V	在一定比例的粒子上垂直镜像纹理。较高的值会翻转更多的粒子
Enabled UV Channels	允许用户准确指定粒子系统影响的 UV 流

21. Lights 模块

该模块用来将实时灯光添加到一定比例的粒子中。Lights 模块的控制面板如图 11.29 所示。

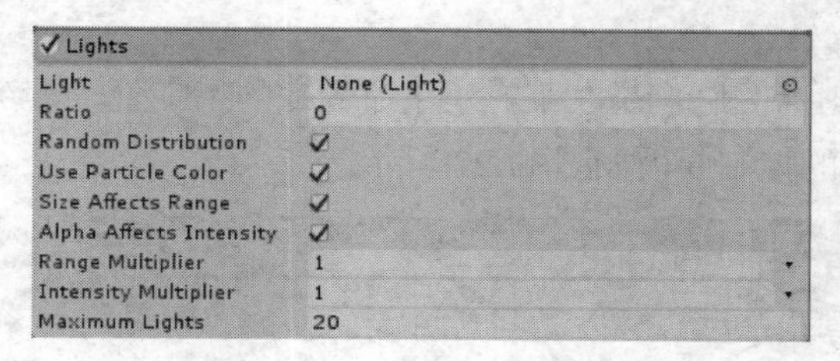

图 11.29　Lights 模块

下面具体介绍 Lights 模块包含的属性信息，如表 11.21 所示。

表 11.21　Lights 模块属性

属　性	功　能
Light	指定一个 Light 预制件，描述粒子灯的外观

续表

属　性	功　能
Ratio	介于 0 和 1 之间的值，描述将接收光的粒子的比例
Random Distribution	选择是随机分配还是定期分配灯光。启用后，每个粒子都有一个随机接收基于比例的光的机会，较高的值增加了粒子具有光的概率。不启用时，Ratio 控制新创建的粒子接收光的频率
Use Particle Color	启用后，Light 的最终颜色将通过其附加的粒子的颜色进行调制。不启用时，使用 Light 颜色而不进行任何修改
Size Affects Range	启用后，指定的灯光范围将乘以粒子的大小
Alpha Affects Intensity	启用后，光的强度乘以粒子 alpha 值
Range Multiplier	使用此曲线在粒子的生命周期内将自定义倍增器应用于灯光范围
Intensity Multiplier	使用此曲线将自定义乘数应用于粒子生命周期内的光强度
Maximum Lights	此设置可以避免意外创建大量灯光，这有时会使编辑器无响应或使应用程序运行得非常慢

22. Trails 模块

该模块用于给粒子添加运动轨迹，即粒子拖尾。Trails 模块的控制面板如图 11.30 所示。

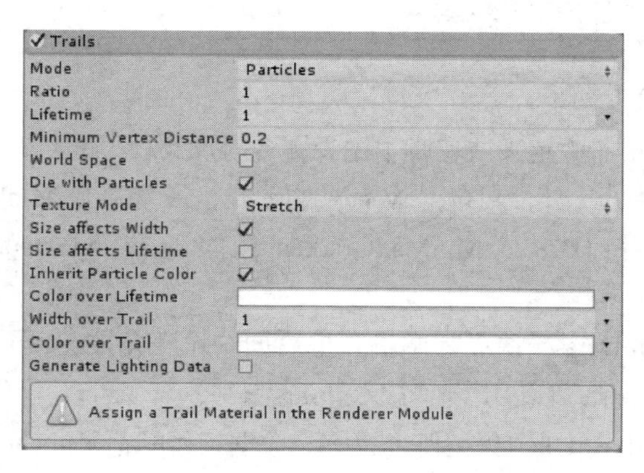

图 11.30　Trails 模块

下面具体介绍 Trails 模块包含的属性信息，如表 11.22 所示。

表 11.22　Trails 模块属性

属　性	功　能
Mode	选择生成粒子拖尾的模式。Particle mode 产生一种效果，每个粒子在其路径中留下固定的痕迹，Ribbon mode 创建一条根据年龄连接每个粒子的小径
Ratio	介于 0 和 1 之间的值，描述分配了 Trail 的粒子的比例。Unity 随机分配 Trail，因此该值表示概率
Lifetime	Trail 中每个顶点的生命周期，表示为它所属粒子的生命周期的乘数。当每个新顶点添加到 Trail 时，它在存在的时间超过该粒子特效总生命周期后消失
Minimum Vertex Distance	定义粒子在接收新顶点之前必须经过的距离
World Space	启用后，即使使用本地空间，Trail 顶点也不会相对于粒子系统的 GameObject 移动。相反，Trail 顶点在世界空间中被丢弃，并忽略粒子系统的任何移动
Die With Particles	如果选中此框，Trail 会在粒子死亡时立即消失。如果未选中此框，则剩余的 Trail 将根据其自己的剩余生命周期自然消失

续表

属　　性	功　　能
Ribbon Count	选择要在整个粒子系统中渲染的色带数量。值为 1 会创建连接每个粒子的单个色带。值大于 1 会创建连接每个第 *n* 个粒子的色带。例如，当使用值 2 时，将有一条色带连接粒子 1、3、5 等，另一条色带连接粒子 2、4、6 等。粒子的排序取决于它们的年龄
Split Sub Emitter Ribbons	在用作子发射器的系统上启用时，从同一父系统粒子生成的粒子共享一个功能区
Texture Mode	选择应用于 Trail 的纹理是沿其整个长度拉伸，还是重复 *n* 个距离单位。重复率基于材料的平铺参数进行控制
Size affects Width	启用后，Trail 宽度将乘以粒子的大小
Size affects Lifetime	启用后，路径寿命将乘以粒度
Inherit Particle Color	启用后，路径颜色将由粒子颜色调制
Color over Lifetime	一条曲线，用于控制整个 Trail 在其附着的粒子的整个生命周期内的颜色
Width over Trail	用于控制 Trail 的宽度
Color over Trail	用于控制 Trail 的颜色
Generate Lighting Data	启用后可构建包含法线和切线的 Trail 几何体。这允许它们使用场景照明的材质，例如，通过标准着色器，或使用自定义着色器

23. Custom Data 模块

该模块允许用户在编辑器中定义或在脚本中设置要附加到粒子的自定义数据格式。

Custom Data 模块的 Mode 属性可以是 Vector 的形式，最多 4 个 MinMaxCurve 组件，也可以是 Color 的形式，这是一个支持 HDR 的 MinMaxGradient 组件。Custom Data 模块在脚本和着色器中驱动自定义逻辑。

用户通过单击 Custom Data 模块面板中输入框后面的倒三角按钮，可在下拉菜单中自定义每个曲线/渐变的情况。例如，曲线可以用于自定义 alpha 测试，渐变可以用于向粒子添加辅助颜色。通过编辑标签，可以很方便地在 UI 中保留每个自定义数据条目的记录。Custom Data 模块的控制面板如图 11.31 所示。

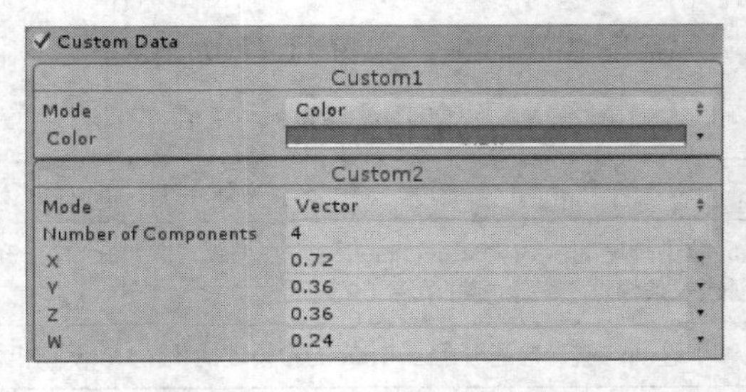

图 11.31　Custom Data 模块

11.1.4　粒子编辑器

一个或多个相互独立的粒子系统可以被组合在同一个父对象下面，这是 Unity 粒子系统的一个重要特性，它们属于同一个粒子效果，可以一起启动、停止、暂停。

为方便管理复杂的多个粒子系统组成的粒子效果，Unity 提供了粒子编辑器，用户只要单击粒子系统控制面板右上角的“Open Editor”按钮，就会弹出 Particle Effect 粒子系统编辑窗口，如图 11.32 所示。

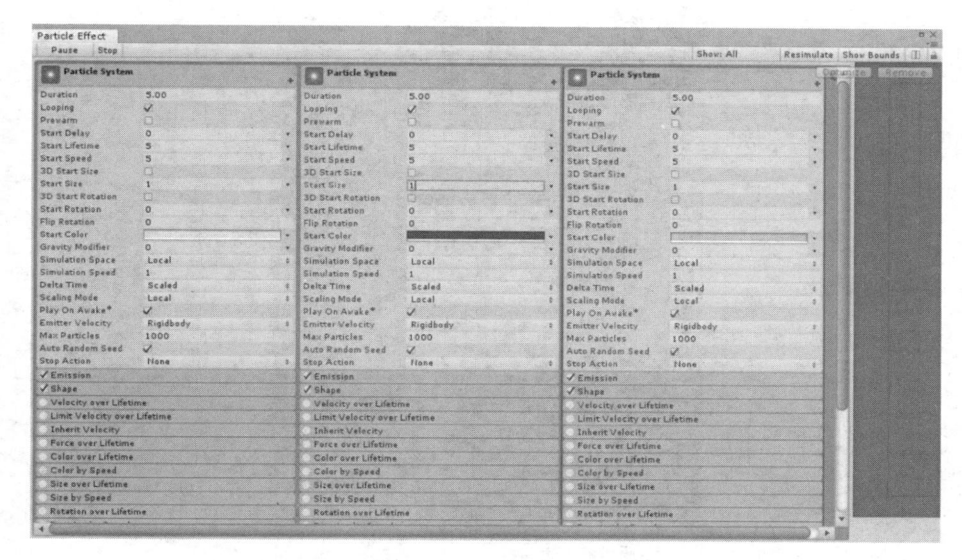

图 11.32　粒子编辑器

11.2　拖尾特效

拖尾，顾名思义，物体后面拖着的尾巴。现实生活中存在的拖尾有喷气式飞机拖尾、流星拖尾等。

Unity 引擎可以实现拖尾特效，它常被大量应用于游戏开发，模拟发射出去的子弹、疾驰而过的飞车等。只要物体是高速运动的，为了体现它们的运动比较快，往往会在这些物体后面加一个拖尾特效。

11.2.1　创建拖尾特效

在 Unity 2018 中，创建拖尾特效有 3 种方式。

（1）单击 Unity 顶部菜单栏的“GameObject”按钮，弹出下拉菜单后，选择“Effect→Trail”选项。

（2）单击 Hierarchy 视图左上角的“Create”按钮，弹出下拉菜单后，选择“Effect→Trail”选项。

（3）单击 Hierarchy 视图左上角的“Create”按钮，弹出下拉菜单后，再单击“GameObject Empty”选项，此时就创建了一个空物体；接着选中新创建的空物体，单击 Inspector 视图最下方的“Add Component”按钮，弹出下拉框后，在搜索栏中输入“Trail Renderer”，搜索到该组件并添加它；最后新建一个材质，加入到该组件中的材质选择框位置。

11.2.2　Trail Renderer 组件

每个拖尾特效都包含 Trail Renderer 组件，该组件是拖尾特效最重要的组件，通过配置该组件的属性，可以实现各种不同的拖尾效果。Trail Renderer 组件属性默认的配置如图 11.33 所示。

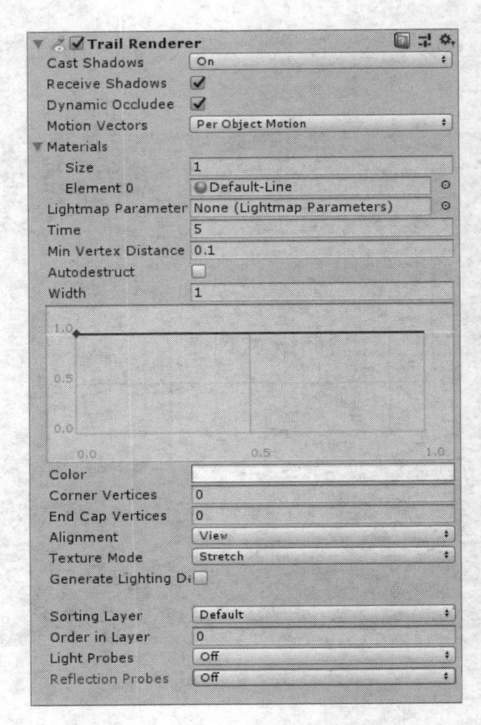

图 11.33　Trail Render 组件

下面具体介绍 Trail Render 组件包含的属性信息，如表 11.23 所示。

表 11.23　Trail Render 模块属性

属　性	功　能
Cast Shadows	确定拖尾是否投射阴影，是否应从拖尾的一侧或两侧投射，或者拖尾是否应仅投射阴影而不以其他方式绘制
Receive Shadows	如果启用，则拖尾将接收阴影
Motion Vectors	选择要用于此拖尾的运动矢量类型
Materials	这些属性描述了用于渲染拖尾的材质数组。粒子着色器最适合拖尾
Lightmap Parameters	在此处引用光照贴图资源以使拖尾与全局照明系统交互
Time	定义拖尾的存续时间，以 s 为单位
Min Vertex Distance	拖尾锚点之间的最小距离
AutoDestruct	启用此选项可在 GameObject 空闲若干秒后销毁它
Width	定义宽度值和曲线，以控制拖尾在其开头和末尾之间的各个点处的宽度。曲线从拖尾的开头到末尾应用，并在每个顶点处采样。曲线的总宽度由宽度值控制
Color	定义渐变以控制拖尾从头至尾的颜色
Corner Vertices	用来指示在绘制拖尾中的角时使用多少额外顶点。增大此值可使拖尾角更圆
End Cap Vertices	此属性指示在拖尾上使用多少额外顶点来创建端盖。增大此值可使拖尾显得更圆
Alignment	设置为 View 以使 Trail 面向摄像机，或者设置为 Local 以根据其 Transform 组件的方向对齐
Texture Mode	控制纹理如何应用于拖尾。使用 Stretch 沿着整个拖尾应用纹理贴图，或使用 Wrap 沿拖尾重复纹理。使用材料的平铺参数来控制重复率

续表

属　性	功　能
Generate Lighting Data	如果启用，则构建包含法线和切线的拖尾几何体。这允许它使用场景照明的材质，例如，通过标准着色器，或使用自定义着色器
Light Probes	基于探头的光照插值模式
Reflection Probes	如果启用并且场景中存在反射探头，则会为此拖尾渲染器拾取反射纹理，并将这个反射纹理设置为内置的着色器对应变量

11.2.3　拖尾特效示例

制作一个拖尾特效，需要经过多次的调整和测试，才能达到预想的效果。下面就是这样一个拖尾特效示例，如图 11.34 所示。

要想完成上图所示的拖尾特效的制作，需要对 Trail Renderer 组件的属性进行配置，如图 11.35 所示。

图 11.34　拖尾特效示例

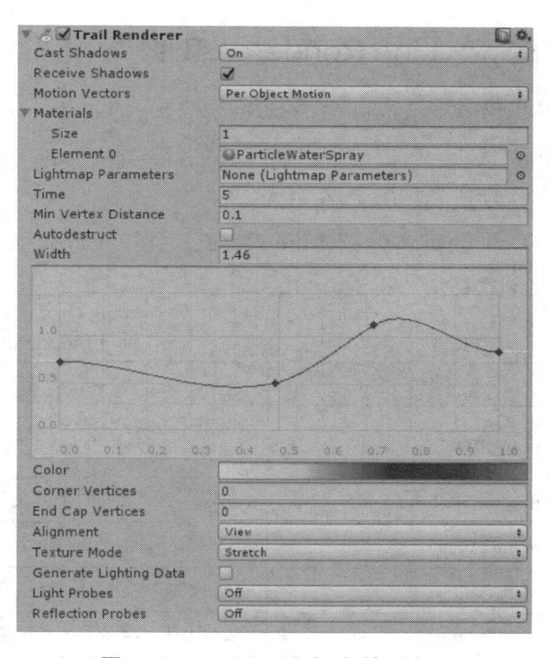

图 11.35　Trail Renderer 组件属性配置

11.3　线特效

线，从基本语义来看，是指用棉、麻、金属等制成的可以任意弯折的东西（如跳绳、电线等）；从几何学角度来讲，它是指一个点任意移动所构成的图形（如直线、曲线等）；从另一方面理解，它表示像线一样的东西（如视线、光线等）。

在 Unity 开发中，常有一些事物需要用线来表示（如折线统计图中的线条、地图的经纬线、枪支的射线效果等），此时就用到了 Unity 特效之一的线特效。

11.3.1 创建线特效

在 Unity 2018 中，创建拖尾特效有 3 种方式。

（1）单击 Unity 顶部菜单栏的“GameObject”按钮，弹出下拉菜单后，选择“Effect→Line”选项。

（2）单击 Hierarchy 视图左上角的“Create”按钮，弹出下拉菜单后，选择“Effect→Line”选项。

（3）单击 Hierarchy 视图左上角的“Create”按钮，弹出下拉菜单后，再单击“GameObject Empty”选项，此时就创建了一个空物体；接着选中新创建的空物体，单击 Inspector 视图最下方的“Add Component”按钮，弹出下拉框后，在搜索栏中输入“Line Renderer”，搜索到该组件并添加它；最后新建一个材质，加入到该组件中的材质选择框位置。

11.3.2 Line Renderer 组件

Line Renderer 组件是线特效的主要组件，通过配置该组件的属性，可以实现各种不同的线特效。Line Renderer 组件属性默认的配置如图 11.36 所示。

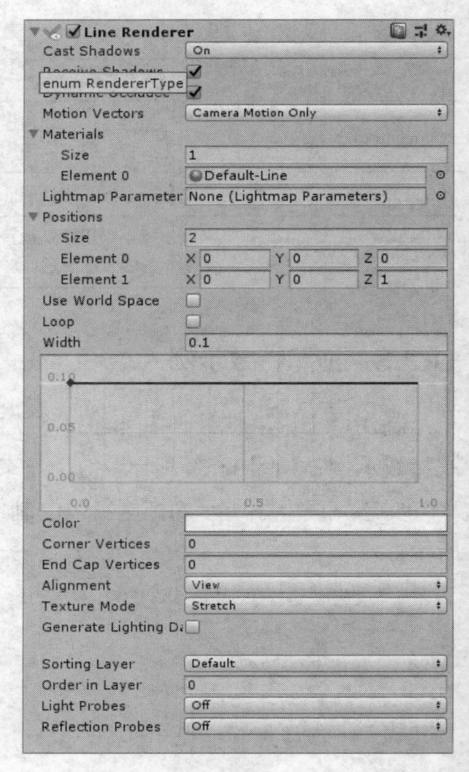

图 11.36 Line Render 组件

下面具体介绍 Line Render 组件包含的属性信息，如表 11.24 所示。

表 11.24 Line Render 模块属性

属性	功能
Cast Shadows	确定线是否投射阴影，是否应从线的一侧或两侧投射，或者线是否应仅投射阴影而不是以其他方式绘制
Receive Shadows	启用后，线条将接收阴影
Motion Vectors	选择要用于此线渲染器的运动矢量类型
Materials	这些属性描述了用于渲染线的材质数组。对应阵列中的每种材料，该线将被绘制一次
Light Parameters	在此处引用光照贴图资源以使线与全局照明系统交互
Positions	这些属性描述了要连接的 Vector3 点数组
Use World Space	如果启用，则这些点将被视为世界空间坐标点，而不受此组件所依附的 GameObject 的变换影响
Loop	启用此选项可连接线的第一个点和最后一个点。这形成了一个闭环
Width	定义宽度值和曲线，以控制线在其头尾之间的各个点处的宽度。曲线仅在每个顶点处采样，因此其精度受到线中存在的顶点数量的限制。线的总宽度由宽度值控制
Color	定义一个渐变来控制线条从头至尾的颜色
Corner Vertices	此属性指示在绘制线条中的角时使用多少额外顶点。增大此值可使线条边角显得更圆
End Cap Vertices	此属性指示使用多少额外顶点在线上创建端盖。增大此值可使线条显得更圆
Alignment	设置为 View 使线条面向摄像机，或设置为 Local 以根据其 Transform 组件的方向对齐

续表

属　性	功　能
Texture Mode	控制纹理如何应用于线条。使用 Stretch 沿着整根线应用纹理贴图，或使用 Wrap 使纹理沿着线重复。使用材料的平铺参数来控制重复率
Generate Lighting Data	如果启用，则构建包括法线和切线的线几何体。这允许它使用场景照明的材质，例如，通过标准着色器，或使用自定义着色器
Light Probes	基于探头的光照插值模式
Reflection Probes	如果启用并且场景中存在反射探头，则会为此线渲染器拾取反射纹理，并将反射纹理设置为内置的着色器对应变量

11.3.3　线特效示例

开发者可以通过自由配置 Line Renderer 组件的属性搭建各种不同的线特效。下面是两个线特效的示例，如图 11.37 所示。

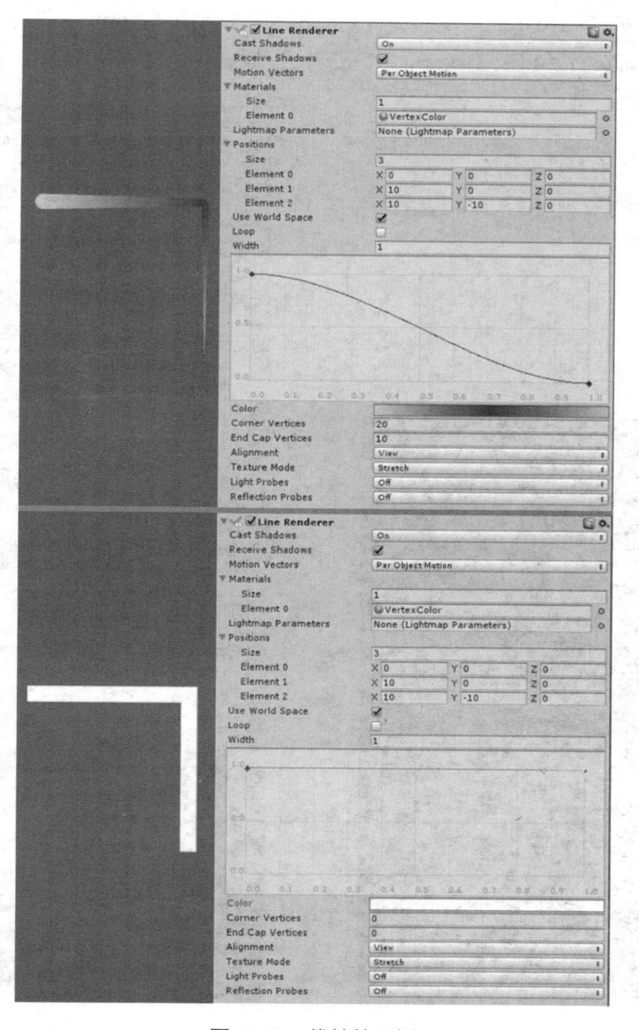

图 11.37　线特效示例

11.4 Helicopter 实战项目：为游戏添加粒子特效

驾驶直升机在规定时间内将物资收集完成，回到停机坪后，游戏胜利！燃放烟花表示庆贺。在 Unity 中通过粒子系统可以完成烟花特效的制作，接下来具体讲解烟花特效的制作步骤。

11.4.1 准备粒子素材

在制作烟花特效之前，读者需要准备烟花粒子所需图片素材，并对图片进行处理，具体步骤如下。

（1）找一张烟花绽放的图片，将图片在绘图软件（如 Photoshop）中打开，并转换为黑白模式进行保存，如图 11.38 所示。

这里需要注意的是，烟花图片的质量会影响到最终烟花粒子的效果，图片质量越高，效果越好。

（2）将黑白模式的图片导入到 Unity Assets 文件夹下，并将其重命名为“FireworkTexture”，在右侧 Inspector 视图中对图片进行设置，单击“Alpha Source”后面的下拉菜单，选择“From Gray Scale”选项，同时将“Alpha Is Transparency”选项勾选，单击右下角“Apply”按钮进行转换，至此，粒子图片属性设置完成，如图 11.39 所示。

图 11.38　黑白模式效果图

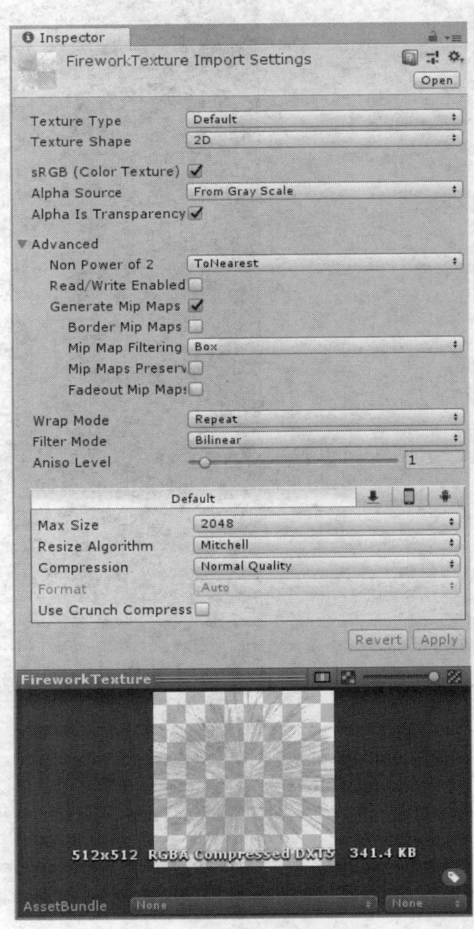

图 11.39　粒子图片属性设置

（3）新建一个材质，将其命名为“FireworkMaterial”，查看新建材质的 Inspector 视图，如图 11.40 所示。

单击 Inspector 视图最上方“Shader”后面的下拉按钮，选择“Particles→Additive”选项，此时，Inspector 视图发生改变。接下来将“FireworkTexture”图片拖放到 Inspector 视图的 Particle Texture 属性后面，如图 11.41 所示。

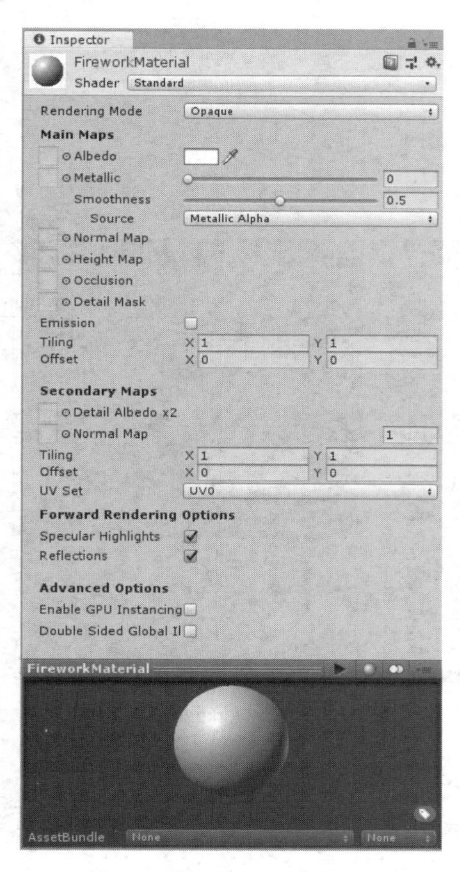

图 11.40 新建材质默认 Inspector 信息

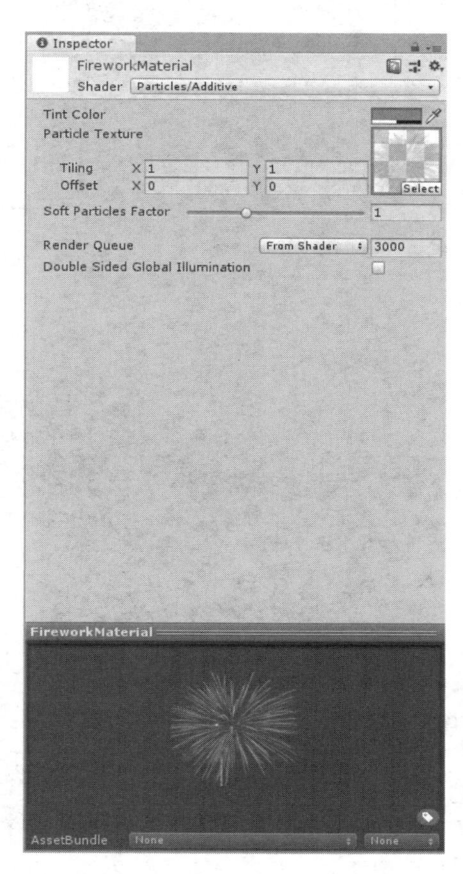

图 11.41 FireworkMaterial 材质信息

至此，烟花粒子最关键的用来实现烟花施放效果的材质创建和修改完成。

11.4.2 完成烟花粒子制作

烟花粒子特效需要创建多个粒子系统，并对它们逐一设置调整，下面具体介绍这一操作过程。

（1）单击 Hierarchy 视图左上角的“Create”按钮，弹出下拉菜单后，选择“Effect→Particle System”选项创建粒子系统，并将其重命名为“Fireworks”。

新建一个材质，将其重命名为“Fireworks-Default-Particle”，打开它的 Inspector 视图面板，单击 Inspector 视图最上方“Shader”后面的下拉按钮，选择“Particles→Additive”选项，此时，Inspector 视图发生改变；接下来单击 Inspector 视图的“Particle Texture”属性后面的图片选择“Select”按钮，弹出对话框后，选择“Default-Particle”图片即可，如图 11.42 所示。

Fireworks-Default-Particle 材质创建完成后，将它拖曳到 Fireworks 粒子系统的 Renderer 模块的 Material 属性后面，完成粒子材质的绑定，如图 11.43 所示。

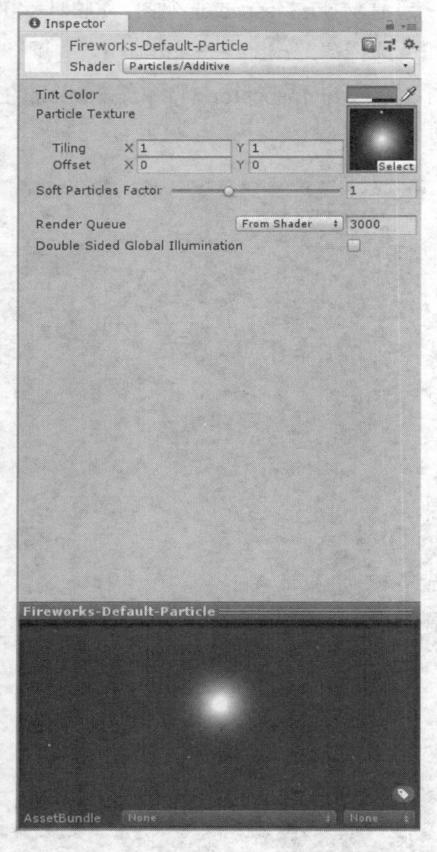

图 11.42　Fireworks-Default-Particle 材质信息

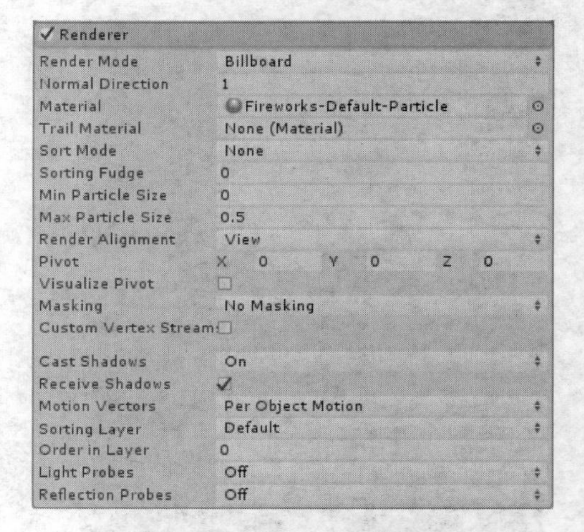

图 11.43　Fireworks 材质绑定

（2）单击选中 Hierarchy 视图的 Fireworks 物体，找到 Inspector 视图粒子系统控制面板中的“Open Editor”按钮并单击它，弹出粒子编辑器，接下来就可以对烟花特效所需要的各粒子系统进行设置，如图 11.44 所示。

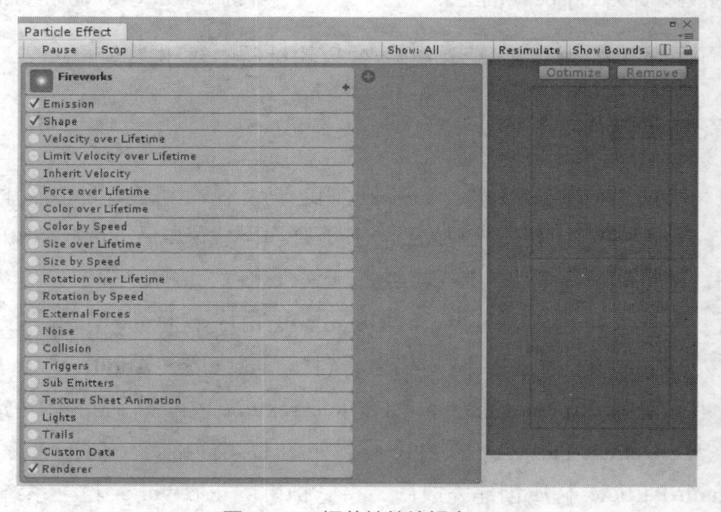

图 11.44　烟花特效编辑窗口

（3）Fireworks 粒子系统用来实现烟花最初升空的效果，要想得到该效果，开发者必须对它的粒子系统属性进行设置。

第 1 步，设置 Fireworks 的 Particle System 模块，如图 11.45 所示。

第 2 步，设置 Fireworks 的 Emission 模块，如图 11.46 所示。

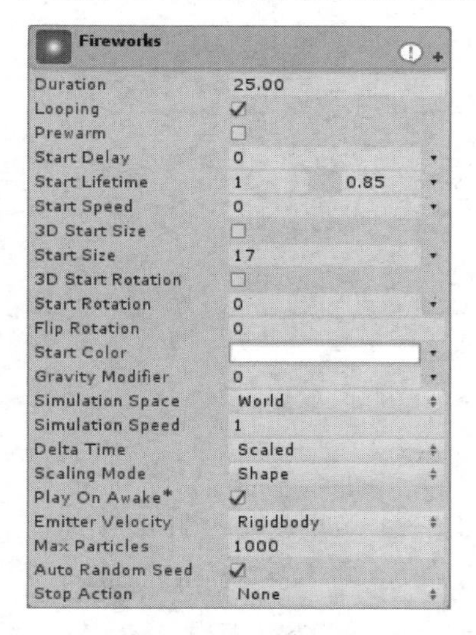

图 11.45　Particle System 模块

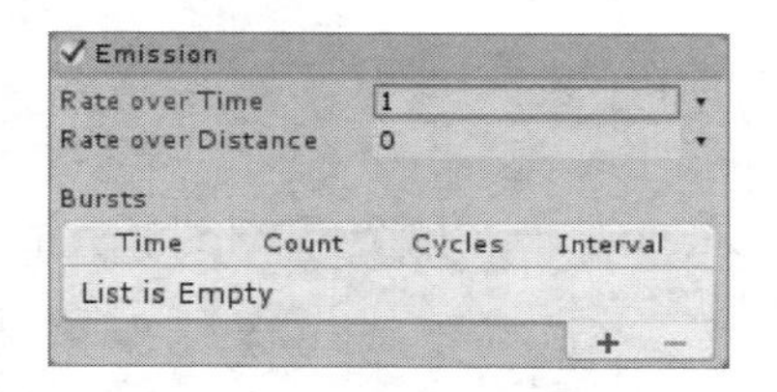

图 11.46　Emission 模块

第 3 步，设置 Fireworks 的 Shape 模块，如图 11.47 所示。

第 4 步，设置 Fireworks 的 Velocity over Lifetime 模块，如图 11.48 所示。

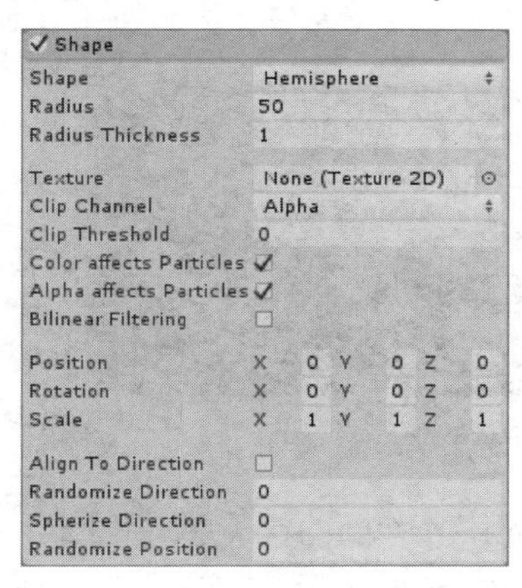

图 11.47　Shape 模块

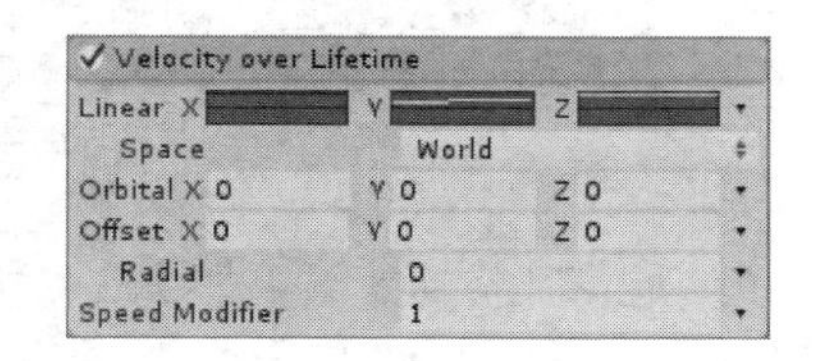

图 11.48　Velocity over Lifetime 模块

第 5 步，设置 Fireworks 的 Limit Velocity over Lifetime 模块，如图 11.49 所示。

第 6 步，设置 Fireworks 的 Size over Lifetime 模块，如图 11.50 所示。

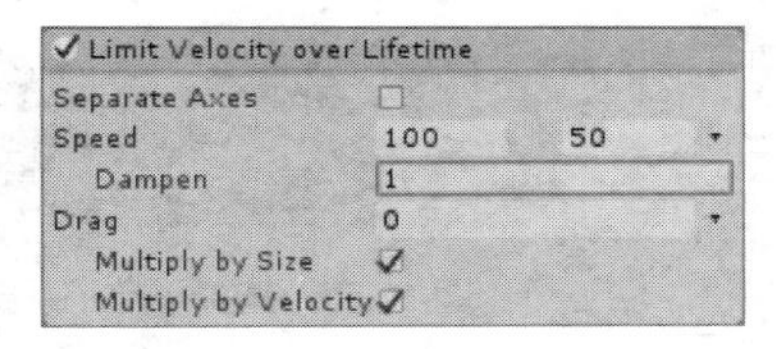

图 11.49　Limit Velocity over Lifetime 模块

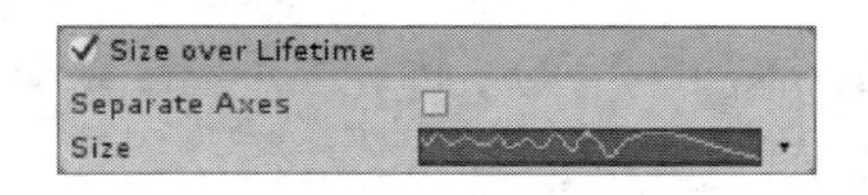

图 11.50　Size over Lifetime 模块

第 7 步，设置 Fireworks 的 Renderer 模块，如图 11.51 所示。

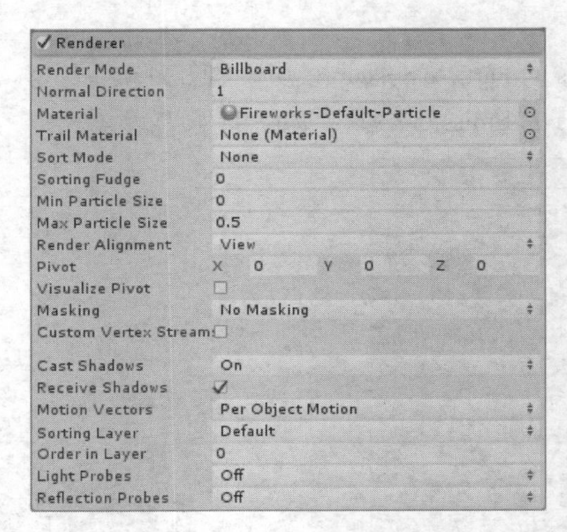

图 11.51　Renderer 模块

至此，Fireworks 粒子系统属性设置完成，实现了烟花升空效果，如图 11.52 所示。

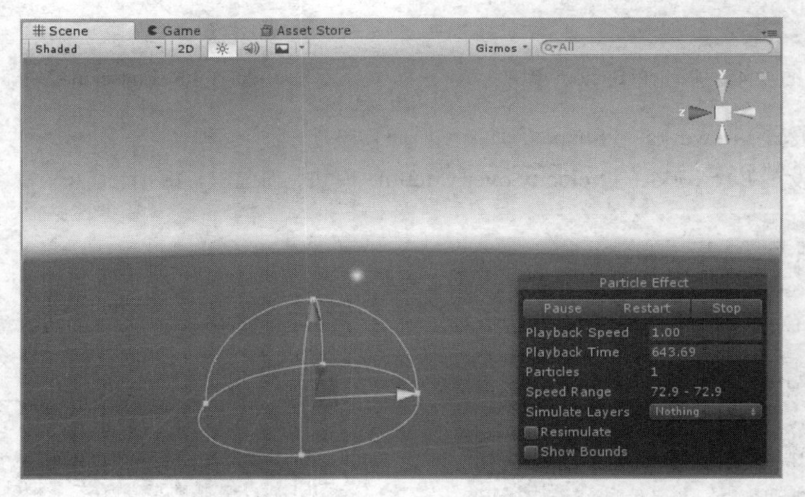

图 11.52　烟花升空效果

（4）为了使烟花升空的效果更加真实，接下来需要创建一个新的粒子系统用来给每个升空的烟花粒子添加拖尾特效，并且这个粒子系统需要被包含在 Fireworks 粒子系统下，作为它的子粒子系统。

在这里创建子粒子系统的方法有两种。

第一种，右键单击 Hierarchy 视图中的 Fireworks 物体，选择“Effect→Particle System”选项，创建出一个粒子系统对象，将其重命名为“FireworksTrail”。单击 Fireworks 粒子系统控制面板的 Sub Emitters 模块中第一排的“圆中一点”按钮，如图 11.53 所示。

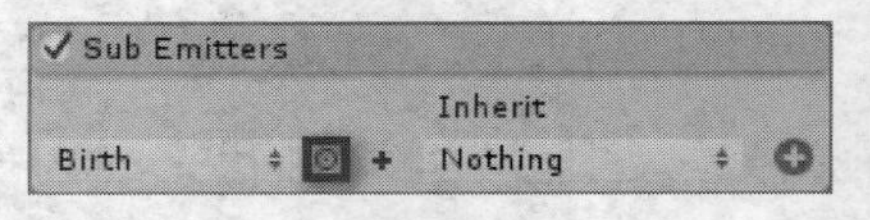

图 11.53　选择子粒子系统按钮

接下来会弹出对话框，在 Scene 菜单栏下，选择 FireworksTrail 子粒子系统，即完成对子粒子系统的绑定，如图 11.54 所示。

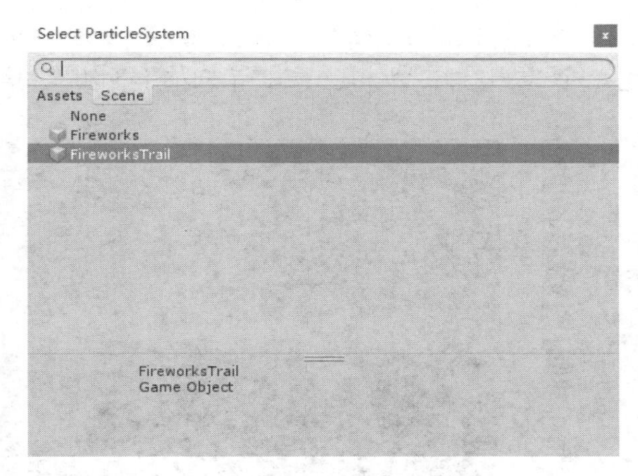

图 11.54　选择子粒子系统对话框

第二种，单击 Fireworks 粒子系统控制面板的 Sub Emitters 模块中的“黑色加号”按钮，如图 11.55 所示。

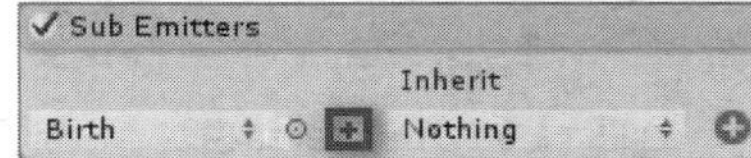

图 11.55　添加子粒子系统

这时会创建一个子粒子系统，将它重命名为“FireworksTrail”。该粒子系统直接与父粒子系统自动绑定，开发者不需要再去对子粒子系统做进一步的绑定设置。

同样，FireworksTrail 粒子系统的属性也需要进行设置，从而呈现合适的拖尾效果。

第 1 步，设置 FireworksTrail 的 Particle System 模块，如图 11.56 所示。

第 2 步，设置 FireworksTrail 的 Emission 模块，如图 11.57 所示。

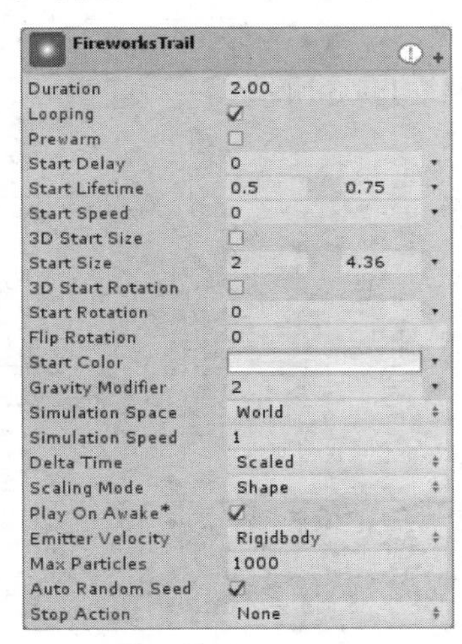

图 11.56　Particle System 模块

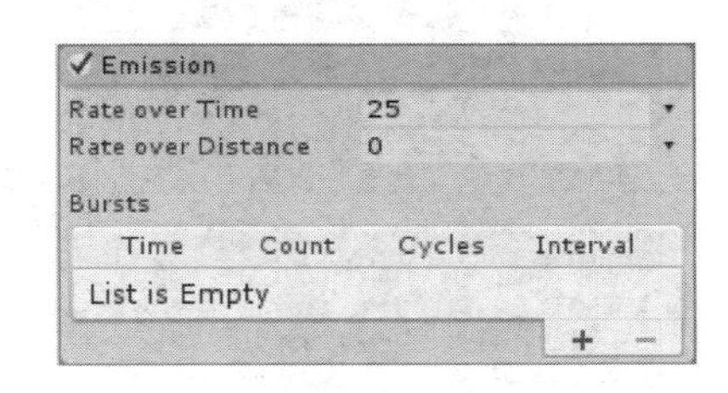

图 11.57　Emission 模块

第 3 步，设置 FireworksTrail 的 Color over Lifetime 模块，如图 11.58 所示。

第 4 步，设置 FireworksTrail 的 Size over Lifetime 模块，如图 11.59 所示。

图 11.58　Color over Lifetime 模块

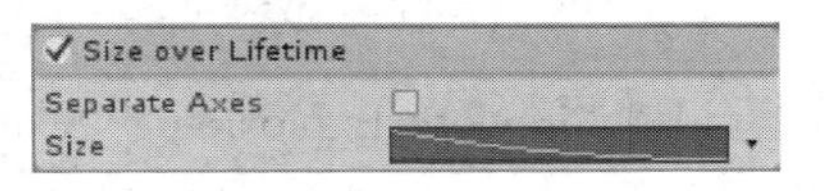

图 11.59　Size over Lifetime 模块

第 5 步，设置 FireworksTrail 的 Renderer 模块，如图 11.60 所示。

至此，FireworksTrail 粒子系统属性设置完成，实现了烟花升空拖尾效果，如图 11.61 所示。

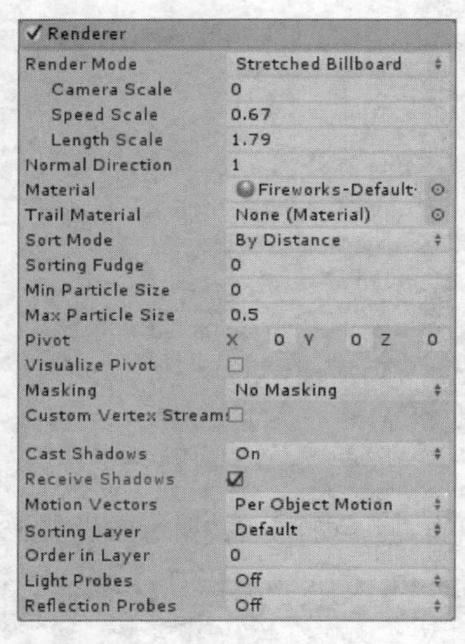

图 11.60　Renderer 模块

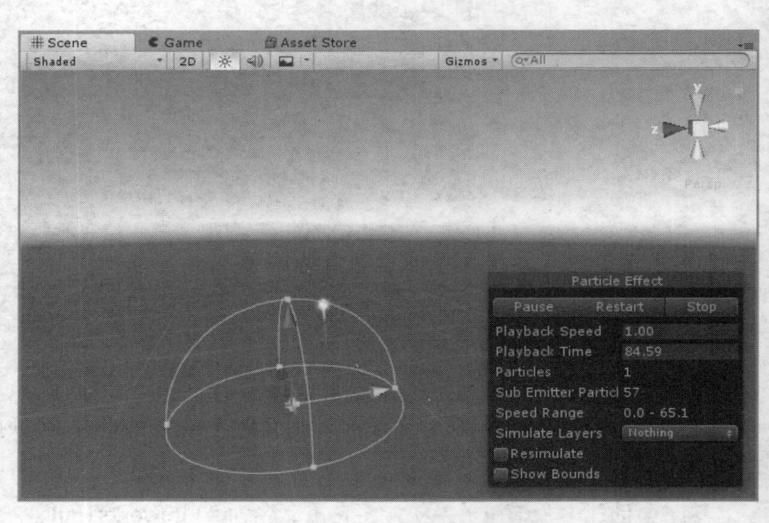

图 11.61　烟花升空拖尾效果

（5）烟花特效最灿烂的时刻就是爆炸的瞬间，接下来就是对爆炸效果的制作。右键单击 Hierarchy 视图中的 Fireworks 物体，选择“Effect→Particle System”选项，创建出一个新的粒子系统对象，并将它重命名为“FireworksExplosion”，同样，FireworksExplosion 粒子系统属性也需要进行设置。

第 1 步，设置 FireworksExplosion 的 Particle System 模块，如图 11.62 所示。

第 2 步，设置 FireworksExplosion 的 Emission 模块，如图 11.63 所示。

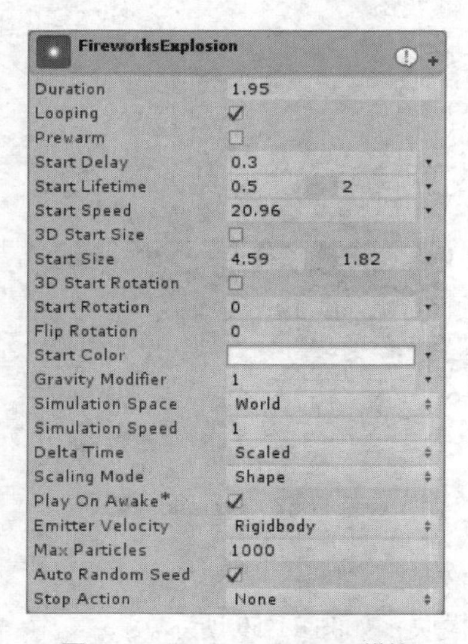

图 11.62　Particle System 模块

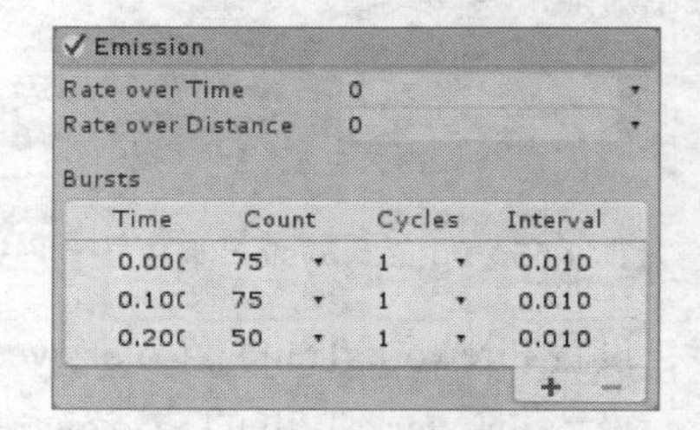

图 11.63　Emission 模块

第 3 步，设置 FireworksExplosion 的 Shape 模块，如图 11.64 所示。

第 4 步，设置 FireworksExplosion 的 Limit Velocity over Lifetime 模块，如图 11.65 所示。

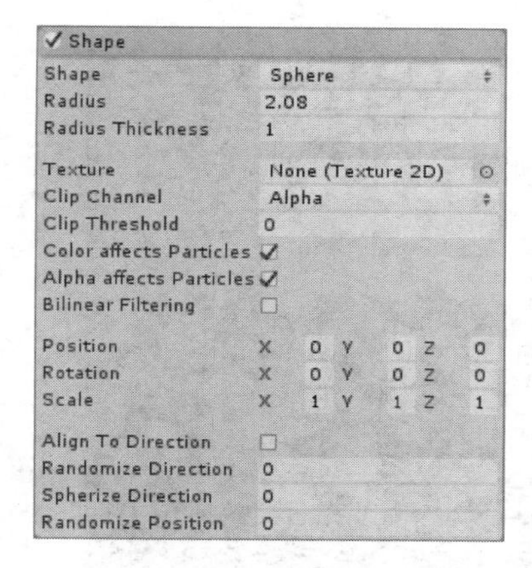

图 11.64　Shape 模块

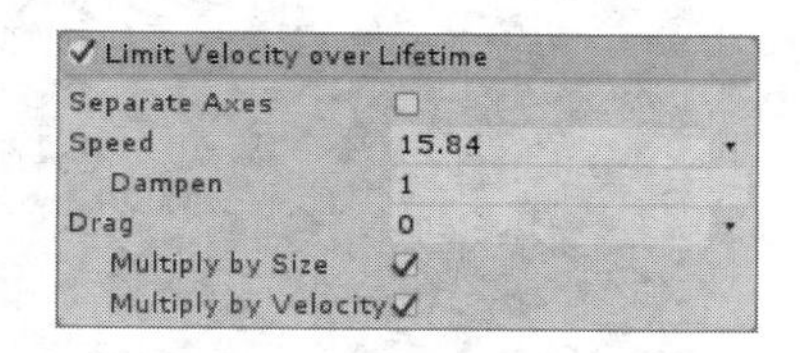

图 11.65　Limit Velocity over Lifetime 模块

第 5 步，设置 FireworksExplosion 的 Size over Lifetime 模块，如图 11.66 所示。

第 6 步，设置 FireworksExplosion 的 Renderer 模块，如图 11.67 所示。

图 11.66　Size over Lifetime 模块

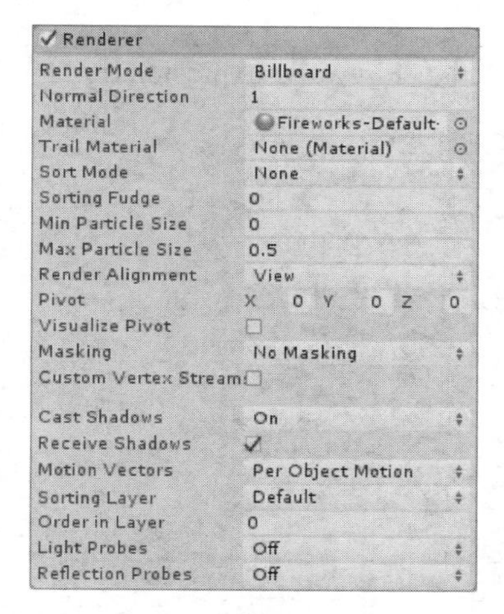

图 11.67　Renderer 模块

第 7 步，在 Fireworks 的 Sub Emitters 模块新建粒子发射器选项，选择在 Fireworks 粒子系统结束一次生命周期时启动 FireworksExplosion 粒子系统，同时将 FireworksExplosion 绑定为 Fireworks 的子粒子系统，如图 11.68 所示。

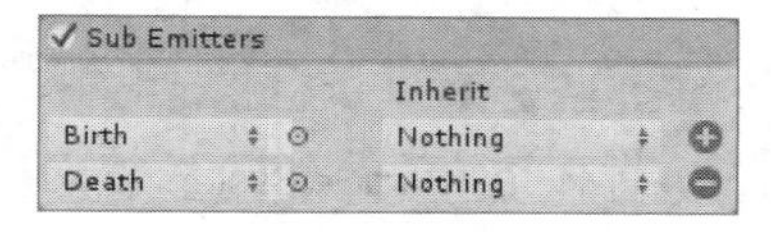

图 11.68　绑定粒子系统

至此，FireworksExplosion 粒子系统属性设置完成，实现了烟花升空后的爆炸效果，如图 11.69 所示。

（6）虽然烟花特效基本上制作完成了，但是为了让爆炸效果看起来更加逼真，这里需要再创建一个粒子系统来呈现整个爆炸释放过程。右键单击 Hierarchy 视图中的 FireworksExplosion 物体，选择“Effect→Particle System”选项，创建出一个新的粒子系统对象，并将它重命名为“FireworksExplosionTrail”，同样，FireworksExplosionTrail 粒子系统属性也需要进行设置。

第 1 步，设置 FireworksExplosionTrail 的 Particle System 模块，如图 11.70 所示。

第 2 步，设置 FireworksExplosionTrail 的 Emission 模块，如图 11.71 所示。

图 11.69　烟花升空后的爆炸效果

第 3 步，设置 FireworksExplosionTrail 的 Shape 模块，如图 11.72 所示。

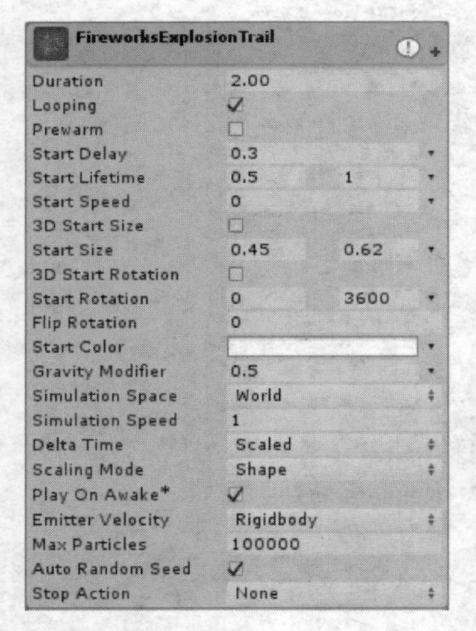

图 11.70　Particle System 模块

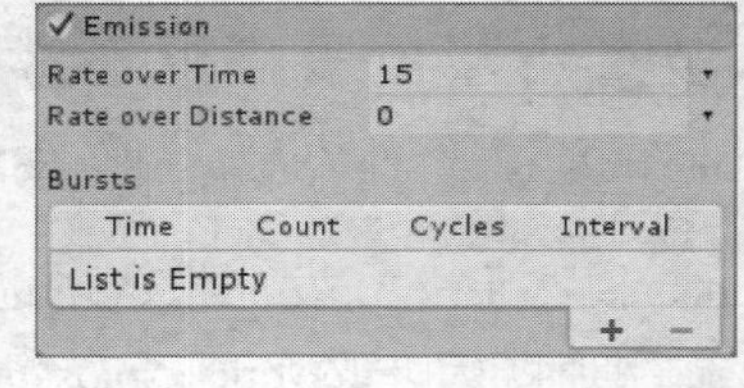

图 11.71　Emission 模块

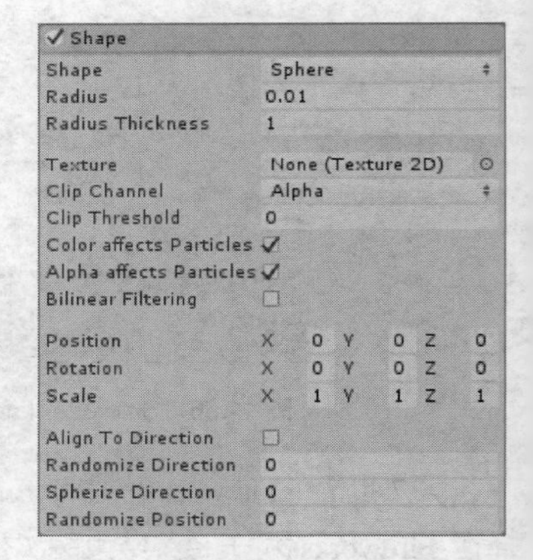

图 11.72　Shape 模块

第 4 步，设置 FireworksExplosionTrail 的 Inherit Velocity 模块，如图 11.73 所示。

第 5 步，设置 FireworksExplosionTrail 的 Force over Lifetime 模块，如图 11.74 所示。

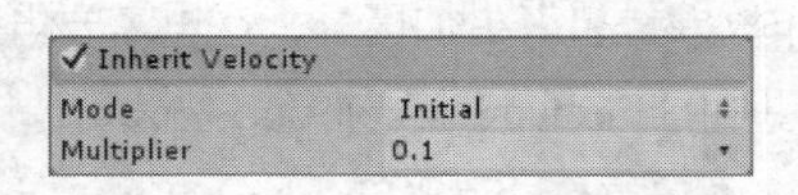

图 11.73　Inherit Velocity 模块

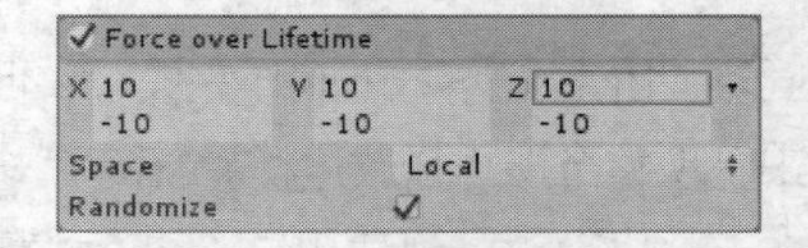

图 11.74　Force over Lifetime 模块

第 6 步，设置 FireworksExplosionTrail 的 Color over Lifetime 模块，如图 11.75 所示。

第 7 步，设置 FireworksExplosionTrail 的 Size over Lifetime 模块，如图 11.76 所示。

图 11.75　Color over Lifetime 模块

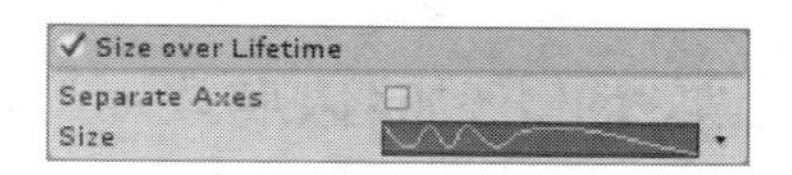

图 11.76　Size over Lifetime 模块

第 8 步，设置 FireworksExplosionTrail 的 Renderer 模块，如图 11.77 所示。

这里需要注意的是，Renderer 模块中的“Material”属性后面的材质是“FireworkMaterial”。

第 9 步，在 FireworksExplosion 的 Sub Emitters 模块新建粒子发射器选项，选择在 FireworksExplosion 粒子系统一次生命周期开始时启动 FireworksExplosionTrail 粒子系统，同时将 FireworksExplosionTrail 绑定为 FireworksExplosion 的子粒子系统，如图 11.78 所示。

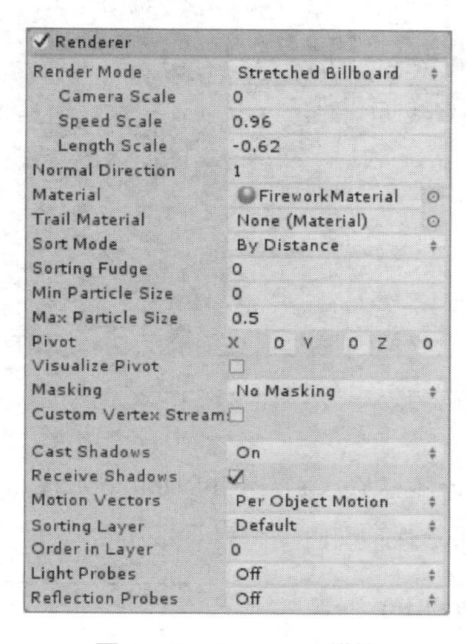

图 11.77　Renderer 模块

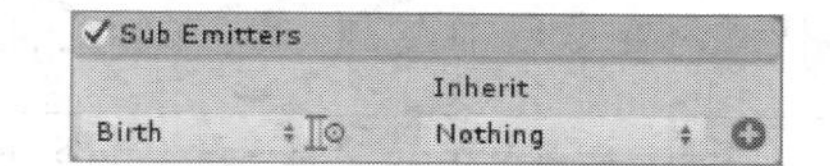

图 11.78　绑定粒子系统

至此，FireworksExplosionTrail 粒子系统属性设置完成，实现了烟花升空后的绽放效果。同时，烟花特效所包含的各粒子系统全部创建和修改完成。让摄像机面向烟花粒子位置，单击 Unity 播放控制按钮，如图 11.79 所示。

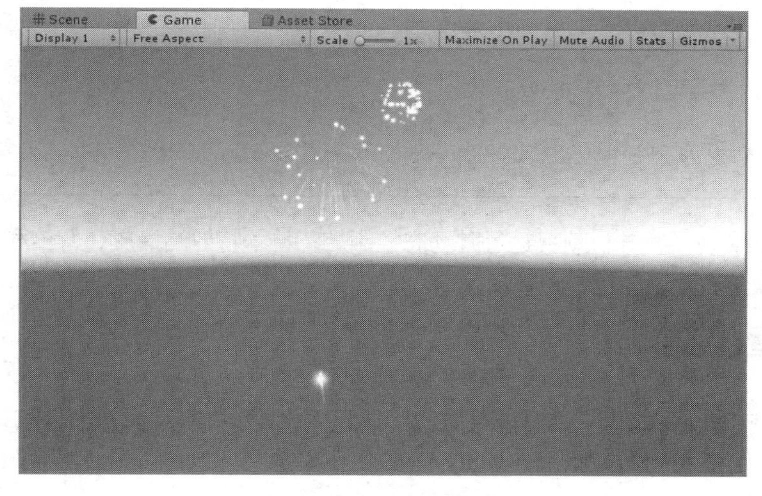

图 11.79　烟花特效运行效果

11.4.3　为游戏场景添加烟花特效

首先将完成的烟花特效设置成预制件保存在 Assets 资源文件夹下，然后将烟花预制件添加到 Game 场景中，如图 11.80 所示。

图 11.80　场景中的烟花特效

最终在游戏胜利时刻，画面上动态生成烟花特效（该步骤在 C#脚本的 HelicopterController 类中实现，完整代码可在项目中查看），粒子特效播放控制部分代码如下所示。

```
1     //声明 GameObject 类型变量（外部绑定烟花特效物体）
2     public GameObject firesParticle;
3     public void FirePlay()
4     {
5        firesParticle.GetComponent<ParticleSystem>().Play();//播放粒子
6     }
7     public void FirePause()
8     {
9        firesParticle.GetComponent<ParticleSystem>().Pause(); //暂停
10    }
11    public void FireStop()
12    {
13       firesParticle.GetComponent<ParticleSystem>().Stop();  //停止
14    }
```

这段代码主要实现了直升机项目运行时动态控制烟花粒子特效的播放、暂停和停止的功能。

11.5　本章小结

通过本章的学习，读者能够掌握 Unity 特效的制作流程，学会制作完整的特效。接下来读者可以进一步大量尝试制作其他特效，加深对 Unity 特效的各属性参数的理解，坚持学习下去定会有意想不到的收获。

11.6 习题

1. 填空题

（1）Unity 内置的特效有 3 大类：________、________、________。

（2）粒子系统除了每个物体都有的基本组件 Transform 之外，还有一个________。

（3）________模块包含了影响整个粒子系统的全局属性。

（4）________模块中的属性会影响粒子系统发射的速率和时间。

（5）________模块定义了发射粒子区域（几何体或平面）的形状，以及起始速度的方向。

2. 选择题

（1）粒子系统控制面板默认有（　　）模块。

A. 2 个　　B. 3 个　　C. 4 个　　D. 5 个

（2）粒子系统的（　　）模块影响整个粒子系统的全局属性，用来初始化粒子系统。

A. Particle System　　B. Emission　　C. Collision　　D. Renderer

（3）粒子系统的 Shape 模块定义了发射粒子区域的形状属性，（　　）属于 Shape 模块的可选形状。

A. 球体　　B. 半球体　　C. 锥体　　D. 以上都正确

（4）（　　）组件是完成拖尾特效的关键组件。

A. Particle System　　B. Trail Renderer

C. Line Renderer　　D. 以上都正确

（5）（　　）组件是完成线特效的关键组件。

A. Particle System　　B. Trail Renderer

C. Line Renderer　　D. 以上都正确

3. 思考题

（1）Unity 特效可以模拟现实生活中的哪些现象？

（2）简述日常生活中类似拖尾特效的现象。

4. 实战题

自己动手做一个粒子效果添加到 Helicopter 项目的 Game 场景当中。

12

第12章　Unity VR 子系统模块

本章学习目标

- 熟悉 Unity VR 子系统模块所包含功能的使用方法
- 熟悉 Unity 支持的 VR 设备
- 掌握 VR 项目开发的基本步骤

Unity 2018 有最新的 XR 系统，XR 是一个总称，它包括三大子系统模块：虚拟现实（VR）、增强现实（AR）和混合现实（MR）。鉴于本书主要面向 VR 开发者，本章主要讲解 VR 子系统模块。

12.1　Unity VR 子系统模块概述

Unity VR 子系统模块允许开发者直接从 Unity 定位虚拟现实设备，而无须在项目中再安装任何外部插件。它提供了基本 API 和功能集，可兼容多个设备，旨在为未来的设备和软件提供前向兼容性。下面从各个方面介绍 Unity VR 子系统模块。

12.1.1　本机 VR 支持的优点

Unity 的本机 VR 支持有以下几个优点。

（1）采用每个 VR 设备驱动的稳定版本。

（2）具备用于与不同 VR 设备交互的单个 API 接口。

（3）使用一个干净的项目文件夹，每个设备没有外部插件。

（4）能够在应用程序中切换多个设备。

（5）提高性能（本机设备可以实现低级 Unity 引擎优化）。

12.1.2　启用本机 VR 支持

要为游戏构建和编辑器启用本机 VR 支持，打开菜单选择“Edit→Project Settings→Player”选项，然后选择“XR Settings”并勾选 Virtual Reality Supported 复选框。开发者需要为每个构建目标设置此项。

另外，还可以使用复选框下方显示的 Virtual Reality SDK 列表为每个构建目标添加和删除 VR 设备，列表的顺序是 Unity 尝试在运行时启用 VR 设备的顺序。第一个正确初始化的设备是启用的设备。此列表顺序在构建目标的播放器中是相同的，如图 12.1 所示。

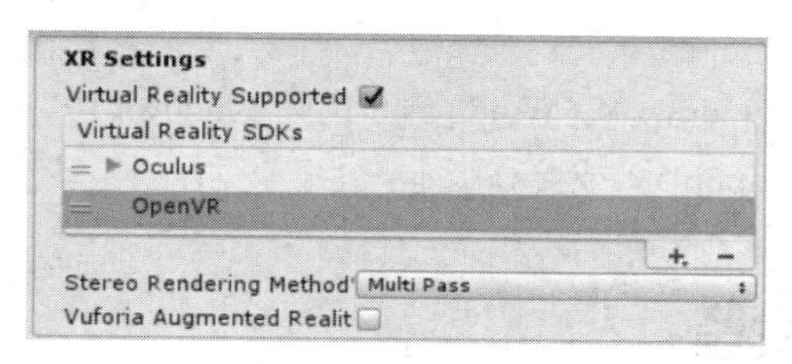

图 12.1　XR Settings

12.1.3　启用本机 VR 支持后的改变

在 Unity 中启用本机 VR 支持后，自动执行的操作和手动操作项目如下。

（1）自动渲染到头戴式显示器（Head Mounted Display，HMD）。

（2）场景中的所有摄像机都可以直接渲染到 HMD，自动调整视图和投影矩阵以考虑头部跟踪、位置跟踪和视野。

（3）可以使用 Camera 组件的 stereoTargetEye 属性禁用对 HMD 的渲染，或者将 Camera 组件的 Target Texture 属性添加 Render Texture。

（4）使用 stereoTargetEye 属性将 Camera 设置为仅将特定眼睛的视图渲染到 HMD。此设置适用于狙击镜或立体视频等特殊效果，前提是要在场景中添加两个摄像机：一个充当左眼，另一个充当右眼。开发者应设置图层蒙版以配置发送到每只眼睛的内容。

12.1.4　Unity VR 编辑模式

如果用户的 VR 设备支持 Unity 编辑器模式，可以在编辑器中按播放键直接在自己的设备上进行测试。

如果用户将 stereoTargetEye 设置为“left”或两者，则左眼视图将呈现到 Game View 窗口。如果用户将 stereoTargetEye 设置为“right”，则会渲染右眼视图。

Unity 没有左眼和右眼的自动并排视图。要在 Game 视图中查看并排视图，可以创建两个摄像机，将一个设置为左眼，一个设置为右眼，并设置并排显示它们的视口。

需要注意的是，在编辑器中运行此功能会产生开销，因为 Unity 需要渲染每个窗口，因此用户可能会遇到延迟或抖动。要减少编辑器渲染开销，可打开 Game 视图并将“Maximize On Play”选中，即游戏在运行时启用屏幕最大化。

Unity Profiler 是一个很有用的工具，可以让用户了解游戏在编辑器外运行时的性能。但是，分析器本身也有开销。检查游戏性能的最佳方法是在目标平台上创建并直接运行。运行非开发版本时，用户可以看到最佳性能，但开发版本允许用户连接 Unity Profiler 以获得更好的性能分析。

12.1.5　Unity VR 开发的硬件和软件建议

Unity 中 VR 开发的硬件和软件部分建议如下。

（1）硬件方面的建议。

实现与目标 HMD 近似的帧速率对于良好的 VR 体验至关重要。帧速率必须与 HMD 中使用的显示器的刷新率相匹配。如果帧速率低于 HMD 的刷新率，则会引起玩家身体上的不适（如头晕、眼睛累）。

（2）软件方面的建议。

Windows：Windows 7、Windows 8、Windows 8.1 或 Windows 10。

Android：Android OS Lollipop 5.1 或更高版本。

12.2 主流 VR 设备

当 VR 概念进入消费领域，大大小小的科技公司都希望借 VR 话题推出形形色色的 VR 产品，期待能够在 VR 市场占有一席之地。在 VR 产品中，最具关注度的莫过于 HTC Vive、Oculus Rift、Daydream 和 PlayStation VR，本节将对这 4 种主流的 VR 设备进行介绍。

12.2.1 HTC Vive

HTC Vive 是由宏达国际电子股份有限公司（简称 HTC）和维尔福软件公司（简称 Valve）联合开发的一款 VR 头戴式显示器产品，在 2015 年 3 月的 MWC 2015（2015 世界移动通信大会）上正式发布。2016 年 6 月，HTC 还推出了面向企业用户的商业版虚拟现实头盔套装——Vive BE，该款新设备还提供专门的客户支持服务来帮助开发者快速开发 VR 项目。

12.2.2 Oculus Rift

Oculus 公司成立于 2012 年，创始人是一名年轻的创业者帕尔默·拉吉（Palmer Luckey），在他将 VR 头戴式显示器原型展示给布伦丹·艾里布（Brendan Iribe）和多翰·卡马克（John Carmack）这两位游戏行业的资深人士后，2012 年 8 月，Oculus 在 Kickstarter 网站上发起众筹，最终筹资近 250 万美元，首轮融资达到了 1600 万美元。

随后在 2013 年，Oculus Rift 开发者版本推出，在其官方网站售价为 300 美元。设备开发者版本上市仅 4 个月，就有“半条命 2”“军团要塞 2”“模拟外科医生 2013”等 20 余款已发售游戏提供了支持。

2014 年 7 月，Facebook 以 20 亿美元的价格收购了 Oculus 公司，进一步提供大量资金提升硬件和软件的开发效率。

Oculus 公司发布的 Oculus Rift 产品是优秀的 PC 端 VR 设备之一，大家如果感兴趣，可登录其官网做进一步了解。

12.2.3 Daydream

2016 年 11 月 10 日，谷歌公司发布了一个虚拟现实（VR）平台——Daydream。该平台由一个头盔、一个控制杆和若干兼容智能手机组成。

Daydream 平台主要是依靠移动操作系统 Android 系统建立起来的，它实际上也给出了一套 VR 标准，这套标准规定了哪些 Android 硬件设备支持 Daydream 平台。

目前，Unity 与谷歌公司已达成合作，谷歌的高质量移动虚拟现实平台现已直接集成到 Unity 中，用户可以在 Unity 编辑器中直接访问 Daydream 功能。这极大地方便了使用 Daydream 平台的 Unity 开发技术团队。谷歌公司发布的 Daydream 平台是优秀的移动端 VR 设备之一，大家如果感兴趣，可登录 Unity 官网做进一步了解。

12.2.4 PlayStation VR

Play Station VR 是索尼公司历经数年开发的配合自家主机 PS4 进行游戏的 VR 设备。该设备曾在 E3 2016 大赏 Game Critics Awards 上获得最佳硬件奖。PlayStation VR 依靠家用游戏主机平台为喜爱游戏的玩家带来了优质的 VR 体验。

12.3 HTC Vive 开发

HTC Vive 是一款广受开发者喜爱的设备。本书实战开发部分的内容都将以 HTC Vive 设备为主进行讲解。

12.3.1 HTC Vive 设备组成

HTC Vive 设备主要包含三个部分，一个虚拟现实头盔、两个定位器和两个控制手柄，如图 12.2 所示。

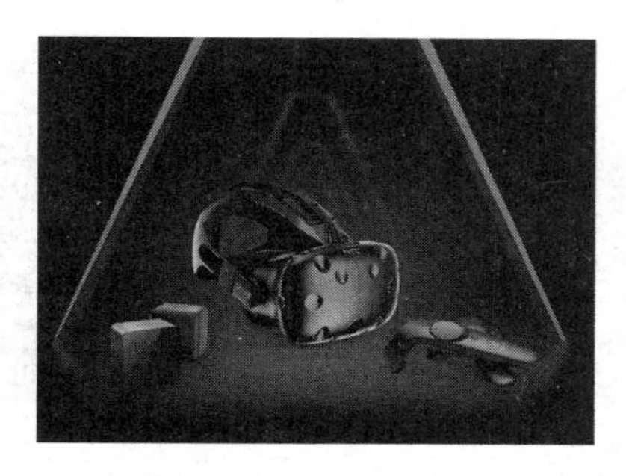

图 12.2 HTC Vive 设备

HTC Vive 的头戴式显示器使用了 Roomscale（房间模式）技术，通过房间中的两个 Lighthouse 基站设备对其进行定位追踪，使玩家得以在虚拟世界中自然活动。玩家要想与虚拟世界进行交互（如抛物、射箭等），只需使用控制手柄在“房间”区域中自由完成动作即可。该套设备内置传感器、定位装置等部件。

12.3.2 Lighthouse 技术原理

Lighthouse 室内定位技术属于激光扫描定位技术，通过两颗激光传感器识别客户佩戴的设备上的位置追踪传感器，从而获得位置和方向信息。

HTC Vive 有两个 Lighthouse 基站设备，每个基站设备中都有一个红外 LED 阵列，每 20ms 甚至更短时间扫描一次房间区域，然后通过计算设备的时间差和传感定位器的位置差，最终获得追踪对象的位置和所有的运动轨迹，如图 12.3 所示。

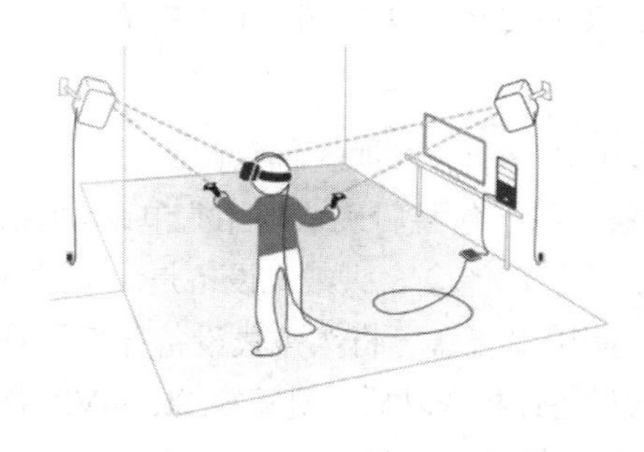

图 12.3 Lighthouse

12.3.3 HTC Vive 手柄交互

HTC Vive 套装中有两个控制手柄，这两个手柄外观和按键设计完全一样，左右手各持一个。手柄各键的功能以及在手柄上的位置如图 12.4 所示。

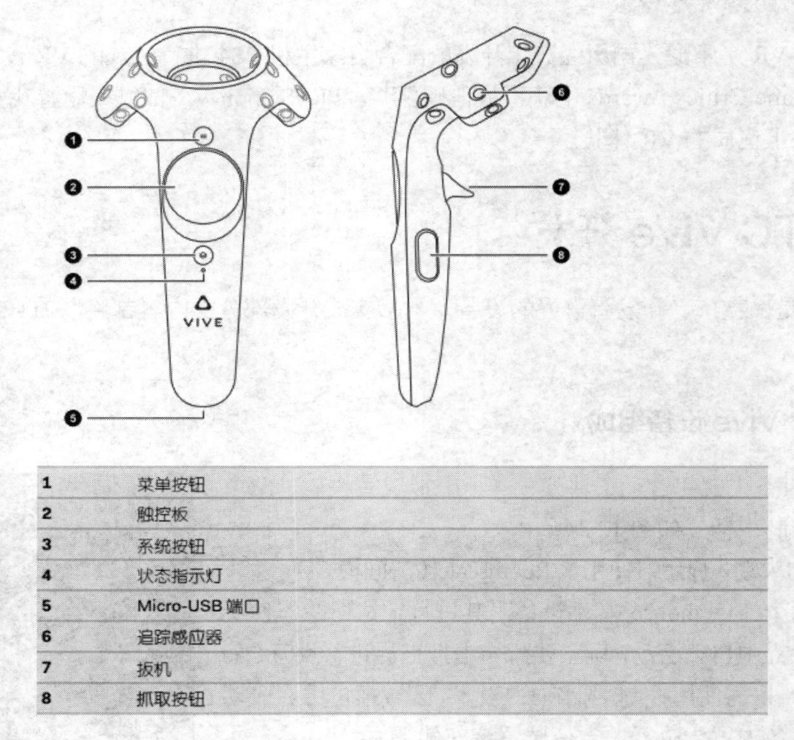

1	菜单按钮
2	触控板
3	系统按钮
4	状态指示灯
5	Micro-USB 端口
6	追踪感应器
7	扳机
8	抓取按钮

图 12.4 HTC Vive 手柄

12.3.4 HTC Vive 开发环境的搭建

我们已经介绍过 HTC Vive 设备的组成和 Lighthouse 技术，以及控制手柄的基本用法，下面具体讲解 HTC Vive 开发环境的搭建工作。

1. 安装 SteamVR 软件并打开

使用 HTC Vive 设备需要安装客户端，首先前往 Vive 官网下载 Vive 安装程序，然后根据提示进行操作即可完成必备软件 SteamVR 的安装，以及 Vive 硬件的配置。

2. 安装 HTC Vive 硬件

打开 SteamVR 软件，即可测试 Vive 硬件的配置情况。

（1）购买一套 HTC Vive 设备，打开包装后确认物品清单，如图 12.5 所示。

（2）组装 Vive 头戴式设备，连接串流盒。头戴式设备是玩家进入虚拟现实环境的窗口，该设备具有可被定位器追踪的传感器。使用串流盒可将头戴式设备连接到计算机，具体的插线连接方式可通过 Vive 用户指南获取。头戴式设备连接成功后，计算机 SteamVR 应用程序中的头盔图标会被点亮，如果该图标上有警告标识，只需完成固件更新即可。

主设备	配件
Vive 头戴式设备	▪ 三合一连接线（已装上） ▪ 音频线（已装上） ▪ 耳塞式耳机 ▪ 面部衬垫（一个已装上，另一个供窄脸人士选用） ▪ 清洁布
串流盒	▪ 电源适配器 ▪ HDMI 连接线 ▪ USB 数据线 ▪ 固定贴片
Vive 操控手柄 (2)	▪ 电源适配器 (2) ▪ 挂绳（2 根，已装上） ▪ Micro-USB 数据线 (2)
定位器 (2)	▪ 电源适配器 (2) ▪ 安装工具包（2 个支架，4 颗螺丝和 4 个锚固螺栓） ▪ 同步数据线（可选）

图 12.5　HTC Vive 设备清单

（3）安装定位器和 Vive 控制手柄。定位器将信号发射到头戴式设备和控制手柄。定位器开启后，可能会影响附近的某些红外传感器，如电视红外遥控器使用的传感器。有一点需要注意，请勿让任何物体遮住定位器前面板。

使用控制手柄可与虚拟世界中的对象互动，控制手柄具有可被定位器追踪的传感器。

定位器和控制手柄连接成功后，计算机 SteamVR 应用程序中的定位器和手柄图标将会被点亮，如果该图标上有警告标识，只需完成固件更新即可，如图 12.6 所示。

定位器和 Vive 控制手柄更详细的安装步骤可在 Vive 用户指南中查看。

（4）规划游玩区。游玩区由设定的 Vive 虚拟边界来定义，用户与虚拟现实物体的互动都将在游玩区中进行。Vive 设定的游玩区基于房间尺度，可用于站姿和坐姿体验。在设置游玩区之前需要确保周围有足够的空间，至少要有 2m×1.5m 的无障碍区域，如图 12.7 所示。

图 12.6　定位器和手柄图标

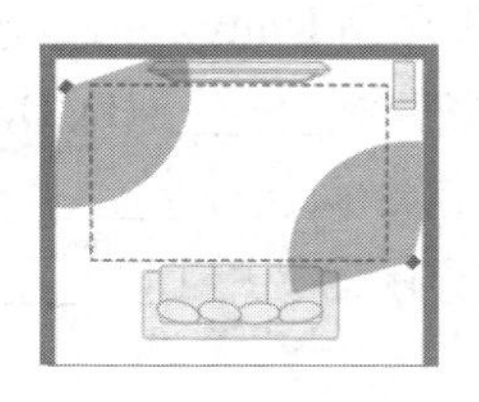
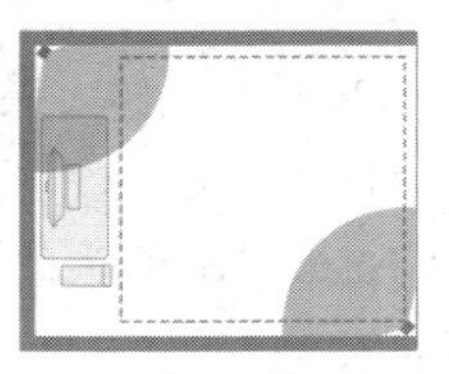
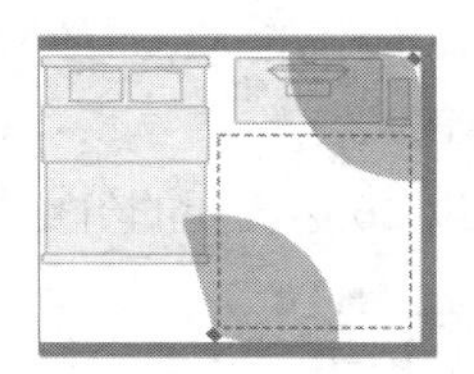
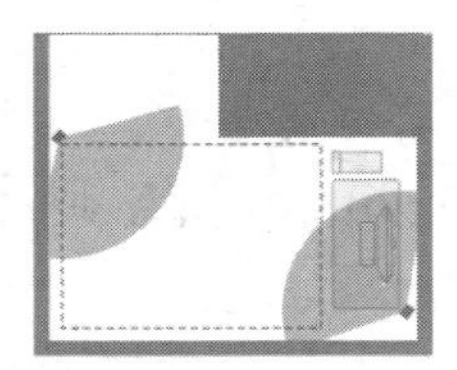

图 12.7　游玩区

游玩区确定之后，以下几点需要玩家注意。

① 将家具和宠物等所有障碍物移出游玩区。

② 将计算机放置在游玩区附近。头戴式设备线缆可从计算机延伸约 5m。

③ 确保定位器安装位置附近有电源插座，根据需要使用 12V 延长线。

④ 请勿让头戴式设备暴露于直射阳光下，因为这可能会损坏头戴式设备显示屏。

3. 运行 SteamVR 的测试场景

在完成所有设置之后，SteamVR 应用程序最终的显示面板，如图 12.8 所示。

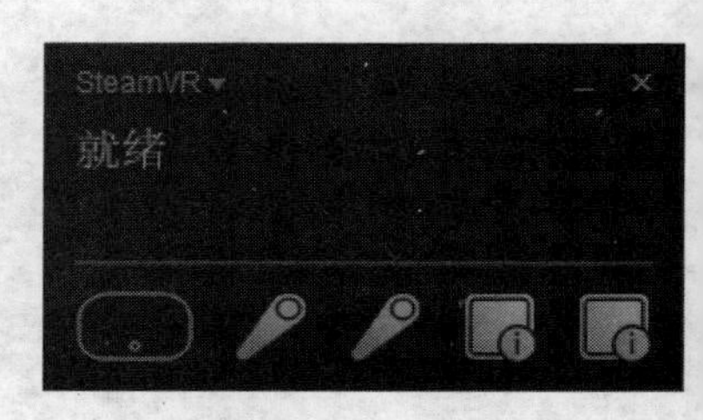

图 12.8　SteamVR 测试设备就绪

5 个图标全部呈现绿色，且没有感叹号警告标识。这些图标从左到右依次代表头戴式显示器、两个控制手柄和两个定位器处于正常状态。

至此，HTC Vive 开发环境的搭建工作全部完成，如果在搭建过程中遇到困难，可以去官网参考相关视频教程或者咨询官方的客服人员。

12.4　本章小结

本章主要讲解 Unity 的内置 VR 系统，包括 Unity 启用 VR 支持、VR 开发的硬件和软件部分建议等，介绍了目前市场上的主流 VR 设备，并重点介绍了 HTC Vive 设备和 HTC Vive 开发环境的搭建方法，为下一章的 HTC Vive 实战开发打下基础。

12.5　习题

1. 填空题

（1）本章主要讲的是 Unity 最新的 XR 系统中的________模块。

（2）项目的性能分析经常用到 Unity________工具。

（3）VR 某些硬件如果帧速率________HMD 的刷新率，经常会导致玩家不适。

（4）HTC Vive 设备主要包含一个________、两个________和两个________。

（5）HTC Vive 的头戴式显示器使用了________技术。

2. 选择题

（1）(　　）是 Unity 2018 最新的 XR 系统所包含的模块。

A. VR　　B. AR　　C. MR　　D. 以上都正确

（2）2015 年，Facebook 以 20 亿美元的价格收购了（　　）。

A. Oculus　　B. HTC　　C. Vive　　D. Sony

（3）HTC Vive 开发环境的搭建中不可缺少的软件是（　　）。

A. HTC Vive　　B. SteamVR　　C. Lighthouse　　D. Steam

（4）HTC Vive 套装中的手柄提供了（　　）组功能键。

A. 2　　B. 3　　C. 4　　D. 5

（5）HTC Vive 规划游玩区至少需要（　　）空间。

A. 1m×1.5m　　B. 2m×1.5m

C. 3m×2m　　D. 4m×3m

3. 思考题

（1）简述 HTC Vive 设备的组成。

（2）简述各主流 VR 设备的区别。

4. 实战题

自己动手完成 HTC Vive 开发环境的搭建工作。

13 第13章 Unity HTC Vive实战

本章学习目标

- 熟悉 Unity 中 SteamVR 插件的导入
- 了解 SteamVR Plugin 实现原理
- 掌握 VR 实战项目开发的基本步骤

上一章介绍了 HTC Vive 及其设备组成，以及开发环境的搭建，本章将结合 Unity 开发工具对 VR 开发的重要插件 SteamVR 进行详解，只有掌握 SteamVR 插件的各个功能脚本，才能够更好地进行 VR 项目的开发。本章还准备了一个完整的 VR 实战项目供读者学习。

13.1 SteamVR 插件

SteamVR 是 Valve 官方向开发者提供的软件开发工具包（Software Derelopmeny Kit，SDK）。SteamVR 支持很多 VR 设备，包括 HTC Vive、Daydream、Oculus Rift 等。SteamVR 的 API 被称为 OpenVR，因为它为各大硬件厂商提供了功能齐全的接口，开发者可以通过同一套 API 在各个不同的硬件平台上进行开发。

13.1.1 SteamVR 插件下载导入

在 Unity 中使用 HTC Vive 设备开发 VR 项目，创建好项目之后，第一件事就是从 Unity Asset Store 获取 SteamVR 插件。打开 Asset Store 窗口，搜索"SteamVR Plugin"即可，如图 13.1 所示。

将 SteamVR 插件下载完成后，单击导入按钮，在导入过程中会弹出一个小窗口，包含 VR 相关的必备设置，单击"Accept All"按钮即可；接下来还会弹出一个 You made the right choice 对话框，单击"OK"按钮完成插件导入的最后一步。

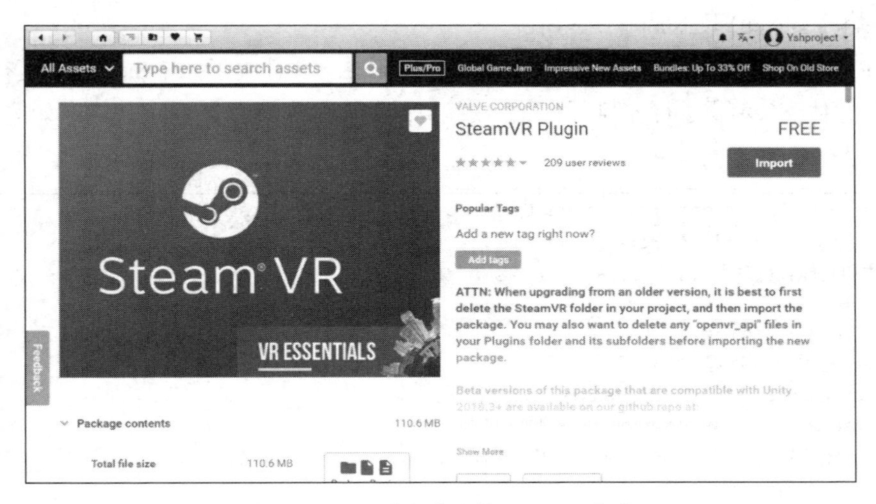

图 13.1　Unity 资源商店的 SteamVR 插件

在 SteamVR 插件导入完成后，读者会发现 Assets 文件夹下多了一个 SteamVR 文件夹，该文件夹下有一个 readme.txt 文档，打开它可以查看 SteamVR 插件的版本，还有一个 quickstart.pdf 文档是 SteamVR 插件的快速使用手册，其他文件是 SteamVR 插件的 API、示例项目资源等，如图 13.2 所示。

图 13.2　SteamVR 插件包含资源

13.1.2　SteamVR 插件核心模块解析

SteamVR 插件是 Unity 开发 VR 项目的重要插件，要想熟练地开发出一款 VR 产品，首先需要弄清楚这个插件的实现原理。下面根据该插件包含的资源目录讲解 SteamVR 插件的实现原理。

1. Openvr_api.dll

Openvr_api.dll 程序集位于“Assets→SteamVR→Plugins”文件夹下，它是 SteamVR 插件的核心，也是 OpenVR SDK 的核心。OpenVR 本质上是一套 C++接口，提供给 C/C++开发者写游戏时使用，由于 Unity 开发者通常使用 C#编程语言，因此 SteamVR 插件通过 C#对 OpenVR 进行了一层封装，方便使用 C#语言的开发者在 OpenVR 中调用和新增函数。

2. 渲染脚本 SteamVR_Render

SteamVR_Render 脚本位于"Assets→SteamVR→Scripts"文件夹下，在 SteamVR 运行时，该脚本对 VR 项目的整体渲染流程进行控制。下面使用编辑器打开 SteamVR_Render 脚本，如例 13-1 所示。

【例 13-1】

```
1 //======= Copyright (c) Valve Corporation, All rights reserved.
2 // Purpose: Handles rendering of all SteamVR_Cameras
3 // 主要功能：处理所有 SteamVR_Cameras 摄像机的渲染
4 //=======
5 using UnityEngine;
6 using System.Collections;
7 using Valve.VR;  //引入 Valve.VR 命名空间
8 /// <summary>
9 /// 单例模式设计确保 SteamVR 渲染正常工作
10 /// </summary>
11 public class SteamVR_Render : MonoBehaviour
12 {
13    //呼出仪表盘时刻是否将游戏暂停
14 public bool pauseGameWhenDashboardIsVisible = true;
15    //是否将物理更新频率锁定到渲染频率
16    public bool lockPhysicsUpdateRateToRenderFrequency = true;
17    //外部摄像机
18 public SteamVR_ExternalCamera externalCamera;
19    //外部摄像机的配置路径
20    public string externalCameraConfigPath = "externalcamera.cfg";
21    //空间定位追踪
22 public ETrackingUniverseOrigin trackingSpace =
ETrackingUniverseOrigin.TrackingUniverseStanding;
23    //声明静态眼类变量
24 static public EVREye eye { get; private set; }
25    #region//单例实现
26    static private SteamVR_Render _instance;
27 static public SteamVR_Render instance
28 {
29     get
30     {
31        if (_instance == null)
32        {
33           _instance = GameObject.FindObjectOfType<SteamVR_Render>();
34           if (_instance == null)
35               _instance = new GameObject("[SteamVR]").AddComponent<SteamVR_Render>();
36        }
37        return _instance;
38     }
39 }
40 void OnDestroy()
41 {
42     _instance = null;
43 }
44   #endregion
```

```
45   //是否退出
46   static private bool isQuitting;
47   /// <summary>
48   /// 退出应用执行方法
49   /// </summary>
50   void OnApplicationQuit()
51 {
52    isQuitting = true;
53    SteamVR.SafeDispose();
54 }
55    /// <summary>
56    /// 添加摄像机
57    /// </summary>
58 static public void Add(SteamVR_Camera vrcam)
59 {
60    if (!isQuitting)
61        instance.AddInternal(vrcam);
62 }
63    /// <summary>
64    /// 移除摄像机
65    /// </summary>
66    static public void Remove(SteamVR_Camera vrcam)
67 {
68     if (!isQuitting && _instance != null)
69         instance.RemoveInternal(vrcam);
70 }
71    /// <summary>
72    /// 获取最上层摄像机
73    /// </summary>
74    static public SteamVR_Camera Top()
75 {
76     if (!isQuitting)
77         return instance.TopInternal();
78     return null;
79 }
80 private SteamVR_Camera[] cameras = new SteamVR_Camera[0];
81    /// <summary>
82    /// 内部添加摄像机
83    /// </summary>
84 void AddInternal(SteamVR_Camera vrcam)
85 {
86     var camera = vrcam.GetComponent<Camera>();
87     var length = cameras.Length;
88     var sorted = new SteamVR_Camera[length + 1];
89     int insert = 0;
90     for (int i = 0; i < length; i++)
91     {
92         var c = cameras[i].GetComponent<Camera>();
93         if (i == insert && c.depth > camera.depth)
94             sorted[insert++] = vrcam;
95         sorted[insert++] = cameras[i];
96     }
97     if (insert == length)
```

```
98          sorted[insert] = vrcam;
99      cameras = sorted;
100     }
101     /// <summary>
102     /// 内部移除摄像机
103     /// </summary>
104     void RemoveInternal(SteamVR_Camera vrcam)
105     {
106         var length = cameras.Length;
107         int count = 0;
108         for (int i = 0; i < length; i++)
109         {
110             var c = cameras[i];
111             if (c == vrcam)
112                 ++count;
113         }
114         if (count == 0)
115             return;
116         var sorted = new SteamVR_Camera[length - count];
117         int insert = 0;
118         for (int i = 0; i < length; i++)
119         {
120             var c = cameras[i];
121             if (c != vrcam)
122                 sorted[insert++] = c;
123         }
124         cameras = sorted;
125     }
126     /// <summary>
127     /// 最上层的内部摄像机
128     /// </summary>
129     SteamVR_Camera TopInternal()
130     {
131         if (cameras.Length > 0)
132             return cameras[cameras.Length - 1];
133         return null;
134     }
135     public TrackedDevicePose_t[] poses = new
TrackedDevicePose_t[OpenVR.k_unMaxTrackedDeviceCount];
136     public TrackedDevicePose_t[] gamePoses = new TrackedDevicePose_t[0];
137     static private bool _pauseRendering;
138     //是否暂停渲染
139     static public bool pauseRendering
140     {
141         get { return _pauseRendering; }
142         set
143         {
144             _pauseRendering = value;
145             var compositor = OpenVR.Compositor;
146             if (compositor != null)
147                 compositor.SuspendRendering(value);
148         }
149     }
150     private WaitForEndOfFrame waitForEndOfFrame = new WaitForEndOfFrame();
```

```
151     //循环渲染
152     private IEnumerator RenderLoop()
153     {
154         while (Application.isPlaying)
155         {
156             yield return waitForEndOfFrame;
157             if (pauseRendering)
158                 continue;
159             var compositor = OpenVR.Compositor;
160             if (compositor != null)
161             {
162                 if (!compositor.CanRenderScene())
163                     continue;
164                 compositor.SetTrackingSpace(trackingSpace);
165             }
166             var overlay = SteamVR_Overlay.instance;
167             if (overlay != null)
168                 overlay.UpdateOverlay();
169             RenderExternalCamera();
170         }
171     }
172     /// <summary>
173     /// 渲染外部摄像机
174     /// </summary>
175     void RenderExternalCamera()
176     {
177         if (externalCamera == null)
178             return;
179         if (!externalCamera.gameObject.activeInHierarchy)
180             return;
181         var frameSkip = (int)Mathf.Max(externalCamera.config.frameSkip, 0.0f);
182         if (Time.frameCount % (frameSkip + 1) != 0)
183             return;
184         // 保持外部摄像机与场景中主要 VR 摄像机的相对位置
185         externalCamera.AttachToCamera(TopInternal());
186          externalCamera.RenderNear();
187          externalCamera.RenderFar();
188     }
189     float sceneResolutionScale = 1.0f, timeScale = 1.0f;
190     /// <summary>
191     /// 渲染输入焦点
192     /// </summary>
193     private void OnInputFocus(bool hasFocus)
194     {
195         if (hasFocus)
196         {
197             if (pauseGameWhenDashboardIsVisible)
198             {
199                 Time.timeScale = timeScale;
200             }
201             SteamVR_Camera.sceneResolutionScale = sceneResolutionScale;
202         }
203         else
204         {
```

```
205             if (pauseGameWhenDashboardIsVisible)
206             {
207                 timeScale = Time.timeScale;
208                 Time.timeScale = 0.0f;
209             }
210             sceneResolutionScale = SteamVR_Camera.sceneResolutionScale;
211             SteamVR_Camera.sceneResolutionScale = 0.5f;
212         }
213     }
214     /// <summary>
215     /// 退出应用执行方法
216     /// </summary>
217     void OnQuit(VREvent_t vrEvent)
218     {
219 #if UNITY_EDITOR
220         foreach (System.Reflection.Assembly a in System.AppDomain.CurrentDomain.
GetAssemblies())
221         {
222             var t = a.GetType("UnityEditor.EditorApplication");
223             if (t != null)
224             {
225                 t.GetProperty("isPlaying").SetValue(null, false, null);
226                 break;
227             }
228         }
229 #else
230         Application.Quit();
231 #endif
232     }
233     /// <summary>
234     /// 获取截屏的文件名
235     /// </summary>
236     /// <param name="screenshotHandle">截屏句柄</param>
237     /// <param name="screenshotPropertyFilename">截屏文件名称</param>
238     /// <returns></returns>
239     private string GetScreenshotFilename(uint screenshotHandle,
EVRScreenshotPropertyFilenames screenshotPropertyFilename)
240     {
241         var error = EVRScreenshotError.None;
242         var capacity = OpenVR.Screenshots.GetScreenshotPropertyFilename
(screenshotHandle, screenshotPropertyFilename, null, 0, ref error);
243         if (error != EVRScreenshotError.None && error !=
EVRScreenshotError.BufferTooSmall)
244             return null;
245         if (capacity > 1)
246         {
247             var result = new System.Text.StringBuilder((int)capacity);
248             OpenVR.Screenshots.GetScreenshotPropertyFilename(screenshotHandle,
screenshotPropertyFilename, result, capacity, ref error);
249             if (error != EVRScreenshotError.None)
250                 return null;
251             return result.ToString();
252         }
253         return null;
```

```
254     }
255     /// <summary>
256     /// 处理截屏请求
257     /// </summary>
258     /// <param name="vrEvent"></param>
259     private void OnRequestScreenshot(VREvent_t vrEvent)
260     {
261         var screenshotHandle = vrEvent.data.screenshot.handle;
262         var screenshotType = (EVRScreenshotType)vrEvent.data.screenshot.type;
263         if (screenshotType == EVRScreenshotType.StereoPanorama)
264         {
265             string previewFilename = GetScreenshotFilename(screenshotHandle,
EVRScreenshotPropertyFilenames.Preview);
266             string VRFilename = GetScreenshotFilename(screenshotHandle,
EVRScreenshotPropertyFilenames.VR);
267             if (previewFilename == null || VRFilename == null)
268                 return;
269             // Do the stereo panorama screenshot
270             // Figure out where the view is
271             //立体全景截屏操作，最高层摄像机位置下的截屏视野
272             GameObject screenshotPosition = new GameObject("screenshotPosition");
273             screenshotPosition.transform.position = SteamVR_Render.Top().
transform.position;
274             screenshotPosition.transform.rotation = SteamVR_Render.Top().
transform.rotation;
275             screenshotPosition.transform.localScale = SteamVR_Render.Top().
transform.lossyScale;
276             //调用 SteamVR_Utils 类的截屏方法
277             SteamVR_Utils.TakeStereoScreenshot(screenshotHandle,
screenshotPosition, 32, 0.064f, ref previewFilename, ref VRFilename);
278
279             // 提交截屏
280             OpenVR.Screenshots.SubmitScreenshot(screenshotHandle,
screenshotType, previewFilename, VRFilename);
281         }
282     }
283     void OnEnable()
284     {
285         StartCoroutine("RenderLoop");
286         //监听输入聚焦事件
287         SteamVR_Events.InputFocus.Listen(OnInputFocus);
288         //监听退出事件
289         SteamVR_Events.System("Quit").Listen(OnQuit);
290         //监听截屏事件
291         SteamVR_Events.System("RequestScreenshot").Listen(OnRequestScreenshot);
292         var vr = SteamVR.instance;
293         if (vr == null)
294         {
295             enabled = false;
296             return;
297         }
298         var types = new EVRScreenshotType[] { EVRScreenshotType.StereoPanorama };
299         OpenVR.Screenshots.HookScreenshot(types);
```

```
300     }
301     void OnDisable()
302     {
303         StopAllCoroutines();
304         SteamVR_Events.InputFocus.Remove(OnInputFocus);
305         SteamVR_Events.System("Quit").Remove(OnQuit);
306         SteamVR_Events.System("RequestScreenshot").Remove(OnRequestScreenshot);
307     }
308     void Awake()
309     {
310         //如果存在外部摄像机，则优先配置
311         if (externalCamera == null && System.IO.File.Exists(externalCameraConfigPath))
312         {
313             var prefab = Resources.Load<GameObject>("SteamVR_ExternalCamera");
314             var instance = Instantiate(prefab);
315             instance.gameObject.name = "External Camera";
316             externalCamera = instance.transform.GetChild(0).GetComponent<SteamVR_
ExternalCamera>();
317             externalCamera.configPath = externalCameraConfigPath;
318             externalCamera.ReadConfig();
319         }
320     }
321 #if !(UNITY_5_6)
322     //姿态更新器
323     private SteamVR_UpdatePoses poseUpdater;
324 #endif
325     void Update()
326     {
327 #if !(UNITY_5_6)
328         if (poseUpdater == null)
329         {
330             var go = new GameObject("poseUpdater");
331             go.transform.parent = transform;
332             poseUpdater = go.AddComponent<SteamVR_UpdatePoses>();
333         }
334 #endif
335         // 强制控制手柄更新
336         SteamVR_Controller.Update();
337         // 分发 OpenVR 事件
338         var system = OpenVR.System;
339         if (system != null)
340         {
341             var vrEvent = new VREvent_t();
342             var size = (uint)System.Runtime.InteropServices.Marshal.SizeOf
(typeof(VREvent_t));
343             for (int i = 0; i < 64; i++)
344             {
345                 if (!system.PollNextEvent(ref vrEvent, size))
346                     break;
347                 switch ((EVREventType)vrEvent.eventType)
348                 {
349                     //其他应用程序聚焦完成（如 Cardboard）
350                     case EVREventType.VREvent_InputFocusCaptured:
```

```
351                             if (vrEvent.data.process.oldPid == 0)
352                             {
353                                 SteamVR_Events.InputFocus.Send(false);
354                             }
355                             break;
356                         //释放输入聚焦
357                         case EVREventType.VREvent_InputFocusReleased:
358                             if (vrEvent.data.process.pid == 0)
359                             {
360                                 SteamVR_Events.InputFocus.Send(true);
361                             }
362                             break;
363                         case EVREventType.VREvent_ShowRenderModels:
364                             SteamVR_Events.HideRenderModels.Send(false);
365                             break;
366                         case EVREventType.VREvent_HideRenderModels:
367                             SteamVR_Events.HideRenderModels.Send(true);
368                             break;
369                         default:
370                         var name = System.Enum.GetName(typeof(EVREventType)
, vrEvent.eventType);
371                         if (name != null)
372                             SteamVR_Events.System(name. Substring(8) /*strip VREvent_*/).
Send(vrEvent);
373                         break;
374                 }
375             }
376         }
377         // 确保变量设置最小化延迟
378         Application.targetFrameRate = -1;
379         //不必请求主机的显示器窗口聚焦
380         Application.runInBackground = true;
381          QualitySettings.maxQueuedFrames = -1;
382         //针对主机的显示器设置
383          QualitySettings.vSyncCount = 0;
384          if (lockPhysicsUpdateRateToRenderFrequency && Time.timeScale > 0.0f)
385          {
386              var vr = SteamVR.instance;
387              if (vr != null)
388              {
389                  var timing = new Compositor_FrameTiming();
390                  timing.m_nSize = (uint)System.Runtime.InteropServices.Marshal.
SizeOf(typeof(Compositor_FrameTiming));
391                  vr.compositor.GetFrameTiming(ref timing, 0);
392                  Time.fixedDeltaTime = Time.timeScale / vr.hmd_DisplayFrequency;
393              }
394          }
395      }
396 }
```

例 13-1 对 SteamVR_Render 脚本进行了详细的注释，对于开发者来说，注释越详细，代码的可读性越强。

打开位于“Assets→SteamVR→Scenes”文件夹下的 example 示例场景，SteamVR_Render 脚本在 SteamVR 示例场景中对应的实例物体如图 13.3 所示。

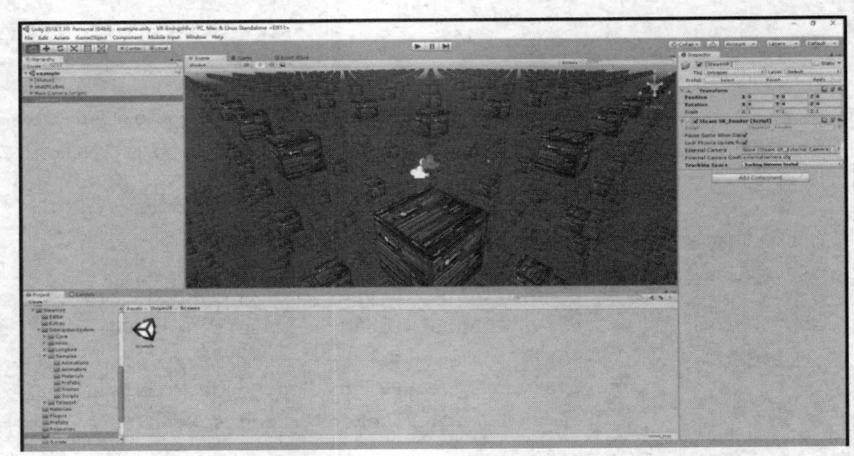

图 13.3　SteamVR 示例场景

3. 玩家预制件 CameraRig

在 example 示例场景中有一个物体代表处于 VR 空间中的玩家，它就是用 CameraRig 预制件克隆的物体 Main Camera。Main Camera 上有代表眼睛的 Main Camera (eye)物体，代表耳朵的 Main Camera (ears)物体，以及代表双手的 Controller (left)和 Controller (right)物体，当然开发者也可以添加其他物体来代表身体的其他部位。CameraRig 预制件如图 13.4 所示。

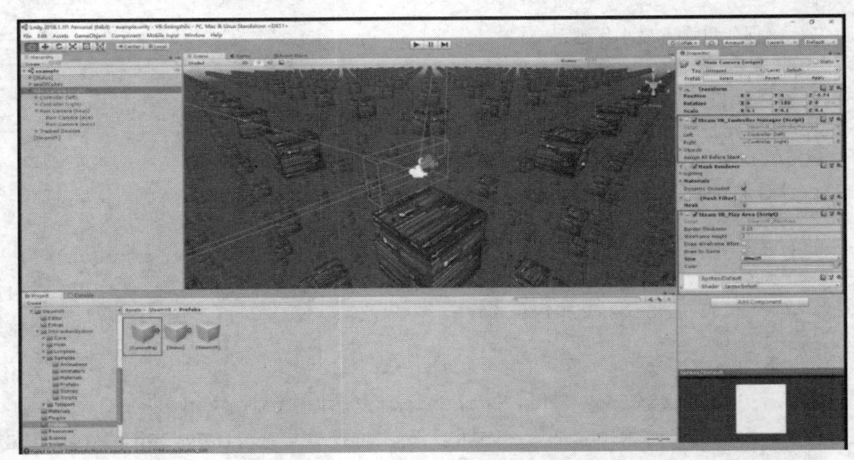

图 13.4　CameraRig 预制件

CameraRig 预制件包含两个重要的脚本：SteamVR_Controller Manager（玩家控制管理器）和 SteamVR_PlayArea（玩家空间，即定位器之间的立体空间）。SteamVR_Controller Manager 和 SteamVR_PlayArea 脚本功能详解，读者可以到附带资源中查看。

4. 手柄模型 SteamVR_Tracke Object

控制手柄代表着玩家的左右手，在游戏中通常会把默认的手柄模型改变成人手形状的模型来增强游戏的沉浸感。

在 example 场景当中的 Main Camera 物体下，左右控制手柄都有一个子物体 Model，Model 其实就是手柄模型，其 SteamVR_Tracke Object 脚本负责游戏空间内的定位追踪，辅助完成渲染工作。SteamVR_Tracke Object 脚本功能详解读者可以到附带资源中查看。

5. Main Camera(eye)

example 场景中的 Main Camera 物体下，有一个代表眼睛的物体 Main Camera(eye)，该物体的主要组件就是 SreamVR_Camera。这个脚本负责使摄像机对象支持整体渲染。SreamVR_Camera 脚本功能详解读者可以到附带资源中查看。

6. 控制手柄输入系统

在 Unity+HTC Vive 的 VR 项目中，控制手柄输入系统就是负责人机交互的系统，该输入系统主要在 SteamVR_Controller 脚本中实现。我们已经知道 HTC Vive 的控制手柄上有几个不同的按钮，这几个按钮对应的功能实现在 SteamVR_Controller 脚本有具体的说明。SteamVR_Controller 脚本功能详解如例 13-2 所示。

【例 13-2】

```
 1 //======= Copyright (c) Valve Corporation, All rights reserved.
 2 // Purpose: Wrapper for working with SteamVR controller input
 3 // 主要功能：封装方式处理手柄输入
 4 // Example usage:
 5 // 此案例是左手柄震动功能展示
 6 // var deviceIndex = SteamVR_Controller.GetDeviceIndex(SteamVR_Controller.
DeviceRelation.Leftmost);
 7 // if (deviceIndex != -1 && SteamVR_Controller.Input(deviceIndex).GetPressDown
(SteamVR_Controller.ButtonMask.Trigger))
 8 //      SteamVR_Controller.Input(deviceIndex).TriggerHapticPulse(1000);
 9 //=========================================
10
11 using UnityEngine;
12 using Valve.VR;
13
14 public class SteamVR_Controller
15 {
16     //对各个按钮定义，方便使用
17     public class ButtonMask
18     {
19         //用来调出 Steam 系统菜单
20         public const ulong System          = (1ul << (int)EVRButtonId.k_EButton_
System); // reserved
21         //菜单按钮
22         public const ulong ApplicationMenu = (1ul << (int)EVRButtonId.k_EButton_
ApplicationMenu);
23         //抓取按钮
24         public const ulong Grip            = (1ul << (int)EVRButtonId.k_EButton_Grip);
25         //手柄扳机轴
26         public const ulong Axis0           = (1ul << (int)EVRButtonId.k_EButton_Axis0);
27         //手柄触控板轴
28         public const ulong Axis1           = (1ul << (int)EVRButtonId.k_EButton_Axis1);
```

```
29        public const ulong Axis2            = (1ul << (int)EVRButtonId.k_EButton_Axis2);
30        public const ulong Axis3            = (1ul << (int)EVRButtonId.k_EButton_Axis3);
31        public const ulong Axis4            = (1ul << (int)EVRButtonId.k_EButton_Axis4);
32        //触控板
33        public const ulong Touchpad         = (1ul << (int)EVRButtonId.k_EButton_
SteamVR_Touchpad);
34        //扳机
35        public const ulong Trigger         = (1ul << (int)EVRButtonId.k_EButton_
SteamVR_Trigger);
36    }
37    public class Device
38    {
39        public Device(uint i) { index = i; }
40        //索引方式，简化操作
41        public uint index { get; private set; }
42        //是否有效
43        public bool valid { get; private set; }
44        //是否连接
45        public bool connected { get { Update(); return pose.bDeviceIsConnected; } }
46        //是否有跟踪
47        public bool hasTracking { get { Update(); return pose.bPoseIsValid; } }
48        //是否越界
49        public bool outOfRange { get { Update(); return pose.eTrackingResult ==
ETrackingResult.Running_OutOfRange || pose.eTrackingResult == ETrackingResult.
Calibrating_OutOfRange; } }
50        //是否校正
51        public bool calibrating { get { Update(); return pose.eTrackingResult ==
ETrackingResult.Calibrating_InProgress || pose.eTrackingResult == ETrackingResult.
Calibrating_OutOfRange; } }
52        //是否未进行初始化
53        public bool uninitialized { get { Update(); return pose.eTrackingResult ==
ETrackingResult.Uninitialized; } }
54        // These values are only accurate for the last controller state change (e.g.
trigger release), and by definition, will always lag behind
55        // the predicted visual poses that drive SteamVR_TrackedObjects since they
are sync'd to the input timestamp that caused them to update.
56        public SteamVR_Utils.RigidTransform transform { get { Update(); return new
SteamVR_Utils.RigidTransform(pose.mDeviceToAbsoluteTracking); } }
57        public Vector3 velocity { get { Update(); return new Vector3(pose.vVelocity.
v0, pose.vVelocity.v1, -pose.vVelocity.v2); } }
58        public Vector3 angularVelocity { get { Update(); return new Vector3(-pose.
vAngularVelocity.v0, -pose.vAngularVelocity.v1, pose.vAngularVelocity.v2); } }
59        //获取手柄状态
60        public VRControllerState_t GetState() { Update(); return state; }
61        //获取手柄先前的状态
62        public VRControllerState_t GetPrevState() { Update(); return prevState; }
63        public TrackedDevicePose_t GetPose() { Update(); return pose; }
64        VRControllerState_t state, prevState;
65        TrackedDevicePose_t pose;
66        int prevFrameCount = -1;
67        public void Update()
```

```
68        {
69            if (Time.frameCount != prevFrameCount)
70            {
71              //帧数更新
72                prevFrameCount = Time.frameCount;
73              //每帧状态交接
74                prevState = state;
75                var system = OpenVR.System;
76                if (system != null)
77                {
78                  //每帧检测是否有效
79                    valid = system.GetControllerStateWithPose(SteamVR_Render.
instance.trackingSpace, index, ref state, (uint)System.Runtime.InteropServices.Marshal.
SizeOf(typeof(VRControllerState_t)), ref pose);
80                    UpdateHairTrigger();
81                }
82            }
83        }
84        //按下，长按，抬起
85            public bool GetPress(ulong buttonMask) { Update(); return (state.
ulButtonPressed & buttonMask) != 0; }
86            public bool GetPressDown(ulong buttonMask) { Update(); return (state.
ulButtonPressed & buttonMask) != 0 && (prevState.ulButtonPressed & buttonMask) == 0; }
87            public bool GetPressUp(ulong buttonMask) { Update(); return (state.
ulButtonPressed & buttonMask) == 0 && (prevState.ulButtonPressed & buttonMask) != 0; }
88            public bool GetPress(EVRButtonId buttonId) { return GetPress(1ul <<
(int)buttonId); }
89            public bool GetPressDown(EVRButtonId buttonId) { return GetPressDown(1ul <<
(int)buttonId); }
90            public bool GetPressUp(EVRButtonId buttonId) { return GetPressUp(1ul <<
(int)buttonId); }
91            //触摸，按下，抬起（针对触控板）
92            public bool GetTouch(ulong buttonMask) { Update(); return (state.
ulButtonTouched & buttonMask) != 0; }
93            public bool GetTouchDown(ulong buttonMask) { Update(); return (state.
ulButtonTouched & buttonMask) != 0 && (prevState.ulButtonTouched & buttonMask) == 0; }
94            public bool GetTouchUp(ulong buttonMask) { Update(); return (state.
ulButtonTouched & buttonMask) == 0 && (prevState.ulButtonTouched & buttonMask) != 0; }
95            public bool GetTouch(EVRButtonId buttonId) { return GetTouch(1ul <<
(int)buttonId); }
96            public bool GetTouchDown(EVRButtonId buttonId) { return GetTouchDown
(1ul << (int)buttonId); }
97            public bool GetTouchUp(EVRButtonId buttonId) { return GetTouchUp(1ul <<
(int)buttonId); }
98            //获取轴心，该方法用来返回手指在触控板上的位置参数
99             public Vector2 GetAxis(EVRButtonId buttonId = EVRButtonId.k_EButton_
SteamVR_Touchpad)
100           {
101               Update();
102               var axisId = (uint)buttonId - (uint)EVRButtonId.k_EButton_Axis0;
103               switch (axisId)
104               {
105                   case 0: return new Vector2(state.rAxis0.x, state.rAxis0.y);
106                   case 1: return new Vector2(state.rAxis1.x, state.rAxis1.y);
```

```
107                case 2: return new Vector2(state.rAxis2.x, state.rAxis2.y);
108                case 3: return new Vector2(state.rAxis3.x, state.rAxis3.y);
109                case 4: return new Vector2(state.rAxis4.x, state.rAxis4.y);
110            }
111            return Vector2.zero;
112        }
113        public void TriggerHapticPulse(ushort durationMicroSec = 500, EVRButtonId
buttonId = EVRButtonId.k_EButton_SteamVR_Touchpad)
114        {
115            var system = OpenVR.System;
116            if (system != null)
117            {
118                var axisId = (uint)buttonId - (uint)EVRButtonId.k_EButton_Axis0;
119                system.TriggerHapticPulse(index, axisId, (char)durationMicroSec);
120            }
121        }
122        public float hairTriggerDelta = 0.1f; // amount trigger must be pulled
or released to change state
123        float hairTriggerLimit;
124        bool hairTriggerState, hairTriggerPrevState;
125        void UpdateHairTrigger()
126        {
127            hairTriggerPrevState = hairTriggerState;
128            var value = state.rAxis1.x; // trigger
129            if (hairTriggerState)
130            {
131                if (value < hairTriggerLimit - hairTriggerDelta || value <= 0.0f)
132                    hairTriggerState = false;
133            }
134            else
135            {
136                if (value > hairTriggerLimit + hairTriggerDelta || value >= 1.0f)
137                    hairTriggerState = true;
138            }
139            hairTriggerLimit = hairTriggerState ? Mathf.Max(hairTriggerLimit,
value) : Mathf.Min(hairTriggerLimit, value);
140        }
141        //虽然同样是扳机的按下、释放，但是会更加精准
142        public bool GetHairTrigger() { Update(); return hairTriggerState; }
143        public bool GetHairTriggerDown() { Update(); return hairTriggerState &&
!hairTriggerPrevState; }
144        public bool GetHairTriggerUp() { Update(); return !hairTriggerState &&
hairTriggerPrevState; }
145    }
146    //设备数组
147    private static Device[] devices;
148    public static Device Input(int deviceIndex)
149    {
150        if (devices == null)
151        {
152            devices = new Device[OpenVR.k_unMaxTrackedDeviceCount];
153            for (uint i = 0; i < devices.Length; i++)
154                devices[i] = new Device(i);
155        }
156        return devices[deviceIndex];
```

```
157     }
158     public static void Update()    //物理更新函数
159     {
160         for (int i = 0; i < OpenVR.k_unMaxTrackedDeviceCount; i++)
161             Input(i).Update();
162     }
163     // This helper can be used in a variety of ways.  Beware that indices may change
164     // as new devices are dynamically added or removed, controllers are physically
165     // swapped between hands, arms crossed, etc.
166     public enum DeviceRelation
167     {
168         First,
169         // radially
170         Leftmost,
171         Rightmost,
172         // distance - also see vr.hmd.GetSortedTrackedDeviceIndicesOfClass
173         FarthestLeft,
174         FarthestRight,
175     }
176     public static int GetDeviceIndex(DeviceRelation relation,
177         ETrackedDeviceClass deviceClass = ETrackedDeviceClass.Controller,
178         int relativeTo = (int)OpenVR.k_unTrackedDeviceIndex_Hmd)
179         // "-1" 代表绝对追踪空间
180     {
181         var result = -1;
182         var invXform = ((uint)relativeTo < OpenVR.k_unMaxTrackedDeviceCount) ?
183             Input(relativeTo).transform.GetInverse() : SteamVR_Utils.
RigidTransform.identity;
184         var system = OpenVR.System;
185         if (system == null)
186             return result;
187         var best = -float.MaxValue;
188         for (int i = 0; i < OpenVR.k_unMaxTrackedDeviceCount; i++)
189         {
190             if (i == relativeTo || system.GetTrackedDeviceClass((uint)i) !=
deviceClass)
191                 continue;
192             var device = Input(i);
193             if (!device.connected)
194                 continue;
195             if (relation == DeviceRelation.First)
196                 return i;
197             float score;
198             var pos = invXform * device.transform.pos;
199             if (relation == DeviceRelation.FarthestRight)
200             {
201                 score = pos.x;
202             }
203             else if (relation == DeviceRelation.FarthestLeft)
204             {
205                 score = -pos.x;
206             }
207             else
208             {
209                 var dir = new Vector3(pos.x, 0.0f, pos.z).normalized;
```

```
210                 var dot = Vector3.Dot(dir, Vector3.forward);
211                 var cross = Vector3.Cross(dir, Vector3.forward);
212                 if (relation == DeviceRelation.Leftmost)
213                 {
214                     score = (cross.y > 0.0f) ? 2.0f - dot : dot;
215                 }
216                 else
217                 {
218                     score = (cross.y < 0.0f) ? 2.0f - dot : dot;
219                 }
220             }
221             if (score > best)
222             {
223                 result = i;
224                 best = score;
225             }
226         }
227         return result;
228     }
229 }
```

控制手柄常用输入方式及应用场景可以从两方面进行总结。

（1）扳机主要用于确认，如休闲游戏中的抓取物体、射击游戏中的开火等。

（2）触控板在某些情况下比较省按钮，主要用来实现手指按下时发射一条射线或抛物线、松开时进行传送的功能，在许多使用传送功能的游戏当中得到广泛应用。

13.2 VR“生存之战”游戏

13.2.1 游戏简介

这是一款 VR 射击游戏，使用 Unity 2018 引擎开发完成。游戏背景为一个基因研究所在实验时发生爆炸，一部分人吸入了一些放射性物质而发生变异，生命力格外强大，同时也极具攻击力，游戏的主角通过坚持不懈的战斗，最终守卫了家园。

13.2.2 游戏基本步骤

本书所讲的 VR 游戏开发基本可分为以下几个步骤。

（1）场景、角色、敌人、武器等美术资源的导入。

（2）搭建玩家登录场景和游戏场景。

（3）脚本实现角色的移动控制、武器使用、射击等功能。

（4）脚本实现敌人的出现、移动、攻击、死亡等功能。

（5）脚本实现玩家死亡或者玩家胜利后，重新开始游戏的功能。

13.2.3 创建项目并导入游戏资源

由于 VR 实战项目当中的各类游戏资源收集和场景搭建工作步骤繁多，本书将分类资源自定义打包成 unitypackage 文件保存在章节附带资源存放路径下。

打开 Unity，新建项目。接下来读者可以到章节附带资源中找到项目所需的角色、场景、敌人、武器等资源包，逐步导入项目。将全部游戏资源导入完成后，打开位于“Assets→Scenes”文件夹下的 HomeScene 场景，如图 13.5 所示。

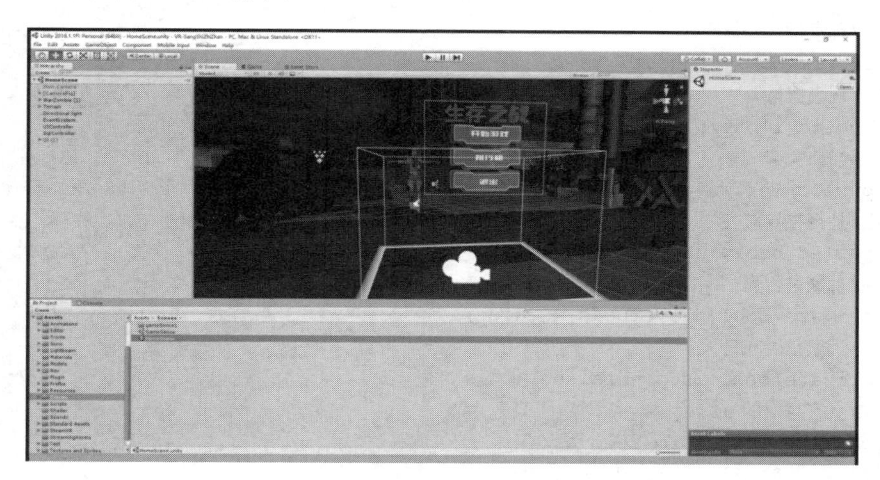

图 13.5 HomeScene 场景

HomeScene 场景是游戏的开始场景。场景资源当中还有一个主要的游戏场景 GameScene，如图 13.6 所示。

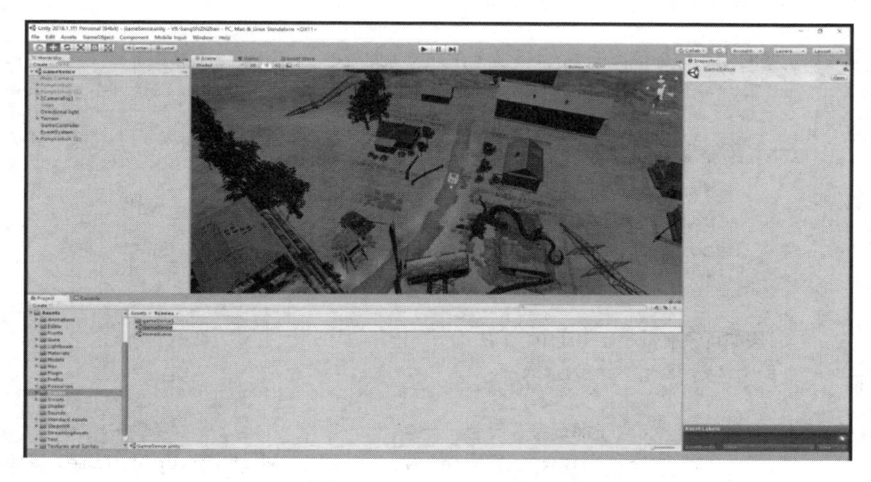

图 13.6 GameScene 场景

13.2.4 游戏主要功能脚本之 Player

Player 脚本是游戏场景中主角的控制脚本，它控制着主角的整个生命周期，其详细代码如例 13-3 所示。

【例 13-3】

```
1  using UnityEngine;
2  using System.Collections;
```

```
 3  using UnityEngine.SceneManagement;
 4  /// <summary>
 5  /// 玩家死亡控制
 6  /// </summary>
 7  public class Player : MonoBehaviour
 8  {
 9      //玩家是否开枪
10      public bool isShout;
11      //玩家血量
12      public float playerHp = 300;
13      //当前关卡
14      public int wave = 1;
15      //是否在导航
16      public bool isNav = false;
17      //玩家是否死亡
18      private bool playerDead = false;
19      //玩家是否在升天
20      private bool isUp = false;
21      //玩家身上的 UI
22      private Transform Recover;
23      void Start()
24      {
25          //玩家死亡后的 UI
26          Recover = transform.root.GetChild(0).transform;
27      }
28      void FixedUpdate()
29      {
30      //假如玩家的 y 轴坐标值大于 20，且没有在升天（此处的 transform 为 Camera (eye)，VR 盒子）
31              if (transform.root.transform.position.y > 20 && isUp == false)
32              {
33                  //就让玩家升天
34                  isUp = true;
35                  //显示跳转 UI
36                  Recover.gameObject.SetActive(true);
37
38              }
39              //假如玩家血量小于等于 0
40              if (playerHp <= 0)
41              {
42                  //就让 VR 盒子即玩家升天
43                  //transform.root.transform.Translate(Vector3.up * Time.deltaTime * 1);
44                  playerHp = 0;
45                  //平滑升起到指定位置
46                  Vector3 newVec = new Vector3(transform.root. transform.position.x, 10,
transform.root.transform.position.z);
47                  transform.root.transform.position = Vector3. Lerp(transform.root.
transform.position, newVec, Time.deltaTime * 0.2f);
48                  //判断距离
49                  if (Vector3.Distance(transform.root.transform.position, newVec) < 0.5f)
50                  {
51                      transform.root.transform.position = newVec;
52                  }
```

```
53                //显示手柄的协程
54                //StartCoroutine(FindHandle());
55            }
56            //假如玩家血量为 0 且玩家没有死亡
57            if (playerHp == 0 && playerDead == false)
58            {
59                //就让玩家死亡
60                playerDead = true;
61            }
62        }
63    }
```

13.2.5 游戏主要功能脚本之 EnemyController

EnemyController 脚本是游戏场景中敌人的控制脚本，该脚本实现了敌人的自身状态特征，以及敌人在场景中的各种活动状态的切换。其详细代码如例 13-4 所示。

【例 13-4】

```
1   using UnityEngine;
2   using System.Collections;
3   /// <summary>
4   /// 敌人控制脚本
5   /// </summary>
6   public class EnemyController : MonoBehaviour
7   {
8      private bool playerAttack = false;//是否攻击玩家
9      private Animator ani;
10     private UnityEngine.AI.NavMeshAgent nv;
11     private float Hp;//
12     private Player isShout;//玩家是否开枪
13     private Transform player;//玩家
14     private RaycastHit hit;     //射线碰撞检测器
15     private UnityEngine.AI.NavMeshPath path;     //导航路径
16     private bool playerHearing = false;//是否听到玩家
17     private string ig="Impact_Gore";
18     private GameObject igObj;
19     string bloodBag = "BloodBag";
20     public bool isDead = false;
21     private GameObjectMakingRandomly gomr;
22     void Awake()
23     {
24        path = new UnityEngine.AI.NavMeshPath();    //自动寻路的路径
25        Hp = GetComponent<EnemyState>().Hp;
26        nv = GetComponent<UnityEngine.AI.NavMeshAgent>();
27        ani = GetComponent<Animator>();
28     }
29     IEnumerator startAni()      //协程实现随机等待一段时间
30     {
31        float time = Random.Range(0.1f, 3.1f);
32        yield return new WaitForSeconds(time);
33        ani.enabled = true;
```

```
34     }
35     IEnumerator startRun()      //协程实现随机等待一段时间，并执行某个动画
36     {
37        float time = Random.Range(3f, 4f);
38        yield return new WaitForSeconds(time);
39        int index = Random.Range(0, 2);
40        ani.SetBool("Run", true);
41        ani.SetFloat("Speed", index);
42        StartCoroutine(startRun1());
43        if (index > 0)
44        {
45            nv.speed = 0.5f;
46        }
47        // StopCoroutine(startRun());
48     }
49      IEnumerator igRecycel()
50      {
51          yield return new WaitForSeconds(0.1f);
52          InvPool.GetInstance().SetObject(igObj);
53          //isFirstBullet = false;
54      }
55      IEnumerator Attack()     //协程实现攻击方法
56      {
57         while (true)
58         {
59             yield return new WaitForSeconds(2);
60               if (isDead==false) {
61                   player.GetComponent<Player>().playerHp--;
62                   igObj= gomr.GetObjectPool (ig,player.position,Quaternion.identity);
63               }
64         }
65     }
66     IEnumerator startRun1()
67     {
68         yield return new WaitForSeconds(4f);
69         GetComponent<BoxCollider>().enabled = false;
70         nv.SetDestination(player.position);
71     }
72     void Start()        //初始化方法
73     {
74         player = GameObject.FindWithTag("Player").transform;
75         isShout = player.GetComponent<Player>();
76         StartCoroutine(startAni());
77          gomr = GameObject.FindWithTag(ParametersController.GameController).
GetComponent<GameObjectMakingRandomly>();
78     }
79     void EnemyHearing()     //敌人是否发现玩家，对应改变状态
80     {
81         if (playerHearing == false&&isShout.isNav == false)
82         {
83             //如果玩家发出了声音
84             if (isShout.isShout)
85             {
86                 if (ani.GetCurrentAnimatorStateInfo(0).IsName("Run"))
```

```
87                  {
88                      nv.SetDestination(player.position);
89                  }
90                  else
91                  {
92                      // fxkRun();
93                      StartCoroutine(startRun());
94                  }
95                  playerHearing = true;
96              }
97          }
98      }
99      void fxkRun()
100     {
101         int index = Random.Range(0, 2);
102         ani.SetBool("Run", true);
103         // ani.SetFloat("Speed", index);
104         nv.SetDestination(player.position);
105         if (index > 0)
106         {
107             nv.speed = 0.5f;
108         }
109     }
110     IEnumerator MakeInv()
111     {
112        yield return new WaitForSeconds(3.5f);
113        int r = Random.Range(0, 6);
114        if (r == 2) {
115            gomr.GetObjectPool (bloodBag, transform. position+Vector3.up*1f,
Quaternion.identity);
116        } else {
117        }
118        //InvPool.GetInstance().SetObject(gameObject);
119        //GetComponent<EnemyState>().Hp = 5;
120     }
121     void OnEnbale()          //激活初始化
122     {
123        isDead = false;
124     }
125     void FixedUpdate()      //固定时间物理更新
126     {
127        Hp = GetComponent<EnemyState>().Hp;     //血量状态
128        if (Hp <= 0)
129        {
130            if (isDead==false)
131            {
132                StartCoroutine(MakeInv());
133                GetComponent<CapsuleCollider> ().enabled = false;
134                nv.Stop();
135                int index = Random.Range(0, 2);
136                ani.SetFloat("dead", index);
137                ani.SetBool("Dead", true);
138                Destroy(gameObject, 4);
139                isDead = true;
140            }
```

```
141            return;
142        }
143        if (Vector3.Distance(transform.position, player. position) < 2 &&
nv.remainingDistance != 0 && playerAttack == false)
144        {
145            nv.Stop();
146            Vector3 dir = new Vector3(player.position.x, transform.position.y,
player.position.z);
147            transform.LookAt(dir);          //朝向目标方向
148            int index = Random.Range(0, 2);
149            ani.SetFloat("Attack", index);
150            ani.SetBool("Att", true);
151            StartCoroutine(Attack());
152            playerAttack = true;
153        }
154        if (playerAttack == true)      //判断攻击状态下执行的操作
155        {
156            Vector3 dir = new Vector3(player.position.x, transform.position.y,
player.position.z);
157            transform.LookAt(dir);
158        }
159        EnemyHearing();
160    }
```

13.2.6 游戏主要功能脚本之 Gun

Gun 脚本是游戏场景中各类武器的管理脚本，该脚本实现了枪支武器的分类和切换功能，以及不同枪支射击声音的匹配管理。其详细代码如例 13-5 所示。

【例 13-5】

```
1  using UnityEngine;
2  using System.Collections;
3  /// <summary>
4  /// 枪支武器管理
5  /// </summary>
6  public class Gun : MonoBehaviour
7  {
8     //枪支的编号
9     private int index = 0;
10    //子弹预设体
11    public GameObject zidan;
12    //手柄
13    SteamVR_TrackedObject tracker;
14    //获取手柄触发器的控制键
15    SteamVR_Controller.Device device;
16    //玩家
17    private Player player;
18    //声音
19    private AudioSource adio;
20    //目标物（子弹所在位置的空物体）
21    public Transform target;
```

```
22      private GameObjectMakingRandomly gomr;
23      private string zd = "zidan";
24      private string lztx = "ThunderHit";
25      GameObject lz;
26      private bool isFirstBullet = false;
27      public Material m;
28      void Start()
29      {
30          //获取当前枪支编号
31          index = GetCurrentGunIndex();
32          //获取声音组件
33          adio = GetComponent<AudioSource>();
34          //获取手柄
35          tracker = GetComponent<SteamVR_TrackedObject>();
36          //获取手柄触发器
37          device = SteamVR_Controller.Input((int)tracker.index);
38          //找到玩家
39          player = GameObject.FindWithTag("Player").GetComponent<Player>();
40          gomr = GameObject.FindWithTag(ParametersController.GameController).GetComponent<
GameObjectMakingRandomly>();
41      }
42      /// <summary>
43      /// 获取当前显示枪支的编号
44      /// </summary>
45      /// <returns>枪支编号</returns>
46      int GetCurrentGunIndex()
47      {
48           Transform g = transform.GetChild(2).transform;
49           //获取当前枪支
50           for (int i = 0; i < g.childCount; i++)
51           {
52               //假如当前枪支没有隐藏记录编号
53               if (g.transform.GetChild(i).gameObject.activeSelf)
54                   return i;
55           }
56           //没有枪支
57           return 0;
58      }
59      void FixedUpdate()
60      {
61           index = GetCurrentGunIndex();
62            int a = 0;
63           //假如按下扳机
64           if (device.GetTouchDown(Valve.VR.EVRButtonId.k_EButton_SteamVR_Trigger))
65           {
66               //假如是第一把枪
67               if (index == 0)
68               {
69                   //播放开枪的声音
70                   adio.Play();
71                     if(a==0){
72                         lz = gomr.GetObjectPool(lztx, target.position + (transform.
```

```
forward *0.02f), Quaternion.identity);
 73                     //子弹的旋转（保证子弹旋转时跟随枪的方向）
 74                     Quaternion q = Quaternion.Euler(transform.eulerAngles.x,transform.
eulerAngles.y, transform.eulerAngles.z);
 75                     GameObject g =   gomr.GetObjectPool (zd, transform.position, q);
 76                     g.AddComponent<TrailRenderer> ();
 77                     g.GetComponent<TrailRenderer> ().time = 3;
 78                     g.GetComponent<TrailRenderer> ().startWidth = 0.1f;
 79                     g.GetComponent<TrailRenderer> ().endWidth = 0.1f;
 80                     g.GetComponent<TrailRenderer> ().material = m;
 81                     Debug.Log (a);
 82                     a++;
 83                 }
 84                 if (a >= 1) {
 85                     a = 0;
 86                 }
 87                 //生成子弹
 88                 //Instantiate(zidan, transform.position, q);
 89             }
 90             if (index == 1)
 91             {
 92                 //播放开枪的声音
 93                 adio.Play();
 94                 if (a==0) {
 95                     lz = gomr.GetObjectPool(lztx, target.position + target.
transform.up * -0.3f, Quaternion.identity);
 96                     //子弹的旋转（保证子弹旋转时跟随手枪方向）
 97                     Quaternion q = Quaternion.Euler(transform.eulerAngles.x,transform.
eulerAngles.y, transform.eulerAngles.z);
 98                     //生成子弹
 99                     //Instantiate(zidan, transform.position/*+new Vector3 (0.16f,
0.16f,0)*/, q);
 100                    GameObject g =  gomr.GetObjectPool (zd, transform.position, q);
 101                    g.AddComponent<TrailRenderer> ();
 102                    g.GetComponent<TrailRenderer> ().time = 3;
 103                    g.GetComponent<TrailRenderer> ().material = m;
 104                    g.GetComponent<TrailRenderer> ().startWidth = 0.1f;
 105                    g.GetComponent<TrailRenderer> ().endWidth = 0.1f;
 106                    a++;
 107                }
 108                if (a >= 1) {
 109                    a = 0;
 110                }
 111
 112            }
 113            //调节枪的震动
 114            device.TriggerHapticPulse(3000);
 115            //开枪状态
 116            player.isShout = true;
 117        }
 118        //假如按下手柄侧键
 119        if (device.GetTouchDown(Valve.VR.EVRButtonId.k_EButton_Grip))
 120        {
 121            //假如当前枪支是第一支
```

```
122             if (index == 0)
123             {
124                 //隐藏当前枪支
125                 transform.GetChild(2).transform.GetChild(0).gameObject.SetActive(false);
126                 //显示第二把枪
127                 transform.GetChild(2).transform.GetChild(1).gameObject.SetActive(true);
128             }
129             else
130             {
131                 //隐藏当前枪支
132                 transform.GetChild(2).transform.GetChild(1).gameObject.SetActive(false);
133                 transform.GetChild(2).transform.GetChild(0).gameObject.SetActive(true);
134             }
135         }
136     }
137 }
```

VR“生存之战”项目主要脚本展示至此，更多的功能实现代码和脚本详细内容读者可以下载附带资源进行查看和学习。

13.3 本章小结

本章完成了对 Unity SteamVR 插件的导入和核心模块功能的讲解，并通过一个 VR 射击游戏项目帮助读者熟练使用 SteamVR 插件，提高读者的 VR 实战开发能力。

13.4 习题

1. 填空题

（1）SteamVR 的 API 被称为________。

（2）________是 SteamVR 插件的核心，同样是 OpenVR SDK 的核心。

（3）SteamVR 插件包含的脚本中，________脚本对 VR 项目的整体渲染的流程进行控制。

（4）在 example 示例场景中 Main Camera 物体的子物体当中，代表眼睛的物体名称为________。

（5）在 example 示例场景中 Main Camera 物体的子物体当中，代表耳朵的物体名称为________。

2. 选择题

（1）(   ) 属于 SteamVR 支持的 VR 设备。

A. HTC Vive　　B. Daydream　　C. Oculus Rift　　D. 以上都正确

（2）OpenVR 本质上是一套 (   ) 接口。

A. C　　B. C++　　C. C#　　D. JavaScript

（3）(   ) 预制件是 VR 空间中的玩家的化身。

A. SteamVR　　B. CameraRig　　C. Controller　　D. Camera

（4）左右控制手柄所绑定的用来在游戏空间内负责定位追踪的脚本是下面的 (   ) 脚本。

A. SteamVR_Tracke Object　　B. SteamVR_Tracke

C. SteamVR_RenderModel D. SteamVR_Render

（5）下列游戏功能当中，（ ）可通过控制手柄触控板输入方式完成。

A. 抓取物体 B. 枪支开火 C. 传送 D. 以上都正确

3. 思考题

（1）如何获取 SteamVR 插件？

（2）谈谈对 SteamVR 插件中 Openvr_api.dll 程序集的理解。

4. 实战题

进一步完善 VR 实战项目，实现添加枪支武器等功能。